国家出版基金项目
NATIONAL PUBLICATION FOUNDATION

"十三五"国家重点出版物出版规划项目·重大出版工程

高超声速出版工程

弯曲激波理论及其应用

尤延铖　朱呈祥　朱广生　著

科学出版社

北　京

内 容 简 介

本书从热力学基本概念及守恒定律入手,详细介绍弯曲激波理论及其应用。全书共 8 章。第 1 章和第 2 章是气体动力学基础,包括基本数学和热力学概念,以及质量守恒定律、能量守恒定律和动量守恒定律。第 3~7章为激波理论,介绍直线激波理论,包括正激波、斜激波和圆锥激波理论及其解法;一阶弯曲激波理论,包括方程推导以及激波前后一阶气动力参数理论分析;高阶弯曲激波理论,包括方程推导、理论分析以及超声速流场算法。第 8 章介绍弯曲激波理论在工程领域的一些典型初步应用。

本书以气体动力学专业的本科生和研究生为主要读者对象,也可作为能源、民航、机械、车辆、舰船、物理等专业本科生、研究生和青年科技工作者的参考书。

图书在版编目(CIP)数据

弯曲激波理论及其应用/尤延铖,朱呈祥,朱广生著. —北京:科学出版社,2021.11
"十三五"国家重点出版物出版规划项目·重大出版工程 国家出版基金项目 高超声速出版工程
ISBN 978 - 7 - 03 - 068757 - 9

Ⅰ.①弯… Ⅱ.①尤… ②朱… ③朱… Ⅲ.①弯曲-激波-研究 Ⅳ.①O354.5

中国版本图书馆 CIP 数据核字(2021)第 085677 号

责任编辑:徐杨峰 / 责任校对:谭宏宇
责任印制:黄晓鸣 / 封面设计:殷 靓

科学出版社 出版
北京东黄城根北街 16 号
邮政编码:100717
http://www.sciencep.com
南京展望文化发展有限公司排版
广东虎彩云印刷有限公司印刷
科学出版社发行 各地新华书店经销

*

2021 年 11 月第 一 版 开本:B5(720×1000)
2023 年 12 月第四次印刷 印张:17 1/2
字数:304 000
定价:**150.00 元**

丛书序

飞得更快一直是人类飞行发展的主旋律。

1903年12月17日,莱特兄弟发明的飞机腾空而起,虽然飞得摇摇晃晃,犹如蹒跚学步的婴儿,但拉开了人类翱翔天空的华丽大幕;1949年2月24日,Bumper-WAC从美国新墨西哥州白沙发射场发射升空,上面级飞行马赫数超过5,实现人类历史上第一次高超声速飞行。从学会飞行,到跨入高超声速,人类用了不到五十年,蹒跚学步的婴儿似乎长成了大人,但实际上,迄今人类还没有实现真正意义的商业高超声速飞行,我们还不得不忍受洲际旅行需要十多个小时甚至更长飞行时间的煎熬。试想一下,如果我们将来可以在两小时内抵达全球任意城市,这个世界将会变成什么样? 这并不是遥不可及的梦!

今天,人类进入高超声速领域已经快70年了,无数科研人员为之奋斗了终生。从空气动力学、控制、材料、防隔热到动力、测控、系统集成等,在众多与高超声速飞行相关的学术和工程领域内,一代又一代科研和工程技术人员传承创新,为人类的进步努力奋斗,共同致力于达成人类飞得更快这一目标。量变导致质变,仿佛是天亮前的那一瞬,又好像是蝶即将破茧而出,几代人的奋斗把高超声速推到了嬗变前的临界点上,相信高超声速飞行的商业应用已为期不远!

高超声速飞行的应用和普及必将颠覆人类现在的生活方式,极大地拓展人类文明,并有力地促进人类社会、经济、科技和文化的发展。这一伟大的事业,需要更多的同行者和参与者!

书是人类进步的阶梯。

实现可靠的长时间高超声速飞行堪称人类在求知探索的路上最为艰苦卓绝的一次前行,将披荆斩棘走过的路夯实、巩固成阶梯,以便于后来者跟进、攀登,意义深远。

以一套丛书,将高超声速基础研究和工程技术方面取得的阶段性成果和宝贵经验固化下来,建立基础研究与高超声速技术应用之间的桥梁,为广大研究人员和工程技术人员提供一套科学、系统、全面的高超声速技术参考书,可以起到为人类文明探索、前进构建阶梯的作用。

2016 年,科学出版社就精心策划并着手启动了"高超声速出版工程"这一非常符合时宜的事业。我们围绕"高超声速"这一主题,邀请国内优势高校和主要科研院所,组织国内各领域知名专家,结合基础研究的学术成果和工程研究实践,系统梳理和总结,共同编写了"高超声速出版工程"丛书,丛书突出高超声速特色,体现学科交叉融合,确保丛书具有系统性、前瞻性、原创性、专业性、学术性、实用性和创新性。

这套丛书记载和传承了我国半个多世纪尤其是近十几年高超声速技术发展的科技成果,凝结了航天航空领域众多专家学者的智慧,既可供相关专业人员学习和参考,又可作为案头工具书。期望本套丛书能够为高超声速领域的人才培养、工程研制和基础研究提供有益的指导和帮助,更期望本套丛书能够吸引更多的新生力量关注高超声速技术的发展,并投身于这一领域,为我国高超声速事业的蓬勃发展做出力所能及的贡献。

是为序!

2017 年 10 月

前　言

"我在美国前三四年是学习，后十几年是工作，所有这一切都在做准备，为了回到祖国后能为人民做点事——因为我是中国人。"

——钱学森

科技创新是未来经济发展、社会进步的重要工具。党的十九届五中全会强调，坚持创新在现代化建设全局中的核心地位，把科技自立自强作为国家发展的战略支撑。党的十九届五中全会通过的《中共中央关于制定国民经济和社会发展第十四个五年规划和二〇三五年远景目标的建议》正式发布。该建议把科技创新摆在各项规划任务首位，进行专章部署，这是中国共产党编制五年规划建议历史上的第一次。可见，科技创新已成为国家发展过程中战略布局的重要一环。而航空发动机作为现代工业皇冠上的明珠，更是代表了国家的综合实力，在科技创新领域有着举足轻重的地位。随着科技进步，超声速飞行器已成为国防建设，乃至未来洲际旅游、星际探索的重要工具。超声速飞行中激波的出现为飞行器设计带来重大的挑战。气体动力学作为飞行器设计领域必不可少的专业基础课程，对培养飞行器设计领域创新型高层次人才至关重要。因此，本书力求在基础气体动力学之上，进一步强化激波相关理论的深入阐释。

本书强调基础，注重数学与物理相结合。为使本书易于学习和理解，在章节安排上由浅入深，理论联系实际地介绍弯曲激波理论及其应用。本书在撰写中突出航空航天和国防特色，尤其关注超声速领域。例如，从理论上展示超声速流场的设计方法，以及弯曲激波理论在工程中的应用实例，使本书能更好地为培养航空航天领域专业人才服务。本书适用于航空航天相关专业的高年级本科生、研究生和科技工作人员,建议读者在阅读本书之前先掌握高等数学、大学物理、流体力学等相关基础知识。

尤延铖教授,朱呈祥副教授,朱广生院士,博士研究生施崇广、郑晓刚、程剑锐,硕士研究生张涛、汤祎麒、曹盛、陈泽帆、洪唐宝、余成、蔡泽君、孙俊柠参与了本书的撰写。其中,尤延铖教授和朱广生院士负责全书的撰写统稿,起到了提纲挈领的作用,朱呈祥副教授负责全书的详细审阅与修订。具体章节方面,第 1 章由硕士研究生洪唐宝协助撰写,第 2 章由硕士研究生陈泽帆和余成协助撰写,第 3 章由硕士研究生曹盛协助撰写,第 4 章由硕士研究生汤祎麒协助撰写,第 5 章由硕士研究生张涛协助撰写,第 6 章由博士研究生程剑锐协助撰写,第 7 章由博士研究生施崇广协助撰写,第 8 章由博士研究生郑晓刚协助撰写,图片编辑由蔡泽君、孙俊柠协助完成。

限于作者水平,书中难免有不妥之处,敬请读者批评、指正。

作　者

2021 年 6 月

高超声速出版工程

目 录

第 2 章 基本守恒定律

第3章　激波概念与基本原理

第4章　一阶弯曲激波理论

第7章 高阶弯曲激波理论的基本应用

第8章 弯曲激波理论的初步工程应用

第 1 章
基 本 概 念

在超声速流动中,虽然正激波和斜激波等直线激波理论已经非常完善,但是在高超声速内外流的设计工作中,人们遇到的激波往往是弯曲的。目前,对于弯曲激波仍然没有一个精确的理论解,且相关理论基础十分缺乏,弯曲激波的应用研究更是寥寥无几。因此,本书将重点针对弯曲激波进行介绍,包括弯曲激波的理论、方法和应用。在介绍弯曲激波之前,首先有必要介绍一些基本的数学概念与物理概念,本章内容主要为基本概念,包括基本数学概念、基本单位、热力学概念等。

1.1 基本数学概念

1.1.1 变量

$y = f(x)$ 表示变量 x 和 y 之间存在函数关系,x 是自变量,其值为在一个合适范围内取的任意值,y 是因变量,一旦选择了 x,其值便确定了。通常,一个变量将依赖多个其他变量,可以写为 $P = f(x, y, z)$,确定了自变量 x、y、z 的值,因变量 P 的值便确定了。

1.1.2 无穷小

在极限情况下最终允许趋近于零的量称为无穷小。对于任意的正数 ε（无论它多么小）,总存在正数 δ（或正数 M）使得不等式 $0 < |x - x_0| < \delta$（或 $|x| > M$）对应的一切函数值 x 都满足不等式 $|f(x) - f(x_0)| < \varepsilon$,则称函数 $f(x)$ 为 $x \to x_0$（或 $x \to \infty$）时的无穷小,记作 $\lim\limits_{x \to x_0} f(x) = 0$（或 $\lim\limits_{x \to \infty} f(x) = 0$）。

1.1.3　导数

设函数 $y = f(x)$ 在点 x_0 的某个邻域内有定义,当自变量 x 在 x_0 处有增量 Δx,$x_0 + \Delta x$ 也在该邻域内时,相应地函数取得增量 $\Delta y = f(x_0 + \Delta x) - f(x_0)$;当 $\Delta x \to 0$ 时,如果 Δy 与 Δx 之比的极限存在,则称函数 $y = f(x)$ 在点 x_0 处可导,并称这个极限为函数 $y = f(x)$ 在点 x_0 处的导数,记作 $f'(x_0)$ 或 $y' \mid x = x_0$ 或 $\dfrac{\mathrm{d}y}{\mathrm{d}x}\bigg| x = x_0$,即

$$f'(x_0) = \lim_{\Delta x \to 0} \frac{\Delta y}{\Delta x} = \lim_{\Delta x \to 0} \frac{f(x_0 + \Delta x) - f(x_0)}{\Delta x} \tag{1.1}$$

需要指出的是

$$f'(x_0) = \lim_{\Delta x \to 0} \frac{\Delta y}{\Delta x} = \lim_{\Delta x \to 0} \frac{f(x) - f(x - \Delta x)}{\Delta x} \tag{1.2}$$

两者在数学上是等价的。

1.1.4　偏导数

设有二元函数 $z = f(x, y)$,点 (x_0, y_0) 是其定义域 D 内一点,把 y 固定在 y_0,而让 x 在 x_0 有增量 Δx,相应地函数 $z = f(x, y)$ 有增量(称为对 x 的偏增量)$\Delta z = f(x_0 + \Delta x, y_0) - f(x_0, y_0)$。

x 方向的偏导数:

当 $\Delta x \to 0$ 时,如果 Δz 与 Δx 之比的极限存在,那么此极限值称为函数 $z = f(x, y)$ 在 (x_0, y_0) 处对 x 的偏导数,记作 $f'_x(x_0, y_0)$ 或函数 $z = f(x, y)$ 在 (x_0, y_0) 处对 x 的偏导数,实际上就是把 y 固定在 y_0 并看成常数后,一元函数 $z = f(x, y_0)$ 在 x_0 处的导数。

y 方向的偏导数:

同样地,把 x 固定在 x_0,让 y 有增量 Δy,如果极限存在,那么此极限称为函数 $z = f(x, y)$ 在 (x_0, y_0) 处对 y 的偏导数,记作 $f'_y(x_0, y_0)$。

1.1.5　极大值与极小值

若函数 $y = f(x)$ 可导,则最大值和最小值可以表示为在这些点处 $\mathrm{d}y/\mathrm{d}x = 0$。如果这个点是一个极大值点,那么 $\mathrm{d}^2 y/\mathrm{d}x^2$ 是负的;如果这个点是极小值点,那么 $\mathrm{d}^2 y/\mathrm{d}x^2$ 是正的。

1.1.6 自然对数

自然对数是对数的一种,基本运算关系包括:

$$\ln A = x \Leftrightarrow e^x = A \tag{1.3a}$$

$$\ln CD = \ln C + \ln D \tag{1.3b}$$

$$\ln E^n = n\ln E \tag{1.3c}$$

1.1.7 泰勒级数

若函数关系 $y = f(x)$ 的表达方法未知,但 y 及其导数的值在特定点(如 x_1)是已知的,可能会发现其他任何时候 (x_2) 的 y 值可以通过泰勒级数展开:

$$f(x_2) = f(x_1) + \frac{df}{dx}(x_2 - x_1) + \frac{d^2f}{dx^2}\frac{(x_2 - x_1)^2}{2!} + \frac{d^3f}{dx^3}\frac{(x_2 - x_1)^3}{3!} + \cdots \tag{1.4}$$

要使用这种展开式,函数必须是连续的,并且在 x_1 到 x_2 的区间内具有连续的导数。应该注意的是,上面表达式中的所有导数都必须在 x_1 点上求值[1,2]。

1.2 物理量和单位

世界上大多数国家使用的是公制或国际单位制(SI)。本书将采用国际单位制进行物理量单位的标注,主要包含的物理量和单位见表 1.1。

表 1.1 物理量和单位标注

物理量	单 位	物理量	单 位
时间	秒(s)	质量	千克(kg)
长度	米(m)	温度	摄氏度(℃)
载荷	牛(N)	热力学温度	开尔文(K)

1.2.1 密度和比体积

密度是单位体积的质量,用符号 ρ 表示,单位是 kg/m^3。比体积是单位质量的体积,用符号 v_ρ 表示,单位是 m^3/kg。因此, $\rho = 1/v_\rho$。

1.2.2　压强

压强是单位面积上的法向力,用符号 p 表示,单位是 N/m^2。还有其他一些单位,如兆帕斯卡(MPa,$1 \times 10^6 \ N/m^2$)、bar($1 \times 10^5 \ N/m^2$)和大气压(0.101 325 MPa 或 14.69 psi)。

绝对压力是相对于完全真空测量的,而表压是相对于周围(环境)压力测量的:

$$P_{abs} = P_{amb} + P_{gage} \qquad (1.5)$$

当表压为负(绝对压力低于环境压力)时,通常称为真空度:

$$P_{abs} = P_{amb} - P_{vac} \qquad (1.6)$$

1.2.3　温度

只有当涉及温度差异时,才可以安全地使用华氏度(或摄氏度)。然而,大多数方程要求使用兰金(或开尔文)热力学温度。

$$°R = °F + 459.67 \qquad (1.7a)$$

$$K = °C + 273.15 \qquad (1.7b)$$

1.2.4　黏度

本书将讨论液体,它被定义为在承受切应力时会持续变形的任何物质。因此,变形量没有意义(就像固体一样),相反,变形速率是每个流体的特征,并由黏度表示:黏度 ≡ 切应力/角变形速率。

黏度有时也称为绝对黏度,用符号 η 表示,单位为 $(N \cdot s)/m^2$。对于大多数常见的液体,因为黏度是流体的函数,所以它随流体状态的变化而变化。目前,温度对黏度的影响最大,所以大多数图表只显示温度这个变量。压力对气体的黏度有轻微的影响,其对液体的影响可以忽略不计。许多工程计算运动黏度来描述流体黏性,该运动黏度为(绝对)黏度和密度的组合,定义为 $\nu = \eta/\rho$。

1.2.5　状态方程

本书认为所有的液体都具有恒定的密度,所有的气体都遵循完全气体状态方程。从动力学理论出发可以导出忽略分子体积和分子间作用力的理想气体状态方程。在本书中通常使用的完全气体状态方程的形式为 $p = \rho RT$,其中,p 为绝对压强,单位为 N/m^2; ρ 为密度,单位为 kg/m^3; T 为热力学温度,单位为 K; R 为单个气体常数,单位为 $(N \cdot m)/(kg \cdot K)$[3]。

1.3 热力学概念

1.3.1 一般定义

(1) 微观方法:以统计为基础,研究单个分子及其运动和行为。它取决于人们在原子水平上对物质结构和行为的理解,因此这个观点被不断改进。

(2) 宏观方法:通过可观察和可测量的性质(温度、压力等)直接处理分子的平均行为。这种经典的方法不涉及对物质分子结构的任何假设。

(3) 属性(性质)的类型:① 可见的,容易测量(压力、温度、速度、质量等);② 数学的,由其他属性的组合定义(密度、比热、熵等);③ 导出的,通过分析得出的结果,如内能(由热力学第一定律得出)和熵(由热力学第二定律得出)。

(4) 状态变化:基于任何属性的变化而发生。

(5) 路径或过程:表示一系列连续的状态,这些状态定义了从一个状态到另一个状态的唯一路径。

(6) 一些特殊的流程:绝热的→无热传递;等温→ T =常数;等压→ p =常数;等熵→ s =常数。

(7) 循环:系统恢复到初始状态的一系列过程。

(8) 点函数:属性的另一种说法,它只依赖系统的状态,并且独立于获得状态的路径或过程。

(9) 路径函数:不是系统状态函数的量,而是依赖从一种状态移动到另一种状态所采取的路径。热和功是路径函数,可以观察到它们在某个过程中跨越系统边界[4]。

1.3.2 功、热量和热力学能

内部储存能(内能、热力学能)代表储存于系统内部的能量,用 U 表示。热力学能(或内能)由微观分子动能和分子位能组成,分子动能又分为移动动能、转动动能和振动动能。

外部储存能又称为机械能,由宏观动能和宏观位能组成,表示如下:

$$E_K = \frac{mv^2}{2}, \ E_P = mgz \tag{1.8}$$

系统的总能量＝内部储存能＋外部储存能，即

$$E = U + E_K + E_P \tag{1.9}$$

热力系统单位质量工质具有的总能量为

$$e = u + e_k + e_p \tag{1.10}$$

体积力做功 W 是系统体积膨胀或压缩时与外界交换的功量，对于可逆过程或准静态过程，有

$$W = \int_1^2 p\mathrm{d}V \tag{1.11}$$

一般规定系统膨胀对外界做功，则功为正；外界对系统做功，则功为负。

流动功 W_f 是系统维持物质流动所付出的代价，即

$$W_f = pv = p/\rho \tag{1.12}$$

流动功与宏观流动有关，宏观流动停止，流动功不存在，在作用过程中，工质仅发生位置变化，无状态变化。流动功并非由工质本身的能量（动能、位能）变化引起的，而是由外界（泵与风机）引起的，可理解为，流动工质进出系统时所携带和传递的一种能量。

轴功 w_s 是热力系统通过叶轮机械的轴和外界交换的功量，轴功不仅可以由叶轮机械的轴传入，也可以通过摆动等动作产生，可以理解为，轴功和非定常流动有关[5]。

1.3.3　热力学第一定律

热力学第一定律是关于能量守恒的，可以用许多等价的方式来表示。热和功是能量传输的两种极端形式。如果系统经历的过程不是绝热过程，则在该过程中外界对系统所做的功 W 等于过程前后其内能的变化 ΔU，两者之差就是系统从外界吸收的热量：

$$Q = \Delta U - W \Rightarrow \Delta U = U_2 - U_1 = W + Q \tag{1.13}$$

当仅由两种系统之间的温度差而产生一种效应时，热量就从一个系统传递到另一个系统。热量总是从温度较高的系统传递到温度较低的系统。对于一个

执行完整循环过程的封闭系统,有

$$\sum Q = \sum W \tag{1.14}$$

式中,Q 为转移到系统的热量;W 为系统对外界做的功。

对于一个执行过程封闭的系统,有

$$Q = W + \Delta E \tag{1.15}$$

式中,E 为系统的总能量。在单位质量的基础上,式(1.15)可写成

$$q = w + \Delta e \tag{1.16}$$

总能量可以分解为(至少)三种类型:

$$e = u + \frac{v^2}{2} + gz \tag{1.17}$$

式中,u 为系统内分子运动所表现出来的内能;$v^2/2$ 为由系统整体运动所表示的动能;gz 为在重力场中系统的位置引起的势能。

对于一个无限小的过程,可以写成

$$\delta q = \delta w + de \tag{1.18}$$

注意:热和功是路径函数,是系统如何从一个状态点到另一个状态点的函数,这些量的无穷小不是精确的微分,因此写成 δq 和 δw。热力学能的无穷小变化是一个精确的微分,因为热力学能是一个点函数或性质。对于平稳系统,式(1.18)可写为

$$\delta q = \delta w + du \tag{1.19}$$

静态系统在体积变化过程中,压强所做的可逆功为

$$\delta w = pdv \tag{1.20}$$

u 和 pv 的组合进入许多方程(特别是对于开放系统)中,被定义为焓的性质:

$$h = u + pv \tag{1.21}$$

焓是一个性质,它是由其他性质定义的,常以微分形式使用:

$$dh = du + d(pv) = du + pdv + vdp \tag{1.22}$$

比定压热容和比定容热容分别为

$$c_p \equiv \left(\frac{\partial h}{\partial T}\right)_P \tag{1.23}$$

$$c_V \equiv \left(\frac{\partial u}{\partial T}\right)_V \tag{1.24}$$

1.3.4 热力学第二定律

开尔文−普朗克表述：不可能从单一热源吸热使之完全变成有用的功而不引起其他变化。

克劳修斯表述：不可能把热量从低温物体传到高温物体而不引起其他变化。

热力学第二定律有许多等价的形式，但最经典的是开尔文−普朗克的陈述：热机在循环运行时不可能只与一个温度源交换热量而产生净功输出。虽然这本身似乎不是一个深刻的陈述，但它引出了几个推论，并最终建立了一个重要的性质——熵。

热力学第二定律也承认能量的消退是由于不可逆的作用，如内部流体摩擦、有限温差的传热、系统与环境之间缺乏压力平衡等。所有实际过程都存在某种程度的不可逆性，在某些情况下，这些影响是非常小的，可以设想一个理想条件（没有这些影响），因此其是可逆的。可逆过程是指系统和环境都能恢复到初始状态的过程。

通过谨慎地应用热力学第二定律，可以证明可逆过程的 $\delta Q_R/T$ 积分与路径无关。因此，这个积分必须表示一种性质的变化，即熵：

$$\Delta S \equiv \int \frac{\delta Q_R}{T} \tag{1.25}$$

式中，下标 R 表示必须应用于可逆过程。微分过程在单位质量基础上的另一种表达式为

$$\mathrm{d}s \equiv \frac{\delta Q_R}{T} \tag{1.26}$$

1.3.5 性质关系

一些极其重要的关系来自热力学第一定律和热力学第二定律的结合。考虑

一个执行无穷小过程的平稳系统的热力学第一定律:

$$\delta q = \delta w + \mathrm{d}u$$

如果是可逆过程:

$$\delta w = p\mathrm{d}v \tag{1.27}$$
$$\delta q = T\mathrm{d}s$$

把这些关系代入热力学第一定律就得到

$$T\mathrm{d}s = \mathrm{d}u + p\mathrm{d}v \tag{1.28}$$

微分焓,得到

$$\mathrm{d}h = \mathrm{d}u + p\mathrm{d}v + v\mathrm{d}p$$

结合式(1.28)得到

$$T\mathrm{d}s = \mathrm{d}h - v\mathrm{d}p \tag{1.29}$$

1.3.6 理想气体

严格遵守玻意耳定律、焦耳定律和阿伏伽德罗定律的气体,称为理想气体。从微观的角度看,理想气体是忽略了气体中分子之间相互作用的一个理想模型。

玻意耳定律:一定量的气体,在一定温度下,其压强 p 与体积 V 的乘积是一个常量,即

$$pV = \mathrm{const} \tag{1.30}$$

阿伏伽德罗定律:在相同温度和压强下,1 mol 任何气体所占有的体积都相等,特别地,有

$$p_0 = 1 \text{ atm } [①], \ T_0 = 273.15 \text{ K} \Rightarrow V_{m0} = \frac{V_0}{n} = 22.414 \times 10^{-3} \text{ m}^3/\text{mol} \tag{1.31}$$

而对于实际气体,玻意耳定律和阿伏伽德罗定律只能近似成立,气体越稀薄,压强越小,偏离越小。

---

① 1 atm = 1.013 25 × 10^5 Pa。

理想气体状态方程为

$$\frac{pV}{T} = \frac{p_0 V_0}{T_0} = n \frac{p_0 V_{m0}}{T_0} = nR, \quad R = \frac{p_0 V_{m0}}{T_0} = 8.314\,5\ \mathrm{J/(mol \cdot K)} \tag{1.32}$$

回想一下,对于单组分物质的单位质量,任何一种性质都可以表示为最多两种其他独立性质的函数。然而,对于遵循完全气体状态方程的物质,有

$$p = \rho RT \tag{1.33}$$

可以看出内能和焓只是温度的函数。这些是极其重要的结果,我们可以利用它们对气体进行许多有用的简化。

考虑比定容热容:

$$c_V \equiv \left(\frac{\partial u}{\partial T} \right)_V$$

如果 $u = f(T)$ 且计算 c_V 时体积是否保持不变无关紧要,则偏导数就变成了全导数。

$$\mathrm{d}u = c_V \mathrm{d}T \tag{1.34}$$

同样地,对于比定压热容,关于理想气体可以写出

$$\mathrm{d}h = c_p \mathrm{d}T \tag{1.35}$$

重要的是,要认识到这两个方程适用于任何过程(只要气体表现为完全气体)。如果比热容保持合理的常数(通常在有限的温度范围内良好),则可以很容易地对公式进行积分:

$$\Delta u = c_V \Delta T \tag{1.36}$$

$$\Delta h = c_p \Delta T \tag{1.37}$$

通过引入任意的热力学能基数来简化计算。根据焓的定义,当 $T = 0$ 时, h 也等于 0。因此,式(1.36)和式(1.37)可以改写为

$$u = c_V T \tag{1.38}$$

$$h = c_p T \tag{1.39}$$

与完全气体有关的其他常用关系还有

$$\gamma \equiv \frac{c_p}{c_V} \tag{1.40}$$

$$c_p - c_V = R \tag{1.41}$$

1.3.7 熵变

通过积分方程可以得到任意两种状态的熵变沿任意可逆路径或连接两点的可逆路径组合,对于理想气体,可得到以下结果:

$$\Delta_{s_{1-2}} = c_p \ln \frac{v_2}{v_1} + v_2 \ln \frac{p_2}{p_1} \tag{1.42}$$

$$\Delta_{s_{1-2}} = c_p \ln \frac{T_2}{T_1} - R \ln \frac{p_2}{p_1} \tag{1.43}$$

$$\Delta_{s_{1-2}} = c_V \ln \frac{T_2}{T_1} + R \ln \frac{v_{\rho 2}}{v_{\rho 1}} \tag{1.44}$$

在这些方程中必须使用压强和温度的绝对值,还要注意 c_p、c_V 和 R 的单位[6]。

1.3.8 维数和平均速度

当观察流体的运动时,各种性质可以表示为位置和时间的函数。因此,在一个普通的直角笛卡儿坐标系中,可以说

$$V_D = f(x, y, z, t) \tag{1.45}$$

由于需要指定三个空间坐标和时间,所以这称为三维非定常流动。

二维非定常流动可以表示为

$$V_D = f(x, y, t) \tag{1.46}$$

而一维非定常流动可以表示为

$$V_D = f(x, t) \tag{1.47}$$

假设一维流动是应用于流动系统的一种简化,通常取流动方向上的单坐标。这不一定是单向流动,因为流道的方向可能会改变。另一种看待一维流动的方法是,在任意给定的截面上(x 坐标)所有流体性质在横截面上都是恒定的。

当使用控制质量方法时,可以观察到质量的一些性质,如焓或内能。这种性质变化的速率(时间)称为物质导数(有时称为总导数或实质导数),可以写成 D(·)/Dt 或 d(·)/dt,它主要由两部分组成。

首先,因为质量已经移动到一个新的位置(例如,在同一时刻,北京市的温度与厦门市的温度不同),性质可能会改变。这种对物质导数的贡献有时称为对流导数(convective derivative)。

其次,在任何给定的位置,其性质可能随时间改变。这种由时间变化产生的影响称为对时间的局部导数或偏导数(local or partial derivative),写成 ∂(·)/∂t。 对于一个典型的三维非定常流场,可以推导出

$$\frac{\mathrm{d}h}{\mathrm{d}t} = \frac{\partial p}{\partial x}\frac{\mathrm{d}x}{\mathrm{d}t} + \frac{\partial p}{\partial y}\frac{\mathrm{d}y}{\mathrm{d}t} + \frac{\partial p}{\partial z}\frac{\mathrm{d}z}{\mathrm{d}t} + \frac{\partial p}{\partial t} \tag{1.48}$$

如果每一点上的流体性质与时间无关,则称其为定常流动。因此,在定常流动中,任何性质对时间的偏导数为零:

$$\frac{\partial(·)}{\partial t} = 0 \tag{1.49}$$

注意: 这并不能阻止性质在不同位置上的不同。因此,对于定常流动,由于对流部分的作用,物质导数可能是非零的[7]。

接下来讨论非一维流动时计算质量流量的问题。考虑实际流体在圆形管道中的流动。在低雷诺数时,黏性力占主导地位,流体倾向于分层流动,相邻层之间没有任何能量交换。这称为层流,可以很容易地确定,这种情况下的速度剖面是一个旋转抛物面,其横截面如图 1.1 所示。在任意给定的横截面上,速度可以表示为

$$v = v_{\max}\left[1 - \left(\frac{r}{r_0}\right)^2\right] \tag{1.50}$$

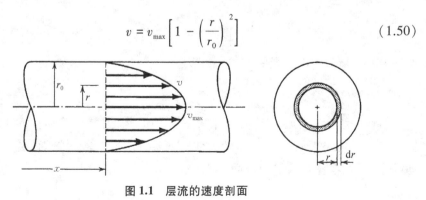

图 1.1 层流的速度剖面

质量流量可以表示为

$$\dot{m} = \int_A \rho v \mathrm{d}A \tag{1.51}$$

$$\mathrm{d}A = 2\pi r \mathrm{d}r \tag{1.52}$$

假设变量为常数，则式（1.51）和式（1.52）变为

$$\dot{m} = \rho\left(\pi r_0^{\,2}\right)\frac{v_{\max}}{2} = \rho A \frac{v_{\max}}{2} \tag{1.53}$$

$$\dot{m} = \rho A \bar{v} \tag{1.54}$$

速度 $\bar{v}$ 是平均速度，在这种情况下是 $v_{\max}/2$。在积分过程中密度保持不变，因此 $\bar{v}$ 称为面积平均速度更恰当。但是因为在任何给定的截面上密度通常变化很小，所以这是一个合理的平均速度。

当向较高的雷诺数移动时，大惯性力在各个方向造成不规则的速度波动，进而导致相邻层之间的混合。由此产生的能量传递使靠近中心的流体粒子减速，而靠近壁面的流体粒子加速。这就产生了如图 1.2 所示的相对平坦的速度剖面，这是湍流的典型特征。注意：对于这种类型的流动，在给定截面上的所有粒子都有

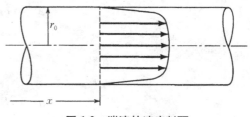

图 1.2　湍流的速度剖面

非常相近的速度，非常接近一维流动的图像。工程中大多数流动都进入湍流状态，因此一维流动的假设是相当准确的[8]。

1.3.9　流线和流管

（1）流线：与线上流体粒子的速度矢量处处相切的曲线。

（2）流管：由相邻流线组成的流管。

根据这些定义，流体颗粒不会穿过流线，因此流体通过流管就像流体通过物理管道一样。

1.3.10　声速

当扰动通过弹性介质时，在一个给定点上的扰动会产生一个压缩的分子区域，

这个分子区域会传递给邻近的分子,这样就会产生一个行波。波以不同的强度出现,这些强度由扰动的振幅来衡量。这种扰动在介质中传播的速度称为波速,其不仅取决于介质的类型及其热力学状态,而且与波的强度有关,波的强度越大,波速越快。

一方面,如果处理的是振幅很大的波,其中压力和密度变化较大,则称其为激波;另一方面,如果观察到振幅非常小的波,它们的速度只是介质及其热力学状态的特征。此外,介质中物体的存在只能通过物体发出或反射以特有声速传播的无限小的波来感知。这些波对人们来说至关重要,声波就属于这一类。

对于一个无穷小的扰动,假定波通过流体时的损失和传热可以忽略不计,则这个过程是可逆绝热的,也就是说它是等熵的。因此,有

$$a^2 = \left(\frac{\partial p}{\partial \rho}\right)_s \tag{1.55}$$

对于符合理想气体定律的气体,等熵过程对应如下关系:

$$pv^{\gamma} = \text{const} \tag{1.56}$$

$$p = \rho^{\gamma}\text{const} \tag{1.57}$$

$$\left(\frac{\partial p}{\partial \rho}\right)_s = \gamma\,\rho^{\gamma-1}\frac{p}{\rho^{\gamma}} = \gamma\,\frac{p}{\rho} = \gamma RT \tag{1.58}$$

$$a^2 = \gamma RT \tag{1.59}$$

$$a = \sqrt{\gamma RT} \tag{1.60}$$

对于理想气体,声速只是气体和温度的函数。

1.3.11 马赫数

本书把马赫数定义为

$$Ma \equiv \frac{v}{a} \tag{1.61}$$

式中,v 为介质的速度;a 为通过介质的声速。

v 和 a 都是通过实际存在于同一点的条件下局部计算得到的,如果流动系统中某一点的速度是另一点的 2 倍,不能说马赫数翻了一倍,因为声速可能已经改变了。如果速度小于声速,则 $Ma < 1$,称为亚声速;如果速度大于当地的声速,则 $Ma > 1$,称为超声速。

1.3.12 波传播

流体中静止点发生扰动,在无穷小的压力脉冲中,以声波按球面波的形式在介质中传播。为了简化问题,本书只记录每秒发射的脉冲。3 s后球面波如图1.3所示,波阵面是同心的。

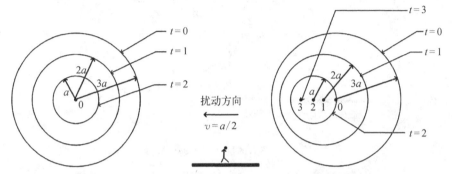

图1.3 静止点扰动产生的波阵面和亚声速扰动的波阵面

现在考虑一个类似的问题,其中扰动不再是平稳的。假设它以低于声速的速度运动,如$a/2$,此时,波阵面不再是同心的。此外,$t=0$时发射的波总是在扰动本身的前面。因此,任何位于上游的人、物体或流体粒子都会感觉到波阵面经过,并知道扰动即将到来。

接下来,使扰动精确地以声速运动,见图1.4。此时,所有的波在左侧合并,并随着扰动一起移动。经过很长一段时间后,这个波阵面将近似于虚线所表示的平面。在这种情况下,上游区域没有得到扰动的预警,因为扰动与波同时到达。

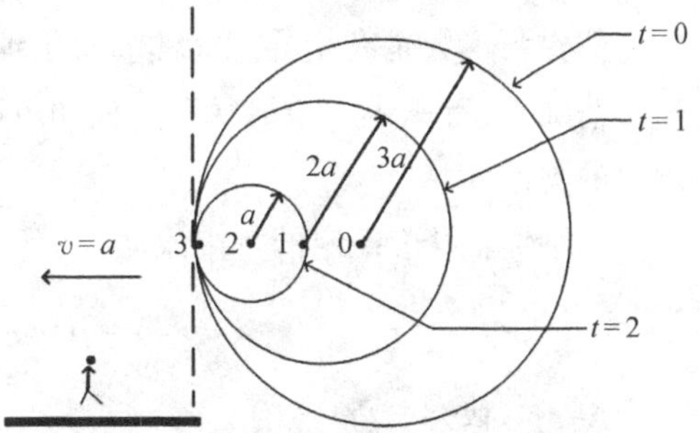

图1.4 声速扰动引起的波阵面

另一种情况是速度大于声速的扰动,图1.5显示了一个以2倍马赫数运动的点扰动,此时$v=2a$,波与顶端的扰动合并成一个锥,称为马赫锥或马赫波。锥内区域称为影响区,因为它感觉到了波的存在。外部区域称为寂静区,因为这整个区域感觉不到干扰。

$$\sin \phi = \frac{a}{v} = \frac{1}{Ma} \tag{1.62}$$

亚声速和超声速流场之间最重要的区别之一是:在亚声速情况下,流体可

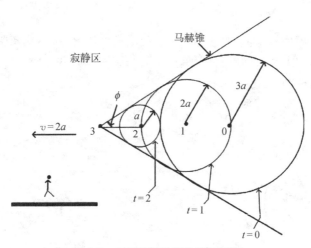

图 1.5 超声速扰动产生的波阵面

以"感知"一个物体的存在,并平稳地调整它在该物体周围的流动;在超声速流动中,这是不可能的,因此流量调整会以激波或膨胀波的形式突然发生。

1.3.13 马赫数表示理想气体方程

超声速流动和亚声速流动具有完全不同的特性,这表明在基本方程中使用马赫数作为参数是有指导意义的。对于理想气体的流动,这很容易做到,因为在这种情况下,有一个简单的状态方程和声速的显式表达式,并随后发展了一些更重要的关系。

连续性:对于稳定的一维流动,只有一个入口和一个出口,因此有

$$\dot{m} = \rho A v = \mathrm{const} \tag{1.63}$$

在理想气体状态方程中,有

$$\rho = p/(RT)$$

而根据马赫数的定义,有

$$v = Ma \times a, \ a = \sqrt{\gamma RT}$$

$$\rho A v = pAMa \sqrt{\gamma RT/(RT)} = pAMa \sqrt{\gamma/(RT)} \tag{1.64}$$

因此,对于理想气体的一维稳态流动,连续性方程变为

$$\dot{m} = pAMa \sqrt{\gamma/(RT)} = \mathrm{const} \tag{1.65}$$

滞止关系: 对于气体, 可以忽略势能项, 因此有

$$h_t = h + \frac{V^2}{2g_c} \qquad (1.66)$$

$$v^2 = Ma^2 a^2 \qquad (1.67)$$

$$a^2 = \gamma RT$$

$$h_t = h + Ma^2 \gamma RT/2 \qquad (1.68)$$

可以将比定压热容用 γ 和 R 表示:

$$c_p = \frac{\gamma R}{\gamma - 1} \qquad (1.69)$$

因此

$$h_t = h + Ma^2 \frac{\gamma - 1}{2} c_p T \qquad (1.70)$$

又因为

$$h = c_p T \qquad (1.71)$$

所以

$$h_t = h + Ma^2 \frac{\gamma - 1}{2} h \qquad (1.72)$$

根据 $h = c_p T$ 和 $h_t = c_p T_t$, 可以写成

$$T_t = T\left(1 + \frac{\gamma - 1}{2} Ma^2\right) \qquad (1.73)$$

由于滞止过程是等熵的, 所以将 n 作为指数, 在同一等熵线上的任意两点之间, 有

$$\frac{p_2}{p_1} = \frac{T_2}{T_1}^{\gamma/(\gamma-1)} \qquad (1.74)$$

设点 1 为静态状态, 点 2 为滞止状态, 代入式 (1.74) 可得

$$\frac{p_t}{p} = \frac{T_t}{T}^{\gamma/(\gamma-1)} = \left(1 + \frac{\gamma - 1}{2} Ma^2\right)^{\gamma/(\gamma-1)} \qquad (1.75)$$

或

$$p_t = p \left(1 + \frac{\gamma - 1}{2} Ma^2\right)^{\gamma/(\gamma-1)} \tag{1.76}$$

滞止压力能量方程：对于稳定的一维流动，有

$$\frac{\mathrm{d}p_t}{\rho_t} + \mathrm{d}s_e(T_t - T) + T_t\mathrm{d}s_i + \delta w_s = 0 \tag{1.77}$$

对于理想气体，$p_t = \rho_t R T_t$，代入驻点密度，式(1.77)可表示为

$$\frac{\mathrm{d}p_t}{p_t} + \frac{\mathrm{d}s_e}{R}\left(1 - \frac{T}{T_t}\right) + \frac{\mathrm{d}s_i}{R} + \frac{\delta w_s}{RT_t} = 0 \tag{1.78}$$

由于许多问题是绝热的，也不涉及轴功，$\mathrm{d}s_e$ 和 δw_s 为零，所以

$$\frac{\mathrm{d}p_t}{p_t} + \frac{\mathrm{d}s_i}{R} = 0 \tag{1.79}$$

或

$$\ln\frac{p_{t_2}}{p_{t_1}} + \frac{s_{i_2} - s_{i_1}}{R} = 0 \tag{1.80}$$

移项变换得到

$$\frac{p_{t_2}}{p_{t_1}} = \mathrm{e}^{-\Delta s/R} \tag{1.81}$$

这证实了以前从滞止压力-能量方程中得到的知识：对于绝热、无功、无流动损失的系统，任何流体 $p_t = \mathrm{const}$。因此，滞止压力被认为是一个非常重要的参数，在许多系统中它反映了流动损失。但是要注意的是，式(1.81)中的特殊关系只适用于完全气体，而且只适用于某些流动条件。

综上所述：对于稳定的一维流动，有

$$\delta q = \delta w_s + \mathrm{d}h_t \tag{1.82}$$

注意：即使存在流动损失，式(1.82)也是有效的。如果 $\delta q = \delta w_s = 0$，则 $h_t = \mathrm{const}$。若额外没有发生损失，即 $\delta q = \delta w_s + \mathrm{d}s_i = 0$，则 $p_t = \mathrm{const}$。

第 2 章
基本守恒定律

本章将基于控制体方法,重点介绍和推导流体流动需要满足的三大守恒定律: 质量守恒定律、动量守恒定律和能量守恒定律。

2.1 质量守恒定律

2.1.1 一维流动质量守恒定律

对于拉格朗日法,任意流体微团的质量保持不变,即

$$\frac{\mathrm{d}m}{\mathrm{d}t} = 0 \qquad (2.1)$$

对于欧拉法,控制体一般为流场中某选定的空间区域。对于如图 2.1 所示的一维控制体,有

$$\left(\frac{\mathrm{d}m}{\mathrm{d}t}\right)_{cv} = \dot{m}_{\mathrm{in}} - \dot{m}_{\mathrm{out}} \qquad (2.2)$$

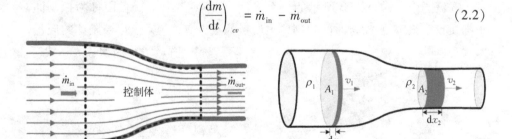

图 2.1 一维控制体

任意时刻,控制体内流体质量的增加等于净流入控制体内的质量。对于定常流动,控制体内的质量保持不变,即

$$\left(\frac{\mathrm{d}m}{\mathrm{d}t}\right)_{cv} = 0 \ 或 \ \dot{m}_{\mathrm{in}} = \dot{m}_{\mathrm{out}}$$

$$\dot{m}_1 = \frac{\mathrm{d}m_1}{\mathrm{d}t} = \frac{\rho_1 A_1 \mathrm{d}x_1}{\mathrm{d}t}, \ \dot{m}_2 = \frac{\mathrm{d}m_2}{\mathrm{d}t} = \frac{\rho_2 A_2 \mathrm{d}x_2}{\mathrm{d}t}$$

对于定常流动,单位时间流过进口截面和出口截面的质量相等,质量等于密度与体积的乘积,在直径大和直径小的地方,同样体积的流体所占流向长度是不同的,这个流向长度与时间的比值就是当地的流速,于是得到这样的结论:

$$\dot{m}_1 = \frac{\mathrm{d}m_1}{\mathrm{d}t} = \frac{\rho_1 A_1 \mathrm{d}x_1}{\mathrm{d}t} = \rho_1 A_1 v_1, \ \dot{m}_2 = \frac{\mathrm{d}m_2}{\mathrm{d}t} = \frac{\rho_2 A_2 \mathrm{d}x_2}{\mathrm{d}t} = \rho_2 A_2 v_2$$

即通过某截面的质量流量等于密度、横截面积和流速三者的乘积,体积流量等于横截面积和流速的乘积。

$$\dot{m} = \rho A v, \ Q = A v$$

质量守恒定律在流体力学中体现为流量连续,所以称为连续方程,即一维流动中任意两截面的流量相等,密度、横截面积和流速三者的乘积保持不变,有

$$\rho_1 A_1 v_1 = \rho_2 A_2 v_2$$

当流动不可压缩时,密度不变,横截面积与流速的乘积保持不变,有

$$A_1 v_1 = A_2 v_2$$

2.1.2　连续方程的一般形式

在流场中,取如图 2.2 所示的一个空间中任意控制体,其表面称为控制面,根据质量守恒定律,单位时间控制体内质量的减少应该等于流出控制体的质量,于是可以得到连续方程的积分表达式:

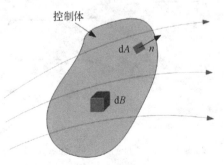

图 2.2　空间中任意控制体

$$-\iiint_{cv} \frac{\partial \rho}{\partial t} \mathrm{d}v = \oiint \rho (vn) \mathrm{d}A$$

这种积分形式适用于做理论分析,如果要具体计算流场参数,则需要用微分形式,接下来针对微小的控制体推导连续方程。取如图 2.3 所示的六面体为控制体,在六个面上流体均可以流入和

流出,在左侧面和下侧面,以及右侧面和上侧面流入与流出的流量表达式如图 2.3 所示,即密度、流速和横截面积乘积的微分表达式。

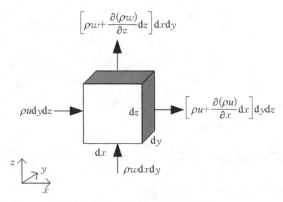

图 2.3　六面体微小控制体

因为控制体体积不变,所以控制体内单位时间内质量的减少就体现为密度的减小,即

$$-\frac{\partial m}{\partial t} = -\frac{\partial \rho}{\partial t}\mathrm{d}x\mathrm{d}y\mathrm{d}z$$

左右两个面净流出量分别为

$$\mathrm{d}x\mathrm{d}y\mathrm{d}z,\ \frac{\partial(\rho u)}{\partial x}\mathrm{d}x\mathrm{d}y\mathrm{d}z$$

可以得到所有面上的净流出量为

$$\left[\frac{\partial(\rho u)}{\partial x} + \frac{\partial(\rho v)}{\partial y} + \frac{\partial(\rho w)}{\partial z}\right]\mathrm{d}x\mathrm{d}y\mathrm{d}z$$

根据质量的减少量等于净流出量,得到

$$-\frac{\partial \rho}{\partial t}\mathrm{d}x\mathrm{d}y\mathrm{d}z = \left[\frac{\partial(\rho u)}{\partial x} + \frac{\partial(\rho v)}{\partial y} + \frac{\partial(\rho w)}{\partial z}\right]\mathrm{d}x\mathrm{d}y\mathrm{d}z$$

消去 $\mathrm{d}x\mathrm{d}y\mathrm{d}z$,可以得到

$$\frac{\partial \rho}{\partial t} + \frac{\partial(\rho u)}{\partial x} + \frac{\partial(\rho v)}{\partial y} + \frac{\partial(\rho w)}{\partial z} = 0$$

该微分形式可以与之前的积分形式进行对应,$\partial \rho / \partial t$ 表示控制体内质量的

减少,$\partial(\rho u)/\partial x$、$\partial(\rho v)/\partial y$、$\partial(\rho w)/\partial z$ 表示流出控制体的质量,也可以写成矢量形式:

$$\frac{\partial \rho}{\partial t} + \nabla(\rho V) = 0$$

式中, ∇ 为 nabla 算子;ρV 称为密流,即单位面积的流量。

$$\nabla = i\,\frac{\partial}{\partial x} + j\,\frac{\partial}{\partial y} + k\,\frac{\partial}{\partial z}$$

2.1.3   连续方程的分析与应用

$$\frac{\partial \rho}{\partial t} + \nabla(\rho V) = 0$$

对于定常流动,有

$$\nabla(\rho V) = 0$$

对于一维定常流动,有

$$\frac{\mathrm{d}(\rho u)}{\mathrm{d}x} = 0$$

对于一维定常不可压缩流动,有

$$\frac{\mathrm{d}u}{\mathrm{d}x} = 0$$

可知,在一维定常不可压缩流动中,速度沿流向保持不变。

这里要说明的是,一般工程上所说一维流动,例如此前出现的一维压缩管道的流动,并不是真正意义上的一维流动,只是把另外两维度的变化用横截面积的变化来体现,横截面积的变化就代表流动在另外两个方向上有变化。

对连续方程进行变换,把密度和速度的微分展开成两项,得到

$$\frac{\partial \rho}{\partial t} + v\,\nabla\rho + \rho\,\nabla v = 0$$

该式子的前两项是密度的物质导数,从而连续方程又可以写成

$$\frac{\mathrm{D}\rho}{\mathrm{D}t} + \rho\,\nabla v = 0$$

因为全导数表示的是流体微团密度的变化,所以这是拉格朗日法的连续方程。

不难得出,不可压缩流动的连续方程的形式为

$$\nabla v = 0$$

其实质就是速度的散度为零,物理意义是流体微团的体积变化为零,分量形式是各方向速度在相应方向的梯度之和为零,即

$$\frac{\partial u}{\partial x} + \frac{\partial v}{\partial y} + \frac{\partial w}{\partial z} = 0$$

在一维收缩管道中取一点,在这一点的邻域取一个微小的控制体,其上下左右各面的速度如图 2.4 所示,u 沿 x 方向是增大的,v 沿 y 方向是减小的,即

$$\frac{\partial u}{\partial x} > 0, \quad \frac{\partial v}{\partial y} < 0$$

得到二维不可压缩的连续方程为

$$\frac{\partial u}{\partial x} + \frac{\partial v}{\partial y} = 0$$

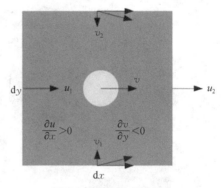

图 2.4　邻域微小控制体

不难看出,该式子中的两项符号必然相反,且大小应该相等,所以收缩流动至少是二维的,而不是一维的。

再来讨论压缩性的影响。$\rho A v = \text{const}$,所以流体不可压时,横截面积减小,速度必然增大。而在超声速流动中,密度变化程度比速度大,所以压缩时减速[9]。

2.2　能量守恒定律

2.2.1　一维流动能量方程

热力学第一定律在第 1 章已经进行了详细介绍,本节再进行简略介绍。

在如图 2.5 所示的控制系统中,进出口处压力所做的功分别为

$$\dot{W}_{P,1} = F_{P,1} v_1 = P_1 A_1 v_1, \quad \dot{W}_{P,2} = F_{P,2} v_2 = P_2 A_2 v_2$$

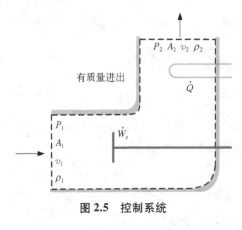

图 2.5   控制系统

有质量进出

$P_2 A_2 v_2 \rho_2$

$\dot{Q}$

P_1
A_1
v_1
ρ_1

$\dot{W}_s$

总的压力功就是进出口压力功之和:

$$\dot{W}_P = \dot{W}_{P,1} + \dot{W}_{P,2} = P_2 A_2 v_2 - P_1 A_1 v_1$$

该式可以变换为

$$\dot{W}_P = \dot{m}\left(\frac{P_2}{\rho_2} - \frac{P_1}{\rho_1}\right)$$

式中, P_1 为所说的流动功。由于壁面不动, 所以黏性力不做功。重力做功取决于进出口的高度差: $\dot{W}_g = \dot{m}g(z_2 - z_1)$, 而轴功为 $\dot{W}_s = \dot{m}w_s$。

对于控制体内的流体, 在单位时间内对外做的功为

$$\dot{m}\left[\left(\frac{P_2}{\rho_2} - \frac{P_1}{\rho_1}\right) + g(z_2 - z_1) + w_s\right]$$

吸收的热量为

$$\dot{m}q$$

总能量变化为

$$\dot{m}\left[(u_2 - u_1) + \left(\frac{v_2^2 - v_1^2}{2}\right)\right]$$

把这三个式子代入能量方程中, 就得到一维流动的能量方程为

$$(u_2 - u_1) + \left(\frac{v_2^2 - v_1^2}{2}\right) = q - \left[\left(\frac{P_2}{\rho_2} - \frac{P_1}{\rho_1}\right) + g(z_2 - z_1) + w_s\right]$$

对于开式系统, 经常不用内能, 而用焓来表示总能量, 焓和内能的关系是

$$h = u + \frac{P}{\rho}$$

由于焓是内能加上流动功, 所以用焓来表示的能量方程表达式为

$$(h_2 - h_1) + \left(\frac{v_2^2 - v_1^2}{2}\right) + g(z_2 - z_1) = q - w_s$$

流动功可以理解为压力势能, 重力做功也可以理解为重力势能, 该式等号左

边分别是内能与压力势能、动能、重力势能,等号右边分别是热量交换和轴功交换。

工程上常见的一种情况是系统与外界绝热,没有轴功,且忽略重力,如气体沿管道的流动,此时,气体本身的能量守恒,即焓与动能之和为常数:

$$h + \frac{v^2}{2} = \text{const}$$

也可以写作

$$u + \frac{P}{\rho} + \frac{v^2}{2} = \text{const}$$

动能可以转化为压力势能,也可以转化为内能,取决于压缩和黏性力影响程度,若流动是可压缩的,则内能会有一定的增大;若流动还是有黏性的,则内能还有一些额外的增大。

2.2.2　微分形式能量方程

该流体微团的能量由内能和动能两项组成,与外界的换热有传导和辐射两种,对外做功分为表面力做功和体积力做功,如图2.6所示,表达式如下:

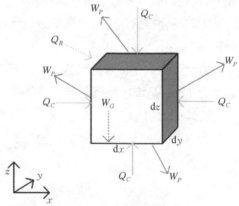

$$Q = Q_C + Q_R, \quad W = W_P + W_G$$

式中,Q_C 为热传导;Q_R 为热辐射;W_P 为表面力做功;W_G 为体积力做功。

图 2.6　流体微团能量交换

对于一个正六面体流体微团,六个面上分别有热量流入和流出,各面流入或流出的热量用微分形式表示,如图2.7所示,不难得出总的换热量为

$$Q_C = -\left(\frac{\partial q_x}{\partial x} + \frac{\partial q_y}{\partial y} + \frac{\partial q_z}{\partial z} \right) \mathrm{d}x\mathrm{d}y\mathrm{d}z$$

热辐射可以用 q_R 与微团质量的乘积来表示:

$$Q_R = mq_R = \rho\mathrm{d}x\mathrm{d}y\mathrm{d}z q_R$$

流体微团在外表面上推动邻近的流体对外做功,这就是表面力做功,因为切

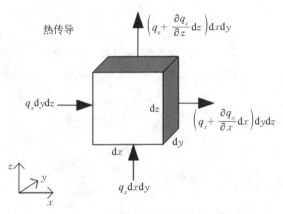

热传导

$$\left(q_z + \frac{\partial q_z}{\partial z}dz\right)dxdy$$

$$q_x dydz$$

$$\left(q_x + \frac{\partial q_x}{\partial x}dx\right)dydz$$

dz

dx

dy

$$q_x dxdy$$

图 2.7 流体微团热传导

应力的存在,各表面上的力并不是垂直于表面的,q_x 表示作用在左侧面上的表面力,代表正应力和两个切应力的合力,左侧面在此作用力下的移动也不一定是沿 x 方向的,而是有三个分量,单位时间在左侧面上表面力做的功为力与速度的乘积,即 q_x 乘以 $dydz$ 再乘以 V_x。

这里要注意正负号的表达方式,按照约定,取拉力为正,并取流体微团对外做功为正,q_x 是流体微团对外部流体的拉力,而功的表达式也是指流体微团对外部流体做的功。

左右两侧流体微团对外做的总功为

$$W_{\text{left}} + W_{\text{right}} = -\frac{\partial(P_x v_x)}{\partial x}dxdydz$$

总的表面力做功的表达式为

$$W_P = -\left[\frac{\partial(P_x v_x)}{\partial x} + \frac{\partial(P_y v_y)}{\partial y} + \frac{\partial(P_z v_z)}{\partial z}\right]dxdydz$$

体积力做功就是重力与流体微团整体速度的乘积,即

$$W_G = -(f_b \rho dxdydz)v$$

于是,得到最终的能量方程表达式为

$$\rho\frac{d\left(u + \frac{v^2}{2}\right)}{dt} = \rho f_b v + \nabla(v\tau_{ij}) + \nabla(\lambda\nabla T) + \rho q_R$$

2.2.3　动能方程与内能方程

首先推导动能方程：

$$\frac{\mathrm{d}u}{\mathrm{d}t} = f_x + \frac{1}{\rho}\left(\frac{\partial \tau_{xx}}{\partial x} + \frac{\partial \tau_{yx}}{\partial y} + \frac{\partial \tau_{zx}}{\partial z}\right)$$

两边同时乘以 u，得到

$$u\frac{\mathrm{d}u}{\mathrm{d}t} = uf_x + \frac{1}{\rho}\left(u\frac{\partial \tau_{xx}}{\partial x} + u\frac{\partial \tau_{yx}}{\partial y} + u\frac{\partial \tau_{zx}}{\partial z}\right)$$

等式左边这一项又可以写成

$$u\frac{\mathrm{d}u}{\mathrm{d}t} = \frac{\mathrm{d}\left(\dfrac{u^2}{2}\right)}{\mathrm{d}t}$$

如果考虑三个方向，则整个动能变化为三个方向上的动能变化之和：

$$u\frac{\mathrm{d}u}{\mathrm{d}t} + v\frac{\mathrm{d}v}{\mathrm{d}t} + w\frac{\mathrm{d}z}{\mathrm{d}t} = \frac{\mathrm{d}\left(\dfrac{u^2}{2} + \dfrac{v^2}{2} + \dfrac{w^2}{2}\right)}{\mathrm{d}t}$$

把三个方向的动量方程都乘以各自的速度并加起来，就得到了动能变化的表达式，即动能方程：

$$\frac{\mathrm{d}\left(\dfrac{u_i u_i}{2}\right)}{\mathrm{d}t} = f_i u_i + \frac{1}{\rho}u_i\frac{\partial \tau_{ij}}{\partial x_i}$$

等号左边是动能的变化，等号右边第一项是体积力做的功，第二项是表面力做的功，所有的体积力做功都用于产生流体微团的动能变化，表面力做功则不然，使动能变化的这部分表面力做功，只是表面力推动流体微团平动的功。

一维流动情况的动能方程为

$$\frac{\mathrm{d}\left(\dfrac{u^2}{2}\right)}{\mathrm{d}t} = uf_x + \frac{1}{\rho}\left(u\frac{\partial \tau_{xx}}{\partial x} + u\frac{\partial \tau_{yx}}{\partial y} + u\frac{\partial \tau_{zx}}{\partial z}\right)$$

其中表面力做功有三项，分别表示三个沿 x 方向的表面力所做的功。其中，正应力是在正面推动流体微团运动，切应力是在侧面拖动流体微团运动，总之，这种功是表面力带动流体微团平动的功,过程中流体微团没有转动和变形。有了总能量方程和动能方程,把它们相减,就得到了内能方程:

$$\frac{\mathrm{d}u}{\mathrm{d}t} = \frac{1}{\rho}\tau_{ij}\frac{\partial u_j}{\partial x_i} + \frac{\mathrm{d}q}{\mathrm{d}t}$$

体积力做功全部在动能方程中,而换热全部在内能方程中,但表面力做功分成了两项,分别在动能方程和内能方程中。

二维流动情况内能的变化为

$$\frac{\mathrm{d}u}{\mathrm{d}t} = \frac{1}{\rho}\left(\tau_{xx}\frac{\partial u}{\partial x} + \tau_{yy}\frac{\partial v}{\partial y} + \tau_{yx}\frac{\partial u}{\partial y} + \tau_{xy}\frac{\partial v}{\partial x}\right) + \frac{\mathrm{d}q}{\mathrm{d}t}$$

这是内能方程的分量形式,其中表面力做功有 4 项,两项是正应力做功,两项是切应力做功,都是使流体变形的功,把表面力的压力和黏性力分开,写成分量形式,并将所有的黏性力写成一项,称为耗散项,其实这就是摩擦损失:

$$\tau_{ij}\frac{\partial u_j}{\partial x_i} = -P(\nabla v) + \phi_v$$

不难看出,耗散项永远为正,也就是说,这一项只会导致内能增加,或者说,耗散项使动能不可逆地转化为内能。当压力导致的变形引起体积变化时,体积力做功,体积力做功可以是正的,也可以是负的,正的体积力做功是压缩功,负的体积力做功是膨胀功,或者说,体积力做功是可逆的。把动能和内能再写在一起,只把表面力做功分成两项,得

$$\frac{\mathrm{d}\left(\dfrac{u_iu_i}{2}\right)}{\mathrm{d}t} + \frac{\mathrm{d}u}{\mathrm{d}t} = f_iu_i + \frac{1}{\rho}u_j\frac{\partial \tau_{ij}}{\partial x_i} + \frac{1}{\rho}\tau_{ij}\frac{\partial u_j}{\partial x_i} + \frac{\mathrm{d}q}{\mathrm{d}t}$$

这样便可以清楚地看出动能和内能各自的影响因素,得出以下结论:

(1) 体积力做功只影响动能,换热只影响内能;

(2) 表面力做功既可以改变动能,也可以改变内能;

(3) 压力做功引起的内能变化是可逆的;

(4) 黏性力做功引起的内能变化是不可逆的,即损失。

2.2.4　熵与焓的变化

已知内能方程中的表面力做功可以分开,写成体积力做功和耗散的形式:

$$\frac{\mathrm{d}u}{\mathrm{d}t} = \frac{1}{\rho}\tau_{ij}\frac{\partial u_j}{\partial x_i} + \frac{\mathrm{d}q}{\mathrm{d}t} = -\frac{P}{\rho}(\nabla v) + \frac{1}{\rho}\phi_V + \frac{\mathrm{d}q}{\mathrm{d}t}$$

另外,还知道熵和内能的关系式为

$$T\frac{\mathrm{d}s}{\mathrm{d}t} = \frac{\mathrm{d}u}{\mathrm{d}t} + P\frac{\mathrm{d}}{\mathrm{d}t}\left(\frac{1}{\rho}\right) = \frac{\mathrm{d}u}{\mathrm{d}t} + \frac{P}{\rho}(\nabla v)$$

把内能方程代入其中,经过整理,得到熵方程为

$$T\frac{\mathrm{d}s}{\mathrm{d}t} = \frac{1}{\rho}\phi_V + \frac{\mathrm{d}q}{\mathrm{d}t}$$

由该公式可以看出,引起熵增加的两个因素:一个是耗散;另一个是传热。耗散只引起熵增加,而传热项则不然,表现为吸热熵增加,放热熵减少。

现在来看焓的方程,对焓与内能的关系式做出变换,把内能方程代入焓与内能的关系式中,并对第二项进行变形,得到焓的方程为

$$\frac{\mathrm{d}}{\mathrm{d}t}\left(\frac{P}{\rho}\right) = \frac{1}{\rho}\frac{\mathrm{d}P}{\mathrm{d}t} + \frac{P}{\rho}(\nabla v)$$

由该公式可以看出,引起焓增加的三个因素分别是压力增加、耗散和吸热。对于绝热无黏的流动情况,焓的增加必然伴随着压力的增加。

总焓是焓与动能之和,表示流体的总能量,将焓方程和动能方程相加,就得到了总焓的表达式:

$$\frac{\mathrm{d}h_t}{\mathrm{d}t} = f_i u_i + \frac{1}{\rho}\frac{\mathrm{d}P}{\mathrm{d}t} + \frac{1}{\rho}u_j\frac{\partial \tau_{ij}}{\partial x_i} + \frac{1}{\rho}\phi_V + \frac{\mathrm{d}q}{\mathrm{d}t}$$

黏性力所做的可逆功非常小,可忽略。若只考虑压力所做的移动功,则压力所做的移动功和压力随时间变化两项可以合并成一项,即

$$u_j\frac{\partial \tau_{ij}}{\partial x_i} = u_i\frac{\partial(-P)}{\partial x_i}$$

这样就得到了总焓方程:

$$\frac{\mathrm{d}h_t}{\mathrm{d}t} = f_i u_i + \frac{1}{\rho}\frac{\partial P}{\partial t} + \frac{1}{\rho}\phi_V + \frac{\mathrm{d}q}{\mathrm{d}t}$$

由该公式可以看出,影响总焓的四个因素分别是体积力做功、定常压力做

功、耗散和吸热。对于气体,一般体积力做功可以忽略,如果黏性力做功和换热也可以忽略,则影响总焓的就只有非定常压力做功这一项,即

$$\frac{\mathrm{d}h_t}{\mathrm{d}t} = \frac{1}{\rho}\frac{\partial P}{\partial t}$$

因为耗散项和换热项都出现在熵方程中,通过这两项增加总焓都是有损失的,所以非定常压力做功是无损失地增加总焓的唯一方法。

2.2.5 轴功和伯努利方程

把微分形式的总焓方程和一维微分形式的能量方程写在一起:

$$\frac{\mathrm{d}h_t}{\mathrm{d}t} = f_i u_i + \frac{1}{\rho}\frac{\partial P}{\partial t} + \frac{1}{\rho}\phi_V + \frac{\mathrm{d}q}{\mathrm{d}t}$$

$$(h_2 - h_1) + \frac{1}{2}(v_2^2 - v_1^2) + g(z_2 - z_1) = q - w_s$$

对比这两个方程的各项,就可以清楚地看出轴功。由于总焓、重力功、换热项都是一一对应的,所以剩下的自然就是轴功。于是,对比消去可以得到轴功的表达式为

$$-w_s = \int\left(\frac{1}{\rho}\frac{\partial P}{\partial t} + \frac{1}{\rho}\phi_V\right)\mathrm{d}t$$

由该方程可以看出,轴功由两项组成:一项是非定常压力做功;另一项是耗散。

$$\frac{\mathrm{d}\left(\frac{u^2}{2}\right)}{\mathrm{d}t} = uf_x + \frac{1}{\rho}\left(u\frac{\partial \tau_{xx}}{\partial x} + u\frac{\partial \tau_{yx}}{\partial y} + u\frac{\partial \tau_{zx}}{\partial z}\right)$$

这是一维流动的动量方程,如果设流向为 z 向且流动为定常无黏流动,则方程可以简化为

$$w\frac{\partial\left(\frac{w^2}{2}\right)}{\partial x} = -gw - \frac{1}{\rho}w\frac{\partial P}{\partial z}$$

其中,等号左侧为惯性力项,等号右侧为重力项和压差力项。进一步假设流动不可压缩并沿流向积分,便得到了伯努利方程:

$$\frac{v^2}{2} + \frac{P}{\rho} + gz = \text{const}$$

从能量角度来看,伯努利方程等号左边的三项分别表示动能、压力势能和重力势能,这三项之和就是流体的机械能,所以伯努利方程是流体的机械能守恒方程式,其中,压力势能和重力势能也可以分别理解为流动功和重力功。

把能量方程和伯努利方程写在一起,得

$$(u_2 - u_1) + \left(\frac{P_2}{\rho_2} - \frac{P_1}{\rho_1}\right) + \frac{1}{2}(v_2^2 - v_1^2) + g(z_2 - z_1) = q - w_s$$

根据该方程,首先,当流动为无黏、不可压缩流动时,换热只影响内能,如果再加上定常条件,则轴功为零,能量方程退化为三项机械能之和守恒,这就是伯努利方程,伯努利方程的实质也就是当流动为定常、无黏、不可压缩流动时,机械能沿流线守恒。

2.2.6　流动能量转化

图 2.8 给出了流动中的有黏区与无黏区。在无黏区,流体不存在连续剪切变形,因而也就不存在黏性力,无黏区的流动符合伯努利方程,如果其与外界有换热,则换热只影响内能[10]。

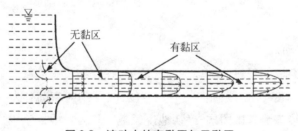

图 2.8　流动中的有黏区与无黏区

在有黏区,黏性力会把动能不可逆地转化为内能,但对于等截面定常、不可压缩管流,动能沿流向是不变的,动能的损耗会从压力势能得到补充,沿流向是压力下降、温度上升的过程。

图 2.9 是一股水流喷在壁面上,过程中的黏性力可以忽略,并且流动不可压缩,水流从喷口到壁面的过程中是减速流动,这种减速完全是由压差力造成的,过程符合伯努利方程,速度减小,压力增加,动能与压力势能之和保持不变。

$$P + \frac{1}{2}\rho V^2 = \text{const}$$

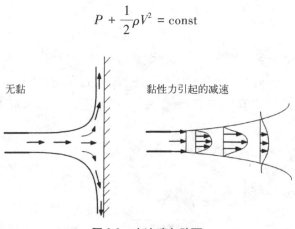

图 2.9   水流喷向壁面

空气从喷口流入静止大气,逐渐减速到零。这个情况下整个射流和环境大气的压力基本上是一样的,所以射流是通过与周围静止大气之间的黏性摩擦力减速的。黏性力使射流的动能完全损失,不可逆地转化为内能,并不增加压力[11]。

$$P_t = P_0 + \frac{1}{2}\rho v^2, \ P_t = P_0$$

2.3   动量守恒定律

2.3.1   流动与力

本小节探究流体经过收缩段加速的原因,在收缩段中部取一个流体微团,已知该流体微团速度增大,受到向右的加速度,故受到向右的合力,这个合力是周围的流体施加给该流体微团的,确切地说就是压差力。根据该压力分布,可以看出左侧的压力大于右侧,形成压差力,这就是流体微团加速运动的原因,通过收缩段的所有流体微团都是在这样的压差力作用下加速的,把整个收缩段看成一个控制体,一定是进口的压力大,出口的压力小,进口流速小,出口流速大,所以流体的加减速运动从根本上是遵循牛顿第二定律的。

2.3.2   动量方程——N-S方程

图 2.10 是飞机发动机简图,取发动机周围虚线所示的区域为控制体,通过

分析它的受力来求推力,以发动机为参照物,气流从左侧流入,从右侧流出。根据动量方程可以确定控制体所受合力与进/出动量的关系:

$$\sum F = (\dot{m}v)_{out} - (\dot{m}v)_{in}$$

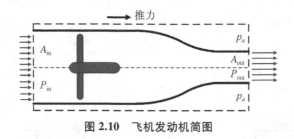

图 2.10　飞机发动机简图

一般在巡航状态下,气流直接进入发动机而没有加速或减速,因此进口处的压力等于大气压,只要出口处的速度为亚声速,则出口处的压力也为大气压,即 $P_{in} = p_a$, $P_{out} = p_a$。于是,控制体进出口压力相等,起以上作用的力只有飞机的拉力 T。

$$\sum F = T$$

根据动量方程,有

$$T = \dot{m}(v_{out} - v_{in})$$

式中,$\dot{m}$ 为空气流量;v_{out} 为发动机出口气流的速度,也就是喷气速度;v_{in} 为发动机进口气流的速度,也就是飞机的速度。

现在探究作用于机翼上的升力和阻力,以如图 2.11 所示的飞机机翼简图为参照物,远前方的空气水平流向机翼,在机翼上产生升力和阻力。根据动量守恒定律,这必然导致空气的向下偏转和减速。空气的向下偏转对应着升力,减速对应着阻力,由于气流经过机翼后并不保持均匀流动,出口速度与位置有关,所以不可以简单

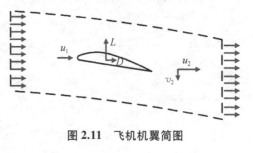

图 2.11　飞机机翼简图

地取出口速度的平均来计算升力和阻力,因为动量方程中的流量也是与速度有关的,所以应该对动量整体进行积分:

$$\dot{m}u_2 = \int \rho u_2^2 b \mathrm{d}y$$

这里流场不是一维流动,虽然升力和阻力仍然可以用简单的积分来解决,但如果想知道机翼表面的流速或压力分布,简单的动量方程不能胜任,这时需要微分形式的动量方程。

图 2.12 是流经机翼表面的流体微团受力情况,其上作用着体积力和表面力,体积力可以用作用于流体微团质心的集中力来表示, x、y 方向上的体积力分别为 $f_x\rho\mathrm{d}x\mathrm{d}y$、$f_y\rho\mathrm{d}x\mathrm{d}y$。

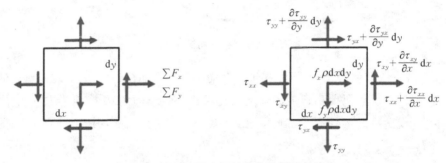

图 2.12 流经机翼表面的流体微团受力情况

表面力分为正应力和切应力,不难分别写出 x、y 方向上合力的表达式:

$$\sum F_x = \left(\frac{\partial \tau_{xx}}{\partial x} + \frac{\partial \tau_{yx}}{\partial y}\right)\mathrm{d}x\mathrm{d}y + f_x\rho\mathrm{d}x\mathrm{d}y$$

$$\sum F_y = \left(\frac{\partial \tau_{xy}}{\partial x} + \frac{\partial \tau_{yy}}{\partial y}\right)\mathrm{d}y\mathrm{d}x + f_y\rho\mathrm{d}x\mathrm{d}y$$

在 x 方向合力的作用下,流体微团在 x 方向产生加速度 a_x,加速度的表达式是速度的物质导数形式,把力与加速度代入牛顿第二定律公式中,就得到 x 方向的动量方程:

$$\sum F_x = \left(\frac{\partial \tau_{xx}}{\partial x} + \frac{\partial \tau_{yx}}{\partial y} + \frac{\partial \tau_{zx}}{\partial z}\right)\mathrm{d}x\mathrm{d}y\mathrm{d}z + f_x\rho\mathrm{d}x\mathrm{d}y\mathrm{d}z$$

$$ma_x = \rho\mathrm{d}x\mathrm{d}y\mathrm{d}z \cdot \frac{\mathrm{d}u}{\mathrm{d}t} = \rho\mathrm{d}x\mathrm{d}y\mathrm{d}z\left(\frac{\partial u}{\partial t} + u\frac{\partial u}{\partial x} + v\frac{\partial u}{\partial y} + w\frac{\partial u}{\partial z}\right)$$

$$\rho\frac{\mathrm{d}u}{\mathrm{d}t} = \rho f_x + \frac{\partial \tau_{xx}}{\partial x} + \frac{\partial \tau_{yx}}{\partial y} + \frac{\partial \tau_{zx}}{\partial z}$$

同样地,也可以得到 y 方向和 z 方向的动量方程分别为

$$\rho \frac{\mathrm{d}u}{\mathrm{d}t} = \rho f_y + \frac{\partial \tau_{xy}}{\partial x} + \frac{\partial \tau_{yy}}{\partial y} + \frac{\partial \tau_{zy}}{\partial z}$$

$$\rho \frac{\mathrm{d}u}{\mathrm{d}t} = \rho f_z + \frac{\partial \tau_{xz}}{\partial x} + \frac{\partial \tau_{yz}}{\partial y} + \frac{\partial \tau_{zz}}{\partial z}$$

但是,这三个方程并没有直接的用处,因为式子中的正应力和切应力都是未知的。对于不是沿着坐标轴的剪切,黏性力公式可以写为

$$\tau_{yx} = \tau_{xy} = \eta \left(\frac{\partial u}{\partial y} + \frac{\partial v}{\partial x} \right)$$

斯托克斯在牛顿黏性力公式的基础上通过一定合理的假设,得出了广义的牛顿黏性力公式,其中 x 方向正应力的关系式是

$$\tau_{xx} = 2\eta \frac{\partial u}{\partial x} - \frac{2}{3}\eta \ \nabla v - P$$

还有其他切应力和正应力的一些关系式,切应力是对称的,一共只有三个独立的切应力,正应力也是三个,这六个应力的关系式表示了牛顿流体中应力与流动之间的关系,称为广义的牛顿黏性力公式,也称为牛顿流体的本构方程,把该本构方程代入左边的动量方程中,就得到最终的动量方程:

$$\frac{\mathrm{D}v}{\mathrm{D}t} = f - \frac{1}{\rho} \nabla P + \frac{\mu}{\rho} \ \nabla^2 v + \frac{1}{3} \frac{\mu}{\rho} \nabla (\nabla v)$$

该方程称为 N - S(Navier - Stokes)方程,这个方程是二阶非线性偏微分方程,不容易得到解析解[12]。

2.3.3 动量方程的分析与应用

N - S 方程是动量定理在流体运动中的应用,无非就是力与动量变化的关系,在这个式子中,等号左边是加速度,也就是单位质量流体的动量变化,等号左边的部分又称为惯性力,等号右边的第一项是体积力,第二项是压差力,第三项和第四项是黏性力,由于在常见的大多数流动中,黏性力比压差力要小得多,所以很多流动经常可以简化为无黏流动,即黏性力项为零,这时 N - S 方程退化为欧拉方程,即无黏流动的动量方程。如果流体是静止的,黏性力项自然为零,同时惯性力项也为零,N - S 方程就退化为欧拉静平衡方程。如果在无黏流动的条

件下再加上一维和定常流动的条件,则 N-S 方程变成如下的形式:

$$w \frac{\mathrm{d}w}{\mathrm{d}z} = -g = \frac{1}{\rho} \frac{\mathrm{d}p}{\mathrm{d}z}$$

对这个方程进行积分,并加上不可压缩的条件,就得到了伯努利方程:

$$\frac{P}{\rho} + gz + \frac{1}{2}w^2 = \mathrm{const}$$

所以伯努利方程的应用条件就是定常、无黏、不可压缩,并且沿着一条流线。

现在分析如图 2.13 所示的管道,设这根管道无限长,对于该管道内部的流动,如果流动是层流的,则其是有解析解的,现在用控制体方法来分析这种流动。

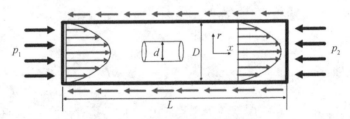

图 2.13 管道流动的控制体分析

取包含管道内流体的圆柱体为控制体,其两端作用有压力,而四周的圆柱面上作用有壁面给流体的切应力,即摩擦阻力。对于无限长管道,流体速度沿速度方向不变,所以压差力产生的驱动力和切应力产生的阻力平衡,有

$$(P_1 - P_2) \frac{1}{4} \pi D^2 = \tau_w \pi D L$$

整理后,就可以得到单位长度压降的关系式:

$$\frac{\Delta P}{L} = \frac{4\tau_w}{D}$$

式中,τ_w 是未知的,因此还需要额外的关系式才能得出更有用的结果。

在该管道中取这样一个控制体,其直径是任意的,仍然可以使用上述关系式,但这时关系式中的切应力不再是壁面处的,而是任意半径处的切应力 τ,补充一个牛顿黏性力公式:

$$\frac{\Delta P}{L} = \frac{4\tau}{d}, \tau = -\eta \frac{\partial u}{\partial r}, u = 0, r = R$$

考虑壁面的无滑移边界条件,根据这些关系式和边界条件可以解出管道内的流速分布:

$$u = \frac{\Delta P D^2}{16 \eta L}\left[1 - \left(\frac{r}{R}\right)^2\right]$$

因此可以看出,速度沿半径方向是二次分布的,在中心线上取得最大。在管道问题中,一般已知流量,从而可以知道各个截面上的平均流速。如果对流速关系式进行积分,则可以发现最大流速是平均流速的 2 倍,这样就得到单位长度压降与平均速度和管径的关系:

$$\frac{\Delta P}{L} = 32 \frac{\eta \bar{u}}{D^2}$$

利用该公式,可以直接通过管径和流量得出压力损失,这就是哈根-泊肃叶流动。

2.4 小结

本章详细介绍了学习基本守恒定律所需的热力学第一定律和热力学第二定律,一般由拉格朗日法和欧拉法来表示基本守恒定律。拉格朗日法是针对一个流体微团的,而欧拉法是针对所选取的控制体来进行分析的。通过本章的学习,能得到如下结论。

(1)质量守恒定律:在流体力学中体现为流量连续,有 $\rho_1 A_1 v_1 = \rho_2 A_2 v_2$,对于不可压缩流动,有 $A_1 v_1 = A_2 v_2$。在一维定常不可压缩流动中,速度沿流向保持不变,收缩流动至少是二维流动。当流体不可压缩时,流体经过收缩管道,速度增大,当流体可以压缩时,则相反。

(2)能量守恒定律:影响总焓的四个因素分别是体积力做功、定常压力做功、耗散和吸热;引起焓增加的三个因素分别是压力增加、耗散和吸热。对于绝热无黏流动情况,焓的增加必然伴随着压力的增加;影响总焓的四个因素分别是体积力做功、定常压力做功、耗散和吸热。当流动为定常、无黏、不可压缩流动时,流体遵循伯努利方程,即机械能沿流线守恒。

(3)动量守恒定律:流体的加减速受到由于压差力的影响产生的合力的作用,从根本上遵循牛顿第二定律,对于无限长管道,流体速度沿速度方向不变,所以压差力产生的驱动力和切应力产生的阻力平衡。

第3章

激波概念与基本原理

3.1 引言

在绝能等熵流动中,当马赫数小于0.3时,流体可近似看成不可压缩的。随着流速的不断提高,压缩性的影响将变得越来越大,当马赫数大于1时,绕物体的流动是超声速的,在物体上会形成激波和膨胀波。当既有亚声速流动又有超声速流动时,物体上会出现激波等现象(图3.1),这种流动称为跨声速流动。在跨声速流动中,物体上可以出现马赫数小于1、马赫数等于1、马赫数大于1的流动区域,流动现象要复杂得多。当马赫数大于5时,流动为高超声速的,其流动特点与低超声速差别很大。

图3.1 超声速飞行器飞行时产生的激波

膨胀波与激波是超声速气流中的重要现象,当超声速气流减速时,一般会产生激波,当超声速气流加速时,会产生膨胀波,随着飞机和发动机性能的提高,超声速进气道、超声速压气机和超声速喷管已经得到广泛应用。超声速燃烧室和超声速涡轮也在研究之中,在分析和研究这些部件中气流的运动规律时,首先会遇到激波与膨胀波问题。本章仅分析激波的形成、激波的性质与特点、流体通过激波的运动规律以及计算方法。首先,讨论激波的产生和传播过程,推导激波的基本方程并用于激波前后参数的计算和分析;其次,讨论激波的相交与反射等问题;再次,分析圆锥激波及其数值解;最后,归纳整理激波基本方程。

3.2　激波流动分析

3.2.1　激波的形成

激波是气体在超声速运动过程中最重要的现象之一。它是气体受到强烈压缩后产生的强压缩波,也称为强间断面(两侧气体参数发生间断的面),这种间断称为激波。气流经过激波后,流速减小,相应的压强、温度和密度均升高。

当气体经过激波时,气体参数在极短的时间和极短的距离内发生极大的变化,因此不仅激波的厚度很薄,而且激波参数变化的每个状态不可能是热力学平衡状态。这种过程必然是一个不可逆的耗散过程,因而必然会引起熵的增加,即气体经过激波是一个不可逆的绝热过程。在这个过程中,气体的黏性、热传导占有重要的地位,使得激波内部的结构非常复杂。本章在研究激波时都忽略了激波的厚度(一般情况下,激波厚度大约是 2.5×10^{-5} cm),只研究激波前后气流参数的变化关系,不讨论其内部的复杂过程。

按照激波的形状,将激波分为以下几种。

(1)正激波:气流方向与波面垂直,如图 3.2(a)所示。

(2)斜激波:气流方向与波面不垂直,如图 3.2(b)所示。

(3)曲线激波:波形为曲线形,例如,当超声速气流流过钝头体时,在物体前面往往产生脱体激波,这种激波就是曲线激波,如图 3.2(c)所示。

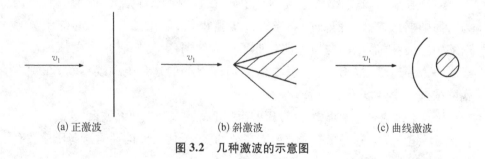

(a) 正激波　　　　　　　(b) 斜激波　　　　　　　(c) 曲线激波

图 3.2　几种激波的示意图

强压缩扰动波可以看成由许多弱压缩波在一定条件下累积形成的。现以活塞在半无限长管内的加速运动为例来说明激波形成的物理过程,如图 3.3(a)所示。设想将活塞从静止状态加速到某一速度 v 的过程分解为若干阶段,每一阶段活塞只有一个微小的速度增量 Δv,因而产生弱压缩波。当活塞速度从 0 增加

到 Δv 时,活塞左边的气体先受到压缩,其压强、密度和温度略有提高,所产生的压缩波的传播速度是尚未被压缩的气体中的声速 a_1。由于活塞以速度 Δv 移动,所以弱压缩波左边的气体被活塞推着以同样的速度 Δv 向右移动。经历 1 s后,压强有微小变化处就是弱压缩波所在位置,如图 3.3(b)所示。

之后,活塞速度由 Δv 增加到 $2\Delta v$,在管内便产生第二道弱压缩波。第二道弱压缩波的传播速度是 $a_2 + \Delta v$(绝对速度),由于该波是在第一道压缩波后的气流中传播的,所以 $a_2 > a_1$。可见第二道弱压缩波的传播速度必大于第一道弱压缩波的传播速度,到第 2 s 末,管内气体压强分布如图 3.3(c)所示。

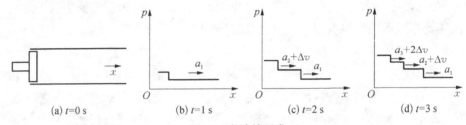

(a) t=0 s   (b) t=1 s   (c) t=2 s   (d) t=3 s

图 3.3   激波的形成

以此类推,活塞每加速一次,在管内就多一道弱压缩波[图 3.3(d)],每道弱压缩波总是在经过前几次压缩后的气体中以当地声速相对于气体向右传播[13]。气体每受到一次压缩,声速便增大一次,而且随活塞速度的增大,活塞附近的气体跟随活塞一起向右移动的速度也增大,所以后面产生的弱压缩波的传播速度必定比前面的快。

经过若干次加速,活塞速度达到了 v,在管内形成了若干道弱压缩波,因为后面的弱压缩波比前面的弱压缩波传播得快,所以波与波之间的距离逐渐缩短。最终,后面的弱压缩波赶上了前面的弱压缩波,使所有弱压缩波汇集成一道强压缩波(激波)。只要活塞仍以不变的速度 v 继续运动,在管内就能维持一个强度不变的激波。

从以上讨论可以看出,气体被压缩而产生的一系列弱压缩波聚集在一起,就转化为一道激波。这种量的变化引起了质的飞跃,使激波的性质与弱压缩波有着本质的区别。其主要表现如下:

(1)激波是强压缩波,经过激波的气流参数的变化是突跃的。

(2)气体经过激波受到突然、强烈的压缩,必然在气体内部造成强烈的摩擦和热传导,因此气流经过激波是绝热、非等熵流动。

(3)激波的强弱与气流受压缩的程度(或扰动的强弱)有直接关系。

3.2.2 激波的传播速度

现以管内气体产生的激波为例,推导激波的传播速度。

图 3.4(a)表示由于活塞的加速运动,在管内气体中形成的激波在某一瞬时的位置。用 v_s 和 v_B 分别代表激波传播速度和激波后气体向右的运动速度,即活塞向右移动的速度。为了把非定常流动转化为定常流动,和讨论声速的情况一样,在以激波传播速度 v_s 运动的相对坐标系中,激波相对于观察者是静止的,而整个流动为定常流动,图 3.4(b)表示在相对坐标系中,定常流动的气体参数分布情况。若取激波运动方向为 x 方向,则激波前气流运动速度为 $-v_s$,而激波后气流运动速度为 $-(v_s - v_B)$。沿激波前后波面取控制体[图 3.4(b)中的虚线],波前为 1 区,波后为 2 区,管道横截面积为 A。对控制体沿 x 方向应用动量方程,得

$$A(p_2 - p_1) = q_m[-(v_s - v_B) - (-v_s)] \tag{3.1}$$

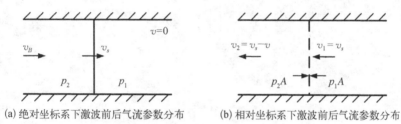

(a) 绝对坐标系下激波前后气流参数分布　　(b) 相对坐标系下激波前后气流参数分布

图 3.4　激波传播速度推导用图

由连续方程可得

$$q_m = \rho_1 v_s A = \rho_2 (v_s - v_B) A \tag{3.2}$$

即

$$v_B = \frac{\rho_2 - \rho_1}{\rho_2} v_s \tag{3.3}$$

由式(3.2)和式(3.3)可得

$$A(p_1 - p_2) = A\rho_1 v_s[(v_s - v_B) - v_s] \tag{3.4}$$

或

$$v_s v_B = \frac{p_2 - p_1}{\rho_1} \tag{3.5}$$

因此,有

$$v_s = \sqrt{\frac{p_2 - p_1}{\rho_2 - \rho_1} \frac{\rho_2}{\rho_1}} = \sqrt{\frac{p_2}{\rho_1} \frac{\dfrac{p_2}{p_1} - 1}{1 - \dfrac{\rho_1}{\rho_2}}} = a_1 \sqrt{\frac{\dfrac{p_2}{p_1} - 1}{k\left(1 - \dfrac{\rho_1}{\rho_2}\right)}} \tag{3.6}$$

$$v_B = \sqrt{\frac{(p_2 - p_1)(\rho_2 - \rho_1)}{\rho_1 \rho_2}} = \sqrt{\frac{p_1}{\rho_1}\left(\frac{p_2}{p_1} - 1\right)\left(1 - \frac{\rho_1}{\rho_2}\right)} \tag{3.7}$$

从式(3.6)和式(3.7)可以看出激波的传播速度与激波前后气流参数间的关系。显然随着激波强度的增加(p_2/p_1 或 ρ_2/ρ_1 的加大),激波的传播速度也增大。若激波强度很弱($p_2/p_1 \to 1$ 或 $\rho_2/\rho_1 \to 1$),则此时激波已成为弱压缩波,波前后的气体参数变化关系为等熵关系。例如,

$$\frac{p_2 - p_1}{\rho_2 - \rho_1} = \frac{\Delta p}{\Delta \rho} \to \left(\frac{\mathrm{d}p}{\mathrm{d}\rho}\right)_s = a^2, \quad \frac{\rho_2}{\rho_1} \to 1 \tag{3.8}$$

所以,

$$v_s \to \sqrt{\left(\frac{\mathrm{d}p}{\mathrm{d}\rho}\right)_s} = a \tag{3.9}$$

可见,当激波强度很弱时,其传播速度为声速,这时激波已转换为弱压缩波。当激波强度无限增强时,即 $p_2/p_1 \to \infty$、$\rho_2/\rho_1 \to (k+1)/(k-1)$[参看后面介绍的 Rankine-Hugoniot(R-H)方程],可以推出 $v_s \to \infty$。可见,随激波强度的增强,激波的传播速度加快,当激波强度无限增强时,其传播速度趋向无限大。实际中所产生的激波强度的增强是有限的,因此激波以一定的超声速在气体中传播[14]。

在如图 3.3 所示的气缸中,只要物体做加速运动,就能在管内气体中产生激波。当物体在大气中运动时,只有当物体以超声速运动时,才有可能形成稳定的激波。因为波后气体没有如图 3.3(a)所示气缸侧壁的限制,所以气体能够自由地向四周运动,从而使得波后气体压强降低,激波强度减弱。若物体运动速度 v_B 小于 v_s,则物体与激波间的距离逐渐加大,波后向四周运动的气体也增多,所以波后气体压强逐渐降低,激波逐渐减弱,直到最后消失。只有当物体的运动速度与激波传播速度相同时,才能维持物体与激波之间的相对位置不变,形成稳定的

激波。图 3.5 中,在物体上、下两侧较远处,激波强度随气体横向流动而越来越弱,从而形成曲面激波,通常称为弓形波。

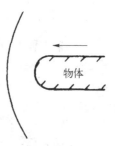

当超声速气流被压缩,即当超声速气流沿内凹壁流动,或自低压区流向高压区时,会在转折点产生强压缩波,即激波。实际上,当超声速气流流过内凹壁时(图 3.6),内凹壁上的每个点都相当于一个转折点,而每一个转折点都发出一道弱压缩波。如果把内凹壁 O_1O_2 逐渐靠近,极限情况下 O_2 与 O_1 重合,即形成了如图 3.7 所示的情况,这些弱压缩波聚集在一起,就形成一道斜激波。

图 3.5　空中运动的物体前产生的曲面激波

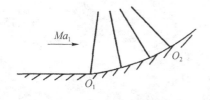

图 3.6　超声速气体绕内凹壁流动的激波

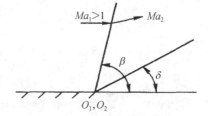

图 3.7　弱压缩波聚集成的斜激波

斜激波波面与波前来流方向的夹角定义为激波角,用 β 表示。当 $\beta = 90°$ 时,斜激波变为正激波,激波强度最大。当 $\beta = \arcsin(1/Ma_1)$ 时,激波退化为马赫波,且激波强度最小。一般斜激波的激波角 β 变化范围为 $\arcsin(1/Ma_1) < \beta < \pi/2$。

3.2.3　激波的计算分析

激波前后参数之间的关系:对于超声速气流流过如图 3.8 所示的半顶角为 δ 的楔形体,在 O 点产生一道斜激波,经过斜激波后,气流偏转 δ 角而沿楔面流动。沿斜激波取控制体 11-22,将激波前后气流速度分解为平行于波面的分量 v_{1t}、v_{2t} 和垂直于波面的分量 v_{1n}、v_{2n}。对所取的控制体可写出如下基本方程。

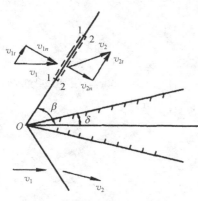

连续方程:

$$\rho_1 v_{1n} = \rho_2 v_{2n} \tag{3.10}$$

图 3.8　楔形体前产生的斜激波

动量方程(法向):

$$p_1 - p_2 = \rho_2 v_{2n}^2 - \rho_1 v_{1n}^2 \tag{3.11}$$

动量方程(切向):

$$\rho_1 v_{1n} v_{1t} = \rho_2 v_{2n} v_{2t} \tag{3.12}$$

且

$$v_{1t} = v_{2t} \tag{3.13}$$

能量方程:

$$c_p T_1 + \frac{v_1^2}{2} = c_p T_2 + \frac{v_2^2}{2} \tag{3.14}$$

或

$$c_p T_1 + \frac{v_{1n}^2}{2} = c_p T_2 + \frac{v_{2n}^2}{2} \tag{3.15}$$

状态方程:

$$p = \rho R T \tag{3.16}$$

可以看出,当超声速气流经过斜激波时,气流平行于波面的切向分速度不变,而法向分速度则要减小,且气流向着波面偏转。

显然,对于正激波,$v_{1t} = v_{2t} = 0$。因此,将以上各式中的法向分速度转换成速度 v,则得到正激波前后的基本关系式为

$$\rho_1 v_1 = \rho_2 v_2 \tag{3.17}$$

$$p_1 - p_2 = \rho_2 v_2^2 - \rho_1 v_1^2 \tag{3.18}$$

$$v_{1t} = v_{2t} = 0 \tag{3.19}$$

$$c_p T_1 + \frac{v_1^2}{2} = c_p T_2 + \frac{v_2^2}{2} \tag{3.20}$$

1. 基本方程

基本方程 1:R-H 方程

R-H 方程揭示了激波前后压强比、密度比、温度比之间的关系。从斜激波前后的连续方程、动量方程和能量方程可导出 R-H 方程。

将状态方程代入能量方程,得

$$\frac{k}{k-1}\left(\frac{p_2}{\rho_2} - \frac{p_1}{\rho_1}\right) = \frac{1}{2}(v_{1n}^2 - v_{2n}^2) \tag{3.21}$$

又根据动量方程和连续方程,得

$$p_2 - p_1 = \rho_1 v_{1n}^2 - \rho_2 v_{2n}^2 = \rho_1 v_{1n}^2 \left(1 - \frac{\rho_1}{\rho_2} \right) \tag{3.22}$$

解得

$$v_{1n}^2 = \frac{p_2 - p_1}{\rho_2 - \rho_1} \frac{\rho_2}{\rho_1} \tag{3.23}$$

$$v_{2n}^2 = \frac{p_2 - p_1}{\rho_1 - \rho_2} \frac{\rho_1}{\rho_2} \tag{3.24}$$

将式(3.23)和式(3.24)代入式(3.21),可得

$$\frac{2k}{k-1} \left(\frac{p_2}{\rho_2} - \frac{p_1}{\rho_1} \right) = \frac{p_2 - p_1}{\rho_2 - \rho_1} \left(\frac{\rho_2}{\rho_1} - \frac{\rho_1}{\rho_2} \right) \tag{3.25}$$

最后化简,解得

$$\frac{p_2}{p_1} = \frac{(k+1)\dfrac{\rho_2}{\rho_1} - (k-1)}{k + 1 - (k-1)\dfrac{\rho_2}{\rho_1}} \tag{3.26}$$

$$\frac{\rho_2}{\rho_1} = \frac{(k+1)\dfrac{p_2}{p_1} + k - 1}{k + 1 + (k-1)\dfrac{p_2}{p_1}} \tag{3.27}$$

$$\frac{T_2}{T_1} = \frac{\dfrac{p_2}{p_1}\left[k + 1 + (k-1)\dfrac{p_2}{p_1} \right]}{(k+1)\dfrac{p_2}{p_1} + k - 1} \tag{3.28}$$

式(3.26)~式(3.28)称为 R-H 方程,三式中均不包含激波角 β,即对任一激波,其一定的压强比对应着一定的密度比和温度比,以上三式既适合于斜激波,也适合于正激波。

图 3.9 给出了等熵绝热压缩曲线与激波压缩曲线,比较两条曲线可得到如下结论:

(1) 对于弱压缩波(当 $p_2/p_1 = 1$ 时),这两条曲线都可得到 $\rho_2/\rho_1 = 1$,即只有对弱压缩波,不等熵压缩过程才无限接近等熵压缩过程,两条曲线在点(1, 1)

处的斜率相等；

（2）当激波强度 p_2/p_1 无限增大时，激波前后的密度比 ρ_2/ρ_1 最多增大到 $(k+1)/(k-1)$，而对于等熵绝热压缩过程，理论上 ρ_2/ρ_1 可以非常大；

（3）由图 3.9 可以看出，若压缩前气体状态相同，则压缩到相同的 p_2/p_1，经过激波压缩的 ρ_2/ρ_1 小于等熵压缩的 ρ_2/ρ_1，即等熵压缩比激波压缩更有效。

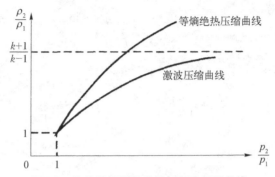

图 3.9 等熵绝热压缩曲线与激波压缩曲线

基本方程 2：普朗特关系式

普朗特关系式反映了激波前后速度的关系。由控制体基本方程可得

$$v_{1n} - v_{2n} = p_2/(\rho_2 v_{2n}) - p_1/(\rho_1 v_{1n}) \tag{3.29}$$

将状态方程代入能量方程，得

$$\frac{k}{k-1}\frac{p_1}{\rho_1} + \frac{v_1^2}{2} = \frac{k}{k-1}\frac{p_2}{\rho_2} + \frac{v_2^2}{2} = \frac{kRT^*}{k-1} = \frac{k+1}{2(k-1)}a_*^2 \tag{3.30}$$

由式（3.30）可解得

$$\frac{p_1}{\rho_1} = \frac{k+1}{2k}a_*^2 - \frac{k-1}{2k}v_1^2 \tag{3.31}$$

$$\frac{p_2}{\rho_2} = \frac{k+1}{2k}a_*^2 - \frac{k-1}{2k}v_2^2 \tag{3.32}$$

将式（3.31）和式（3.32）代入式（3.29），整理后得

$$v_{1n}v_{2n} = a_*^2 - \frac{k-1}{k+1}v_t^2 \tag{3.33}$$

式（3.33）称为普朗特关系式。

对于正激波，$v_t = 0$，普朗特关系式为

$$v_1 v_2 = a_*^2, \quad \lambda_1 \lambda_2 = 1 \tag{3.34}$$

正激波前气流的速度因数 $\lambda_1 > 1$，由式(3.34)可见，正激波后的速度因数 $\lambda_2 < 1$，即相对于正激波，其波后的气流永远是亚声速的。同理，斜激波前气流的法向分速度必定是超声速的，斜激波后气流的法向分速度则是亚声速的。但斜激波后的合成速度可能是超声速的，也可能是亚声速的。

2. 激波计算公式

激波计算公式1：正激波参数计算

对于正激波，由连续方程式 $\rho_2/\rho_1 = v_1/v_2$ 和普朗特关系式 $v_1 v_2 = a_*^2$ 联立可导出如下关系：

$$\frac{v_2}{v_1} = \frac{2}{k+1}\frac{1}{Ma_1^2} + \frac{k-1}{k+1} = \frac{2+(k-1)Ma_1^2}{(k+1)Ma_1^2} \tag{3.35}$$

再将式(3.35)代入连续方程得正激波前后的密度比和速度比与 Ma_1 的关系，即

$$\frac{\rho_2}{\rho_1} = \frac{v_1}{v_2} = \frac{(k+1)Ma_1^2}{2+(k-1)Ma_1^2} \tag{3.36}$$

由动量方程、连续方程、状态方程和式(3.35)联立，可得

$$\frac{p_2}{p_1} = \frac{2k}{k+1}Ma_1^2 - \frac{k-1}{k+1} \tag{3.37}$$

同时，有

$$\frac{T_2}{T_1} = \frac{1}{Ma_1^2}\left(\frac{2}{k+1}\right)^2\left(kMa_1^2 - \frac{k-1}{2}\right)\left(1 + \frac{k-1}{2}Ma_1^2\right) \tag{3.38}$$

由式(3.36)~式(3.38)可以看出，当 $Ma_1 \geq 1$ 时，$p_2/p_1 \geq 1$、$\rho_2/\rho_1 \geq 1$、$T_2/T_1 \geq 1$，即激波过程一定是压缩过程，气流经过激波后，压强、温度和密度增大。还可以进一步看出，对于正激波，当比热比 k 一定时，激波前后的密度比、压强比和温度比只取决于来流马赫数，来流马赫数越大，激波越强。当来流马赫数趋近于1时，p_2/p_1、ρ_2/ρ_1、T_2/T_1 趋近于1，此时激波退化为马赫波。

气流通过激波为绝热流动，即总温保持不变。因此，有

$$\frac{T_2}{T_1} = \frac{T_2/T^*}{T_1/T^*} = \frac{1 + \frac{k-1}{2}Ma_1^2}{1 + \frac{k-1}{2}Ma_2^2} \tag{3.39}$$

对于正激波,可以得到激波前后马赫数之间的关系为

$$Ma_2^2 = \frac{Ma_1^2 + \dfrac{2}{k-1}}{\dfrac{2k}{k-1}Ma_1^2 - 1} \tag{3.40}$$

由式(3.40)可见,$Ma_1 > 1$,必有 $Ma_2 < 1$,再次证明了正激波后的气流一定是亚声速的。Ma_1 越大,Ma_2 越小,激波压缩也越强。

根据总参数、静参数与 Ma 的关系,即

$$\frac{p_2^*}{p_2} = \left(1 + \frac{k-1}{2}Ma_2^2\right)^{\frac{k}{k-1}} \tag{3.41}$$

$$\frac{p_1^*}{p_1} = \left(1 + \frac{k-1}{2}Ma_1^2\right)^{\frac{k}{k-1}} \tag{3.42}$$

得

$$\frac{p_2^*}{p_1^*} = \frac{p_2^*}{p_2}\frac{p_2}{p_1}\frac{p_1}{p_1^*} \tag{3.43}$$

因此,正激波前后的总压比为

$$\sigma_p = \frac{p_2^*}{p_1^*} = \frac{\left[\dfrac{(k+1)Ma_1^2}{2+(k-1)Ma_1^2}\right]^{\frac{k}{k-1}}}{\left(\dfrac{2k}{k+1}Ma_1^2 - \dfrac{k-1}{k+1}\right)^{\frac{1}{k-1}}} \tag{3.44}$$

气体通过激波,熵的变化为

$$s_2 - s_1 = -R\ln\frac{p_2^*}{p_1^*} \tag{3.45}$$

显然有 $s_2 - s_1 > 0$,即通过激波,气体的熵必增大。当超声速气流经过激波时,气流受到剧烈的压缩,在激波内部存在着剧烈的热传导和黏性作用,该过程是一个不可逆的绝热压缩过程,气流做功能力下降,熵增大。

激波计算公式 2:斜激波参数计算

由图 3.8 所示的几何关系可以看出,斜激波前的法向马赫数 $Ma_{1n} = Ma_1\sin\beta$,

将 Ma_{1n} 代替正激波公式中的 Ma_1,可得到斜激波前后的关系式,即

$$\frac{\rho_2}{\rho_1} = \frac{(k+1)Ma_1^2 \sin^2\beta}{2+(k-1)Ma_1^2 \sin^2\beta} \tag{3.46}$$

$$\frac{p_2}{p_1} = \frac{2k}{k+1}Ma_1^2 \sin^2\beta - \frac{k-1}{k+1} \tag{3.47}$$

$$\frac{T_2}{T_1} = \frac{1}{Ma_1^2 \sin^2\beta}\left(\frac{2}{k+1}\right)^2\left(kMa_1^2 \sin^2\beta - \frac{k-1}{2}\right)\left(1+\frac{k-1}{2}Ma_1^2 \sin^2\beta\right) \tag{3.48}$$

显然,对于斜激波,波前后的密度比、压强比和温度比只取决于波前的法向马赫数,波前的法向马赫数越大,激波越强。

根据总温不变,可得

$$Ma_2^2 = \frac{Ma_1^2 + \frac{2}{k-1}}{\frac{2k}{k-1}Ma_1^2 \sin^2\beta - 1} + \frac{Ma_1^2 \cos^2\beta}{\frac{k-1}{2}Ma_1^2 \sin^2\beta + 1} \tag{3.49}$$

显然,当来流马赫数一定时,随着激波角 β 的增加,波后的马赫数减小。

将 $Ma_{1n} = Ma_1 \sin\beta$ 代替 Ma_1,可得斜激波波前后的总压比为

$$\frac{p_2^*}{p_1^*} = \frac{\left[\frac{(k+1)Ma_1^2 \sin^2\beta}{2+(k-1)Ma_1^2 \sin^2\beta}\right]^{\frac{k}{k-1}}}{\left(\frac{2k}{k+1}Ma_1^2 \sin^2\beta - \frac{k-1}{k+1}\right)^{\frac{1}{k-1}}} \tag{3.50}$$

由以上公式可以看出,随着斜激波波前的法向马赫数增大,通过激波的总压比 $\sigma_p = p_2^*/p_1^*$ 下降,即激波越强,通过激波的损失就越大。而当 $Ma_1 \sin\beta = 1$ 时,$p_2^* = p_1^*$,此时激波退化为弱压缩波。通过斜激波的熵仍可按式(3.45)计算。

通过斜激波,气流的方向必有偏转。事实上,斜激波的强度除了取决于 Ma_1 和波前状态外,还取决于通过激波气流的偏转角。很显然,当 Ma_1 及波前状态不变时,波后气流偏转角越大,激波强度也越强(对来流的压缩也越强)。所以,对于斜激波,除 Ma_1 及波前状态之外,尚需给定气流偏转角 δ 与激波角 β 之间的关系,即建立 Ma_1、δ 和 β 的关系式。

根据图 3.8 所示的几何关系,考虑到 $v_{1t} = v_{2t}$,可得

$$v_{2n}/v_{1n} = \tan(\beta - \delta)/\tan\beta \qquad (3.51)$$

因此,有

$$\frac{\tan(\beta - \delta)}{\tan\beta} = \frac{\rho_1}{\rho_2} = \frac{2}{k+1}\frac{1}{Ma_1^2\sin^2\beta} + \frac{k-1}{k+1} \qquad (3.52)$$

由三角函数公式:

$$\tan(\beta - \delta) = (\tan\beta - \tan\delta)/(1 + \tan\beta\tan\delta) \qquad (3.53)$$

将式(3.53)代入式(3.52),化简可得

$$\tan\delta = \frac{Ma_1^2\sin^2\beta - 1}{\left[Ma_1^2\left(\dfrac{k+1}{2} - \sin^2\beta\right) + 1\right]\tan\beta} \qquad (3.54)$$

式(3.54)表示,附体斜激波的波后气流偏转角 δ 与来流 Ma_1 和激波角 β 有关,对于一定的气体,三个变量 Ma_1、δ 和 β,已知其中任意两个,则可求出第三个。通常 Ma_1 和 δ 是已知的,于是可确定 β。从式(3.54)可以推出如下参数变化规律:

(1) 当 $\delta = 0°$ 时,$Ma_{1n} = Ma_1\sin\beta = 1$,说明此斜激波已退化成弱压缩波,$\beta \rightarrow \phi$(马赫角)。

(2) 当 Ma_1 和 δ 一定时,可以解出两个大小不同的激波角 β_1 和 β_2,它们代表两个强度不等的斜激波。

下面以超声速皮托管(总压管)测量高速气流中的马赫数和流速来举例说明激波关系式的实际应用。

在高速气流中,皮托管前驻点上的密度与来流密度相比有较大的增量。若来流为定常亚声速气流,则可由皮托管总静压孔测出 p^* 及 p,并根据 p^*、p 与 Ma 的关系式求出 Ma。若要计算流速,则需测量出驻点温度。对于定常的超声速流动,皮托管只能测出波后总压强 p_2^*,欲由此计算气流 Ma,则必须测出波前压强 p_1。

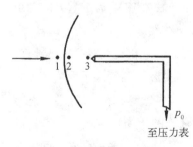

图 3.10　用皮托管测量超声速气流中的参数

首先对流动过程进行分析,然后根据相互关系进行求解。气流由图 3.10 中的点 1 到点 2 通过激波的流动过程是绝热过程,由点 2 到点 3 为等熵过程,由于探头点 3 是驻点,所以该点

压强相当于激波后气流的总压强 p_2^*。

气流经过正激波后,压强与马赫数的变化关系为

$$\frac{p_2}{p_1} = \frac{2k}{k+1}Ma_1^2 - \frac{k-1}{k+1} \tag{3.55}$$

波后总压强 p_2^* 与波前压强 p_1 的关系,可写成

$$\frac{p_2^*}{p_1} = \frac{p_2^*}{p_2}\frac{p_2}{p_1} = \left(1 + \frac{k-1}{2}Ma_2^2\right)^{\frac{k}{k-1}}\left(\frac{2k}{k+1}Ma_1^2 - \frac{k-1}{k+1}\right) \tag{3.56}$$

利用激波前后马赫数之间的关系,式(3.56)可写成

$$\frac{p_2^*}{p_1} = \left(\frac{k+1}{2}Ma_1^2\right)^{\frac{k}{k-1}}\left(\frac{2k}{k+1}Ma_1^2 - \frac{k-1}{k+1}\right)^{-\frac{1}{k-1}} \tag{3.57}$$

测出 p_2^* 和 p_1 后,由式(3.57)可计算波前马赫数,要计算流速,还需测量出驻点温度。

3. 激波曲线与激波表

激波曲线与激波表 1:激波曲线

以上介绍的激波计算公式都比较复杂,工程上为了方便计算,通常是将激波各个参数间的依赖关系用曲线和表格清楚地表示出来,通常把来流 Ma_1 和气流偏转角 δ 作为自变量来绘制各激波曲线和激波表。

图 3.11 表示了 β、Ma_1 和 δ 的变化关系 ($k = 1.4$)。下面仅讨论曲线下半支,从图中曲线可以看出如下规律:

(1) 当 $\delta = 0°$ 时,激波退化为马赫波,即相当于弱压缩波的情况,β 随来流 Ma_1 的增加而减小(图 3.11 中最下边的曲线)。对于正激波,β 不随来流 Ma_1 改变,当 $\beta = 90°$ 时,β 与 Ma_1 的关系曲线为过 $\beta = 90°$ 的水平直线。

(2) 在相同的 Ma_1 下,当波后气流偏转角 δ 一定时,可有两个大小不等的激波角 β。β 越大,p_2/p_1 值越高,表示激波强度越强。因此,β 大代表强的斜激波,β 小则代表弱的斜激波。实际流动中究竟是弱激波还是强激波视具体情况而定。一般情况下,工程中由于壁面偏转产生的附体激波可视为弱激波。当超声速气流从低压区流向高压区时,所产生的激波可能为弱激波,也可能为强激波,可根据激波前后压强比的大小来确定。图 3.11 中所示的虚线上方部分为强激波区,虚线下方部分为弱激波区。

(3) 对于弱激波区,当 δ 一定时,激波角随着波前来流 Ma_1 的增大而减小;

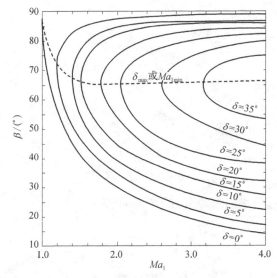

图3.11   激波角 β 随来流马赫数和气流偏转角的变化

对于强激波区,则相反。

(4) 当 β 一定时,δ 随 Ma_1 的增加而增大,即要产生相同的激波角,尖楔的角度必须随来流马赫数的增加而增大。

(5) 当 Ma_1 一定时,必有一个相应的 δ_{max} 存在。如果 $\delta < \delta_{max}$,则产生附体斜激波,如图3.12所示。如果 $\delta > \delta_{max}$,则曲线与过 Ma_1 的垂线无交点,其物理意义就是不可能产生附体斜激波而只能产生一个脱体激波,如图3.13所示[15]。

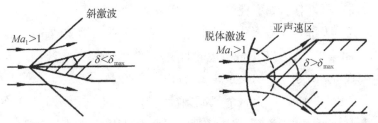

图3.12   当 $\delta < \delta_{max}$ 时产生附体斜激波   图3.13   当 $\delta > \delta_{max}$ 时产生脱体激波

(6) 当 δ 一定时,存在一个最小的来流 Ma_{1min},如果 $Ma_1 < Ma_{1min}$,则无解。此时,也产生一个脱体激波。脱体激波的 β 沿波面是逐渐变化的,在楔形体正前方近似为正激波,激波角最大,激波强度最强,沿面向两侧逐渐减弱,最后退化成弱压缩波。图3.11中的虚线表示在各 Ma_1 下,对应的 δ_{max} 或是在各 δ 数值下 Ma_{1min} 点的连线。虚线之下的曲线为弱斜激波区,虚线之上则为强斜激波区。

此外,可以计算得出激波前后的压比、总压比,以及波后马赫数随来流马赫数和气流方向角的变化规律,这些变化规律也可以绘制成类似的图线。

激波曲线与激波表 2:利用正激波表计算斜激波

在本节所介绍的基本方程组和普朗特关系式中,可以清楚地看出斜激波与正激波的关系,即在以速度 v_t 运动的相对坐标系中,显然原斜激波就转换为正激波。波前的来流马赫数为

$$Ma_{1n} = Ma_1 \sin \beta \tag{3.58}$$

波后的马赫数为

$$Ma_{2n} = Ma_2 \sin(\beta - \delta) \tag{3.59}$$

式中, Ma_1、Ma_2、β 和 δ 分别为原斜激波的波前马赫数、波后马赫数、激波角和气流的偏转角。

这样就可以用 Ma_1 在正激波表中查得在相对坐标系中的波前、波后其他气流参数之比,因为在两个不同的惯性坐标系中,它们的气流静参数是相同的,而气流的滞止参数将发生变化。例如,在相对坐标系中将波前的速度滞止下来,得到滞止温度和滞止压强,分别记为 T_n^* 和 p_n^* ,则有

$$T_n^* = T + \frac{v_{1n}^2}{2c_p} = T\left(1 + \frac{k-1}{2}Ma_{1n}^2\right) \tag{3.60}$$

$$p_n^* = p\left(1 + \frac{k-1}{2}Ma_{1n}^2\right)^{\frac{k}{k-1}} = p\left(\frac{T_n^*}{T}\right)^{\frac{k}{k-1}} \tag{3.61}$$

在正激波表中查得的 $\sigma' = p_{2n}^*/p_{1n}^*$ 之值,就是斜激波的总压比 σ_p。

3.2.4　激波的反射与相交

前面讨论的是气流经过一道激波时参数的变化,在实际的超声速流场中,经常遇到的激波系要复杂得多。一般地,只要流场中出现激波,往往都要出现激波的反射和相交,如超声速气流绕叶片或叶栅时的流场、超声速风洞模型试验时的流场等,都是复杂的波系,即多波系共存的流场。本小节将研究如何运用前面的知识来分析较复杂的激波系。

激波在固体直壁上的反射:马赫数为 Ma_1 的超声速气流在如图 3.14 所示的平直管道内流动,由于管壁的偏转,在 A 点产生入射激波 AB,使波后气体偏转 δ

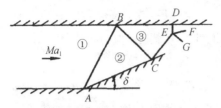

图 3.14 激波在固体直壁上的反射与不规则反射

角。在 B 点平壁面的限制,迫使偏转后的气流重新平行于平壁方向。因此,②区超声速气流再次受到偏转压缩,偏转角仍为 δ。这一偏转压缩必然在 B 点产生反射激波 BC。反射激波 BC 后的 ③ 区气流与上壁面平行。若希望在 B 点不产生反射波,则只需要将上壁面在 B 点偏转到和 ② 区气流方向平行即可。

如果 Ma 数值很大而 δ 较小,原则上说,这种反射在上、下壁面处可重复多次。但每经过一次反射,Ma 都下降,而偏转角 δ 的大小不变。经过几次反射后,Ma 较低,因此会出现 $\delta > \delta_{max}$ 的情况。这时上述正常的反射便不能进行下去,即出现不规则的反射激波,如图 3.14 所示。在 E 点附近形成包括滑移流线的复杂反射(称为马赫反射或 λ 反射)的激波。在正常反射的情况下,②区、③区流动参数的计算可以按单波区逐区计算。

异侧激波相交:马赫数为 Ma_1 的超声速气流在如图 3.15 所示的不对称二维进气道内流动,设上、下唇口的偏转角均小于气流的最大偏转角,则超声速气流在 A、B 两点分别产生两道斜激波 AC 和 BC,并交于点 C。① 区气流经过斜激波 AC 顺时针偏转 δ_1,经过斜激波 BC 则逆时针偏转 δ_2。②区、③区气流方向不同,在点 C 相互压缩又产生了斜激波 CD 和 CE,因此异侧激波相交后在交点 C 处又产生两道斜激波 CD 和 CE。 由于 $\delta_1 \neq \delta_2$,所以②区、③区气流的马赫数、熵值和其他参数均不相同。气

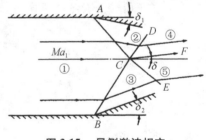

图 3.15 异侧激波相交

流经过斜激波 CD 和 CE 后,虽然④区、⑤区的气流方向一致,压强也相等,但由于两区气流的速度和熵值都不相同,所以④区、⑤区的气流之间存在一条滑流线 CF。 滑流线两侧的气流参数不同,就会在两侧产生旋涡。如果 $\delta_2 > \delta_1$,则气流经过斜激波 BC 和 CE 的损失大。因此,⑤区的气流总压低于④区的气流总压,⑤区的气流速度也比④区的低,两区总温和静压相同。异侧激波相交各区气流参数的计算可通过迭代的方法得到,而如果 $\delta_1 = \delta_2$,则气流沿通道对称流动,④区、⑤区的气流方向一致且参数均相同,这种情况下不产生滑流层。

激波在自由边界上的反射:设有超声速气流自平面喷管流入大气,如果在管道出口的压强 p_1 小于外界压强 p_a(p_a 不能太高,否则会使激波进入管道内),

则在管道出口处必然会产生两道平面斜激波 AC 和 BC，如图 3.16 所示。这两道平面斜激波在 C 点相交后，会产生两道斜激波 CD 和 CE。①区气流经过平面斜

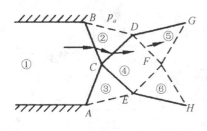

激波 BC 和 AC 后，气流方向偏转一个角度 δ，气流进入②区、③区后，压强与外界压强相等，即 $p_2 = p_3 = p_a$，但由于②区、③区气流方向不平行，所以在 C 点会产生两道斜激波 CD 和 CE。②区、③区气流穿过斜激波 CD 和 CE 后进入④区，气流方向与①区气流方向一致，但④区气流压强高于②区、③区气流压强，即

图 3.16　激波在自由边界上的反射

$p_4 > p_2$、$p_4 > p_3$，因而 $p_4 > p_a$，斜激波 CD 和 CE 打到自由边界 BD 和 AE 上后必然要反射出膨胀波（用一道波代替）DF 和 EF，因此激波打到自由边界上反射为膨胀波。④区气流经膨胀波 DF 和 EF 后，进入⑤区、⑥区，分别向外偏转一个角度，因而在点 F 又形成两道膨胀波 FG 和 FH。可以看出，在不计黏性的情况下，管道出口以后的流动，是激波与膨胀波交替重复发展的过程。

　　同侧斜激波的相交：在吸气式发动机超声速二维进气道的设计中，会出现同侧激波相交的情况。如图 3.17 所示的超声速二维进气道，在 A、B 两点分别产生两道斜激波 AD 和 BD，这两道斜激波相交后形成一道更强的斜激波 DE。来流马赫数为 Ma_1 的超声速气流，一方面经过第一道斜激波 AD 后，气流方向偏转 δ_1 角，进入②区。②区仍为超声速气流，经斜激波 BD 进入③区，气流方向又偏转 δ_2 角，压强进一步得到提高。另一方面，①区气流经过斜激波 DE 后进入⑤区，一般来讲，

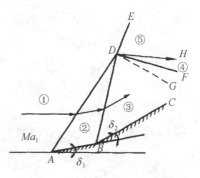

图 3.17　同侧斜激波的相交

⑤区气流与③区气流的压强不相等，且方向也不一定一致，因而在 D 点根据具体情况还会产生弱激波 DF 或膨胀波 DG。

　　①区气流马赫数为 Ma_1，压强为 p_1，便可求出总压 p_1^*。根据 Ma_1 和气流偏转角 δ_1 可求出斜激波 AD 的激波角 β_1 及②区气流马赫数 Ma_2、压强 p_2，由 Ma_2 和 p_2 可求出 p_2^*。然后根据 Ma_2 和气流偏转角 δ_2 求出斜激波 BD 的激波角 β_2 及③区气流的马赫数 Ma_3、压强 p_3，进一步计算出③区气流的总压 p_3^*，进而可求出这两道波的交点 D。

在计算斜激波 DE 的激波角时,可先假设气流穿过斜激波 DE 时,要向上偏转 $\delta_1 + \delta_2$ 的角度,即假设气流穿过斜激波 DE 以后,沿平行于壁面 BC 方向流动,然后根据 Ma_1 和气流偏转角 $\delta_1 + \delta_2$ 算出斜激波 DE 的激波角 β_{DE},以及⑤区气流马赫数 Ma_5 和压强 p_5。一般地,p_5 不等于 p_3,如果 $p_5 < p_3$,就会在 D 点反射膨胀波 DG(用一道波代替),使③区气流穿过此膨胀波 DG 后,把压强降低到与⑤区压强相等,同时气流向上偏转一个角度 δ。如果 $p_5 > p_3$,则要在 D 点反射出一道弱激波 DF,使③区气流穿过反射波 DF 时,把压强提高到与⑤区压强相等,并向下偏转一个角度 δ。因此,要计算气流经过膨胀波 DG(或弱激波 DF)后的④区气流参数,必须先假设一个 δ 值,然后根据 Ma_1 和偏转角 $\delta_1 + \delta_2 \pm \delta$(对于激波用 $-\delta$)重新计算⑤区气流参数 Ma_5' 和 p_5'。如果新计算的值 $p_5' = p_4$,则假设的 δ 是正确的;如果 $p_5' \neq p_4$,则必须重新假设 δ 值,重复以上步骤,直到 $p_5' - p_4 \leqslant \varepsilon$ 为止,ε 是允许的偏差。此外,由于④区、⑤区流速不等,所以两区之间存在滑流线 DH。

3.2.5 波阻

图 3.18 为超声速气流流过菱形翼型,此翼型在垂直于纸面方向上的宽度为 1 m,各边长为 l,中间厚度最大,用 d 表示[16]。菱形前缘、后缘处两条边的夹角均为 2δ。来流为马赫数 Ma_1,压强 p_1 的超声速气流流过此菱形翼型,在前缘处,相当于壁面使气流有一个 δ 角的偏转,若此偏转角不大,则在前缘处会产生附体斜激波。气流通过此斜激波后进入②区,压强提高到 p_2,马赫数减小到 Ma_2。气流由②区进入③区犹如超声速气流通过凸形壁面的流动,因而在 C 处会产生一束膨胀波。气流通过此膨胀波后,压强降低到 p_3,马赫数增大到 Ma_3。气流由③区进入④区犹如超声速气流通过凹形壁面的流动,因而在后缘处也会产生

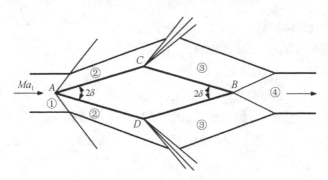

图 3.18 超声速气流流过菱形翼型

斜激波。气流通过此斜激波后,压强升高到 p_4,马赫数减小到 Ma_4。翼型上、下表面的绕流情况相同,如图 3.18 所示。

由以上分析,可写出单宽翼型在流动方向上所受到的力:

$$F = 2(p_2 \, l\sin \delta - p_3 \, l\sin \delta) = (p_2 - p_3) \, t \tag{3.62}$$

由于 $p_2 > p_3$,所以 $F > 0$。与流动方向相反,此力是阻力,是由激波和膨胀波造成的阻力,故称为波阻力,简称波阻。即使不计流体黏性,不考虑流体流过此翼型的黏性阻力,也会因图 3.18 所示的一些波而产生波阻。因此,在超声速流动的阻力项中,又增加了一个因波的存在而产生的波阻。

根据热力学第二定律,熵可由式(3.63)表示:

$$s = c_V \ln \frac{T}{\rho^{k-1}} + \text{const} \tag{3.63}$$

熵差可表示为

$$s_2 - s_1 = c_V \ln \frac{T_2}{T_1} \left(\frac{\rho_1}{\rho_2} \right)^{k-1} \tag{3.64}$$

对于等熵流动,其温度和密度的关系为

$$\frac{T_2}{T_1} \left(\frac{\rho_1}{\rho_2} \right)^{k-1} = 1 \tag{3.65}$$

故对于等熵流动,有 $s_2 - s_1 = 0$。然而,对于有激波的突跃式压缩,并考虑到经过激波的气流是绝热流动,即 $T_1^* = T_2^*$,于是有

$$s_2 - s_1 = c_V \ln \left(\frac{p_1^*}{p_2^*} \right)^{k-1} \tag{3.66}$$

通过激波后,总压总是下降的,由式(3.66)可以看出,通过激波后,熵值总是增大的。这就说明,气流通过激波的突跃式压缩是一个不可逆的熵增过程。根据热力学第二定律,熵值增大,就有机械能不可逆地转化为热能。这是一种特殊的阻力,此阻力就是波阻。

3.2.6　圆锥激波及其数值解

当超声速气流沿对称轴方向流过锥形体时,如果来流马赫数不是过小或半

锥角 δ_c 不是太大,则在锥形体顶端产生一个圆锥激波。其激波角为 β_c,如图
3.19 所示,圆锥激波与锥形体共轴。

超声速进气道的中心锥以及大多数超声速飞行器的头部都是圆锥或接
近圆锥的。因此,在其圆锥头部尖端处会产生圆锥激波。圆锥激波与二维
尖楔产生的平面斜激波的前后气流参数变化规律一样,但波后流场的性质
完全不同。

圆锥激波的特点及其与平面斜激波的比较:图 3.19 和图 3.20 分别表示了
超声速气流流过锥形体和楔形体时所产生的激波和流场,对两个流场进行比较,
可以看出以下几个特点:

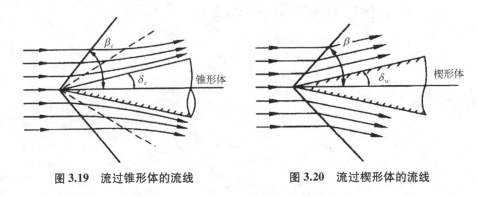

图 3.19　流过锥形体的流线　　　　图 3.20　流过楔形体的流线

(1) 平面斜激波后的流场是均匀的,波后各条流线都平行于楔形体的壁面,
且波后的气流参数处处相等,即当来流通过斜激波时,一次完成压缩。而圆锥激
波后流场不均匀,圆锥激波后各条流线都是以锥形体壁面的母线为渐近线而逐
渐向它靠近。流线方向逐渐偏转,且沿流线各点参数不相等。由于圆锥激波后
沿流线方向是等熵压缩过程,所以流动速度逐渐减慢,压强、温度逐渐提高。在
不计黏性的情况下,从激波后到锥面之间的总压相等,即来流经过圆锥激波波面
不等熵压缩后,波后连续地等熵压缩直至锥面。

(2) 如果来流马赫数 Ma_1 和半顶角(半楔角和半锥角)均相等,则由圆锥产
生的圆锥激波角 β_c 小于由尖楔产生的平面激波角 β。因此,在相同的条件下,圆
锥激波的强度比平面斜激波的强度要弱一些。

(3) 对于相同的来流马赫数,圆锥激波脱体时的半顶角 $\delta_{c,\max}$ 大于由楔形体
产生的平面斜激波脱体时的半顶角 $\delta_{w,\max}$,即 $\delta_{c,\max} > \delta_{w,\max}$,如图 3.21 所示。同
样,对于一定的半顶角 δ,两者各自存在 $Ma_{1\min}$。 当 δ 相同时,圆锥的 $Ma_{1\min}$ 小于
气流流过楔形体的 $Ma_{1\min}$。 因此,尖楔激波比圆锥激波更容易脱体。

（4）通过锥形流理论可以证明,在圆锥激波后,通过锥顶的任意一条射线（图 3.19 中的虚线）上,各点气流参数都是相同的。

图 3.22 表示了锥形体表面上的马赫数 Ma_s 与来流马赫数 Ma_1 及锥形体半顶角的关系曲线。

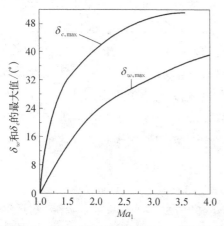

图 3.21 平面斜激波与圆锥激波 $\delta_{\max}$ 的比较

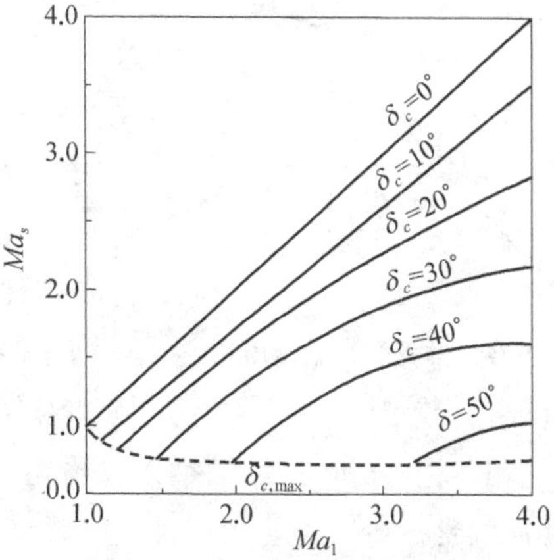

图 3.22 圆锥激波锥面上的马赫数

图 3.23 是用锥形流理论计算的圆锥激波角 β_c 与 Ma_1 和 δ_c 之间的关系曲线。从曲线可以看出,曲线族只有下半部（与平面激波相比）,即表明当超声速气流流过锥形体时,只产生弱激波[17]。

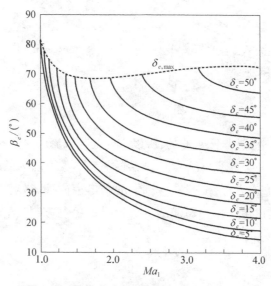

图 3.23 圆锥激波角随马赫数和锥角的变化

锥形流场数值计算方法 1：圆锥流

前面讨论了圆锥激波的特点。如果半锥角 δ_c 与自由流马赫数 Ma_∞ 在合适的范围内，就会在圆锥前产生一个附体圆锥激波，且激波本身是锥形的，这样的

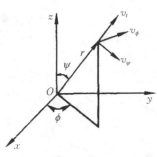

流动称为圆锥流。对于一个超声速定常均匀流沿对称轴流过圆锥的流动，其流动满足锥形流动的特点，即沿着任意一条从圆锥顶端发出的射线上，流动参数处处均匀，这种锥形流动的特点已被试验所证明。取如图 3.24 所示的球坐标系，对于圆锥无攻角超声速定常绕流，由于流场的圆锥特性，所有的待求物理量都有 $\partial/\partial r = 0$ 的性质。又由于流场的轴对称性，$\partial/\partial\phi = 0$，所以圆锥无攻角绕流中的所有待求函数只是 ψ（球面角）的函数。

图 3.24　推导圆锥激波所用的球坐标系

由以上分析可知，圆锥无攻角超声速定常绕流必定可简化为只有一个自变量 ψ 的常微分方程。可以证明，对于一般有攻角的锥体（不一定是圆锥）超声速定常绕流，只要产生附体激波，则同样满足圆锥流的条件，即 $\partial/\partial r = 0$。但是这时不存在对称性，即 $\partial/\partial\phi \neq 0$，所以流动参数是 ψ 和 ϕ 的函数。

锥形流场数值计算方法 2：Taylor-Maccoll（T - M）数值解

如图 3.25 所示的均匀来流沿对称轴流过圆锥，在顶端产生圆锥激波。

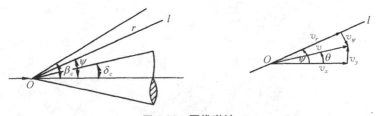

图 3.25　圆锥激波

由于顶端的斜激波是圆锥形的，所以它处处与来流成相同的角度，即圆锥激波角 β_c 和激波强度保持不变，紧靠激波后的流动参数是均匀的。根据可压缩流动的气体动力学基本方程，按照锥形流场的基本特征，取球坐标系如图 3.24 所示，便可推导出描述超声速均匀流绕圆锥流动的控制方程（这里仅给出公式而不进行详细推导）如下：

$$\bar{v}_\psi = \frac{\mathrm{d}\bar{v}_r}{\mathrm{d}\psi} \tag{3.67}$$

$$\frac{\mathrm{d}\bar{v}_\psi}{\mathrm{d}\psi} = -\bar{v}_r + \bar{a}^2 \frac{\bar{v}_r + \bar{v}_\psi \cot\psi}{\bar{v}_\psi^{\ 2} - \bar{a}^2} \tag{3.68}$$

式中，$\bar{v}_\psi = v_\psi/a_*$、$\bar{v}_r = v_r/a_*$ 分别为 ψ、r 方向上的速度分量与临界声速之比；$\bar{a} = a/a_*$ 为声速与临界声速之比。声速表达式为

$$\bar{a}^2 = \frac{k+1}{2} - \frac{k-1}{2}\left(\frac{v}{a_*}\right)^2 = \frac{k+1}{2} - \frac{k-1}{2}\lambda^2 \tag{3.69}$$

$$\lambda^2 = \left(\frac{v}{a_*}\right)^2 = \bar{v}_r^{\ 2} + \bar{v}_\psi^{\ 2} \tag{3.70}$$

式(3.70)为二阶常微分方程，可以用任何一种积分方法对其进行积分。

锥形流场数值计算方法 3：控制方程的数值积分方法

当给定自由流流动参数 v_1、p_1、T_1 和半锥角 δ_c 时，要确定激波角 β_c 和速度分布 $v_r(\psi)$ 及 $v_\psi(\psi)$，由于激波角 β_c 未知，所以在激波后或锥面上的参数都是未知的，需要迭代求解。下面给出一种简单的迭代方法。

首先假设激波角 $\beta^{(i)}$ 的一个试算值，上标 (i) 表示试算的次数；其次确定数值积分的步长。根据圆锥流的特点，在激波与锥面之间，从锥尖发出的每条射线上，其流动参数均一致，因此步长可以按等角度 $\Delta\psi$ 来划分。最后求解控制方程确定相应的半锥角 $\delta_c^{(i)}$ 的数值。若计算的 $\delta_c^{(i)} = \delta_c$，则假设的激波角 $\beta^{(i)}$ 是正确的；若不满足该条件，则重新设定 $\beta^{(i)}$，直到假设的 $\beta^{(i)}$ 的试算值使得 $\delta_c^{(i)} = \delta_c$，求解过程就完成了，即求出了每条射线上的流动参数，也就求解出激波后的锥形流场。其求解步骤如下。

(1) 假设激波角 $\beta^{(1)}$ 为初始试算值，可按式(3.71)设定：

$$\beta^{(1)} = \delta_c + \frac{1}{2}\arcsin\frac{1}{Ma_1} \tag{3.71}$$

(2) 确定数值积分方法的角度步长，即

$$\Delta\psi = -\frac{\beta^{(i)} - \delta_c}{N} \tag{3.72}$$

式中，N 为激波与锥面间所取的步数。

(3) 根据给定的自由来流参数 v_1、p_1、T_1，以及假设的激波角 $\beta^{(i)}$ 计算紧靠激波波面后的流动参数 $\bar{v}_{r_s}$ 和 $\bar{v}_{\psi_s}$，如图 3.26 所示。用 $\bar{v}_{r_s}$ 和 $\bar{v}_{\psi_s}$ 作为数值积分的初

始条件,斜激波前后的各种参数比,重写如下:

$$\frac{p_2}{p_1} = \frac{2k}{k+1}Ma_1^2\sin^2\beta - \frac{k-1}{k+1} = \frac{2k}{k+1}\left(Ma_1^2\sin^2\beta - \frac{k-1}{2k}\right) \tag{3.73}$$

$$\frac{\rho_2}{\rho_1} = \frac{(k+1)Ma_1^2\sin^2\beta}{2+(k-1)Ma_1^2\sin^2\beta} = \frac{\tan\beta}{\tan(\beta-\theta_s)} \tag{3.74}$$

或

$$\frac{\rho_1}{\rho_2} = \frac{\tan(\beta-\theta_s)}{\tan\beta} = \frac{2}{k+1}\left(\frac{1}{Ma_1^2\sin^2\beta} + \frac{k-1}{2}\right) \tag{3.75}$$

$$\frac{v_2}{v_1} = \frac{\lambda_2}{\lambda_1} = \frac{\sin\beta}{\sin(\beta-\theta_s)}\left[\frac{1}{(k+1)Ma_1^2\sin^2\beta} + \frac{k-1}{k+1}\right] \tag{3.76}$$

式中,下标 2 表示紧靠激波后的参数; θ_s 为紧靠激波后的气流方向角, $\bar{v}_{r_s}$ 和 $\bar{v}_{\psi_s}$ 分别由式(3.77)和式(3.78)确定:

$$\bar{v}_{r_s} = \frac{v_{r_s}}{a_*} = -\lambda_2\cos(\beta-\theta_s) \tag{3.77}$$

$$\bar{v}_{\psi_s} = \frac{v_{\psi_s}}{a_*} = -\lambda_2\sin(\beta-\theta_s) \tag{3.78}$$

速度因数:

$$\lambda_1 = \left[\frac{(k+1)Ma_1^2}{2+(k-1)Ma_1^2}\right]^{1/2} \tag{3.79}$$

(4) 从第(3)步所确定的初始条件开始,从激波到锥面积分控制方程。锥面上的边界条件为速度平行于锥表面(无黏性流体)。因此,在锥面上, $\bar{v}_\psi = 0$ 。激波后 $\bar{v}_\psi$ 的初始值是负的,当球面角 ψ 减小时, $\bar{v}_\psi$ 增大到零。对于假定的一个激波角 $\beta^{(i)}$,当计算到锥面上时, $\bar{v}_{\psi_c} = 0$,此时球面角 ψ_c 必须用迭代法来确定(图 3.26)。这样的 ψ_c 值找到后,即是对应于激波角 $\beta^{(i)}$ 的圆锥半顶角 $\delta_c^{(i)}$ 。

(5) 当第(4)步所计算的 $\delta_c^{(i)}$ 不等于实际的圆锥半顶角 δ_c 时,必须对假设的激波角 $\beta^{(i)}$ 重新修改,然后重复进行第(2)~第(4)步,直到找出的 $\delta_c^{(i)} = \delta_c$ 为止。对假设的激波角 $\beta^{(i)}$ 值的第一次修正值,可以用 $\delta_c^{(1)}$ 偏离实际 δ_c 的差值来修正,即

$$\beta^{(2)} = \beta^{(1)} + \delta_c - \delta_c^{(1)}$$

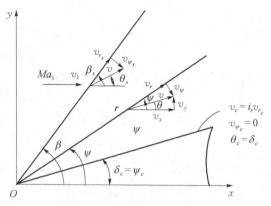

图 3.26　圆锥激波计算示意图

$\beta^{(i)}$ 的以后各次试算值可以对相邻的两组 $\beta^{(i)}$ 和 $\delta_c - \delta_c^{(i)}$ 利用割线法来确定。重复进行第 $(2) \sim (4)$ 步，直到 $\delta_c - \delta_c^{(i)}$ 达到允许的误差范围内，即迭代收敛为止。

（6）在解收敛后，速度分量 $\bar{v}_r(\psi)$ 和 $\bar{v}_\psi(\psi)$（$\bar{v}_\psi$ 为负）可以被变换成二维速度分量 $\bar{v}_x(\psi)$ 和 $\bar{v}_y(\psi)$，然后计算出流动参数 $v(\psi)$、$\theta(\psi)$、$p(\psi)$ 和 $\rho(\psi)$，由图 3.26 可得

$$\lambda = \sqrt{\bar{v}_x^2 + \bar{v}_y^2} \tag{3.80}$$

$$\bar{v}_x = \bar{v}_r \cos\psi - \bar{v}_\psi \sin\psi \tag{3.81}$$

$$\bar{v}_y = \bar{v}_r \sin\psi - \bar{v}_\psi \cos\psi \tag{3.82}$$

$$\theta = \tan\frac{\bar{v}_y}{\bar{v}_x} \tag{3.83}$$

式中，符号上的"–"表示物理量与 a_* 之比。

激波后任一点的滞止参数都相等，即 $p^* = p_2^*$、$\rho^* = \rho_2^*$。波后任一点静参数、总参数与 λ 的关系分别为

$$\frac{p}{p^*} = \left(1 - \frac{k-1}{k+1}\lambda^2\right)^{\frac{k}{k-1}} \tag{3.84}$$

$$\frac{\rho}{\rho^*} = \left(1 - \frac{k-1}{k+1}\lambda^2\right)^{\frac{1}{k-1}} \tag{3.85}$$

上述的数值积分求解方法很简单，一般地，取 $3 \sim 4$ 次 β 的试算值后就能收

敛到 10^{-6} 的相对误差范围内。

3.3　激波基本方程

由 3.2 节内容可知,通过激波流体运动学要素速度减慢,而热力学要素压强、密度、温度以及熵的数值都将增大。由于激波这一层的厚度以分子自由程计,所以一般情况下可忽略激波层的厚度。把激波看成数学上的间断面,通过它的物理量会发生突变。对于激波前和激波后的流动,仍可把它作为理想绝热的完全气体看待,在没有与外界发生热交换的情况下,激波前和激波后的流动都是满足质量守恒、动量守恒、能量守恒、状态方程以及流体力学和热力学一些基本定律的。在 3.2 节中,激波的一系列基本方程已经列出并用于流动参数分析。本节将激波基本方程统一整理如下。

3.3.1　连续性方程

对于斜激波,由于沿激波面方向没有流体通过,所以按质量守恒定律,通过激波面的质量流量为

$$q_{m1} = \rho_1 v_{1n} A_1 = \rho_2 v_{2n} A_2 = q_{m2} \tag{3.86}$$

因为控制体的厚度取得很小,可以认为 $A_1 \approx A_2$,所以可得

$$\rho_1 v_{1n} = \rho_2 v_{2n} \tag{3.87}$$

式(3.87)就是通过斜激波的连续性方程。

同样地,对于正激波,按质量守恒定律有

$$q_{m1} = \rho_1 v_1 A_1 = \rho_2 v_2 A_2 = q_{m2} \tag{3.88}$$

则有

$$\rho_1 v_1 = \rho_2 v_2 \tag{3.89}$$

式(3.89)就是通过正激波的连续性方程。

3.3.2　动量方程

通过激波,流体动量的变化是由波前、波后作用于控制体上的压差引起的,

故对于斜激波,其法向的动量方程为

$$p_1 A_1 - p_2 A_2 = (\rho_2 v_{2n} A_2) v_{2n} - (\rho_1 v_{1n} A_1) v_{1n} \tag{3.90}$$

即

$$p_1 - p_2 = \rho_2 v_{2n}^2 - \rho_1 v_{1n}^2 \tag{3.91}$$

式(3.91)就是通过斜激波的法向动量方程。

在斜激波面的切向上无动量变化,因此有

$$\rho_1 v_{1n} (v_{2t} - v_{1t}) = 0 \tag{3.92}$$

得

$$v_{1t} = v_{2t} \tag{3.93}$$

式(3.93)为其切向动量方程。

同理,对于正激波,其动量方程为

$$p_1 - p_2 = \rho_2 v_2^2 - \rho_1 v_1^2 \tag{3.94}$$

可以看出,当气流通过斜激波时,其切向分速度没有变化,只是法向分速度有变化。法向分速度由波前的 v_{1n} 减小到波后的 v_{2n}。因此,可以把斜激波看成以其法向分速度为波前速度的正激波。

3.3.3　能量方程

气流通过激波的压缩过程可视为绝热过程,也就是说,气流通过激波时既没有从外界输入热量,也没有系统本身的热量输出,故气流的总能量应该没有变化。因而,对于斜激波,有

$$c_p T_1 + \frac{v_{1n}^2}{2} = c_p T_2 + \frac{v_{2n}^2}{2} \tag{3.95}$$

同样地,正激波的能量方程为

$$c_p T_1 + \frac{v_1^2}{2} = c_p T_2 + \frac{v_2^2}{2} \tag{3.96}$$

3.3.4　状态方程

状态方程在此表示为

$$p = \rho RT \qquad (3.97)$$

3.3.5 R‑H 方程

R‑H 方程揭示了激波前后压强比、密度比、温度比之间的关系。由 3.2 节推导可知

$$\frac{p_2}{p_1} = \frac{(k+1)\dfrac{\rho_2}{\rho_1} - (k-1)}{k+1 - (k-1)\dfrac{\rho_2}{\rho_1}} \qquad (3.98)$$

$$\frac{\rho_2}{\rho_1} = \frac{(k+1)\dfrac{p_2}{p_1} + k - 1}{k+1 + (k-1)\dfrac{p_2}{p_1}} \qquad (3.99)$$

$$\frac{T_2}{T_1} = \frac{\dfrac{p_2}{p_1}\left[k+1 + (k-1)\dfrac{p_2}{p_1} \right]}{(k+1)\dfrac{p_2}{p_1} + k - 1} \qquad (3.100)$$

式(3.98)~式(3.100)称为 R‑H 方程,既适合于斜激波,也适合于正激波。

3.3.6 普朗特关系式

由 3.2 节推导可知,对于斜激波,普朗特关系式为

$$v_{1n} v_{2n} = a_*^2 - \frac{k-1}{k+1} v_t^2 \qquad (3.101)$$

对于正激波,普朗特关系式推导如下:
由能量方程及动量方程可写出

$$v_1 - v_2 = \frac{p_2}{\rho_2 v_2} - \frac{p_1}{\rho_1 v_1} = \frac{a_2^2}{k v_2} - \frac{a_1^2}{k v_1} \qquad (3.102)$$

而

$$a_1^2 = \frac{k+1}{2}a_*^2 - \frac{k-1}{2}v_1^2 \tag{3.103}$$

$$a_2^2 = \frac{k+1}{2}a_*^2 - \frac{k-1}{2}v_2^2 \tag{3.104}$$

将式(3.103)和式(3.104)代入式(3.102),可得

$$v_1 - v_2 = \frac{k+1}{2k}a_*^2\left(\frac{1}{v_2} - \frac{1}{v_1}\right) + \frac{k-1}{2k}(v_1 - v_2) \tag{3.105}$$

于是,有

$$\frac{k+1}{2k}(v_1 - v_2) = \frac{k+1}{2k}a_*^2\left(\frac{v_1 - v_2}{v_1v_2}\right) \tag{3.106}$$

由于式(3.106)中 $v_1 \neq v_2$,所以有

$$v_1v_2 = a_*^2 \tag{3.107}$$

$$\lambda_1\lambda_2 = 1 \tag{3.108}$$

故对于正激波,式(3.107)为普朗特关系式。可以看出,正激波前后速度乘积的数值是一定的,就等于临界声速值的平方。

3.4 小结

本章分析了激波的产生及其传播过程;推导了激波基本方程并用于激波前后参数的计算分析;讨论了激波的相交、反射和波阻等问题;分析了圆锥激波及其数值解;最后归纳整理了激波基本方程。

第4章

一阶弯曲激波理论

4.1 引言

  自从 Mach 发现激波,关于激波的基础研究已经发展了近两个世纪。作为流体力学的基础问题,国内外学者已经针对如图 4.1 所示的直线激波,如正激波、斜激波以及圆锥激波开展了大量的研究,得到了 R-H 方程等分析理论与方法[18]。在真实的超声速流动中,直线激波毕竟只是特例,更为普遍的是波后非均匀的弯曲激波,如图 4.2 所示的二维弯曲激波以及全三维弯曲激波。

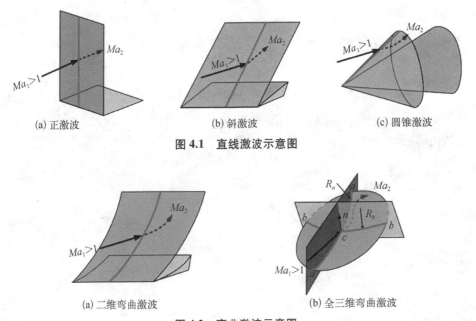

(a) 正激波   (b) 斜激波   (c) 圆锥激波

图 4.1　直线激波示意图

(a) 二维弯曲激波   (b) 全三维弯曲激波

图 4.2　弯曲激波示意图

图 4.3 描绘了超声速气流中的双曲斜激波,并且将波前和波后分开描绘。气流进口速度为 v_1,出口速度为 v_2。 向量 n 垂直于激波并指向来流。利用含有向量 n 和 v_1 的平面可以有效推导弯曲激波理论,激波垂直于向量 n,向量 v_2 也在这个平面中。Kaneshige 和 Hornung 把这个面称为流动面。提取流动面建立笛卡儿坐标系,如图 4.4 所示,速度 v_1、v_2 与 X 轴的夹角分别为 δ_1 和 δ_2,因此气流流过激波时的偏转角为 $\delta = \delta_2 - \delta_1$。 激波 aa 与来流夹角为 θ(激波角)。σ 是沿激波轨迹的距离,s 是沿流线方向的距离,n 是垂直流线方向的距离。所以,激波轨迹曲率 $S_a = \mathrm{d}\theta_{12}/\mathrm{d}\sigma$,曲率半径 $R_a = -1/S_a$。 同理,激波 bb 在垂流面(垂流面既垂直于流动面,也垂直于激波面)中也有一个曲率 S_b 和曲率半径 $R_b = -1/S_b$。 曲率与激波角正相关,正弯曲激波是凹向来流的。在轴对称流中存在一个第三平面,即截面。它垂直于对称轴并与流动面交于 Y 轴,设激波到对称轴的距离为 y,则在轴对称流中,截面内激波的曲率半径就是 y,而垂流面内激波的曲率半径为 $y/\cos\theta$,由此,可以计算激波曲率比 $R = S_a/S_b$。

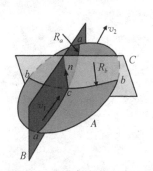

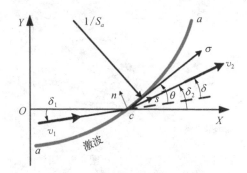

图 4.3 双曲斜激波示意图　　　图 4.4 流动面内流动示意图

激波角和两个激波曲率 S_a、S_b 就可以确定一个激波。激波角是波前气流方向和流动面激波的夹角,逆时针为正;激波曲率 S_a、S_b 是两个相互垂直的平面——流动面和垂流面内激波的曲率。S_a 的大小和正负都由 $\mathrm{d}\theta/\mathrm{d}\sigma$ 确定,σ 为沿激波轨迹的距离,默认来流在左边。轴对称时,S_b 为 $-\cos\theta/y$(y 是激波到对称轴的距离)。S_a 的正负可以用凹凸表示,而锐角、钝角是用来描述激波位置的,由激波角 θ_s 来分类。以轴向激波为例,以 S_a 为横坐标,S_b 为纵坐标,则四个象限+/+、-/+、-/-、+/-表示四种情况。但对于处在 X 轴的双曲激波,却只存在两种情况:-/-(凸锐)、+/+(凹钝)。激波曲率 S_a、S_b 的大小和正负与激波曲率比 $R = S_a/S_b$ 都是很重要的参数。凹凸、锐角、钝角方便地描述了激波性质。由于对称性,所以只需要考虑两种情况:$(0, \pi/2)$、$(\pi/2, \pi)$。

图 4.5 的 S_a-S_b 表描绘了四类激波形状。第一象限中 S_a、S_b 均为正,激波面是凹钝的,像一个勺子的内表面。第二象限中 S_a 为负、S_b 为正,激波面是凸钝的,像一个塞子。第三象限中 S_a、S_b 均为负,激波面是凸锐的,像一个西瓜。第四象限中 S_a 为正、S_b 为负,激波面是凹锐的,像一个长钉或马鞍。坐标轴上激波只有一个曲率,所以在正 S_a 轴,激波曲面像一个雪铲;在正 S_b 轴,激波曲面是一个圆锥面,圆锥顶点指向下游,称这个圆锥流为 M 流。至于负 S_a 轴的激波面形状与凸翼表面的前缘发现的形状相同。负 S_b 轴的激波面也是一个圆锥面,但圆锥顶点指向来流。原点处存在一个无曲率的平面激波。

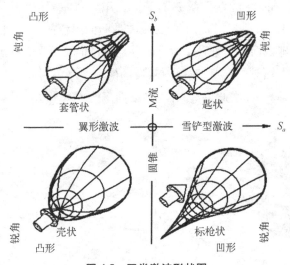

图 4.5　四类激波形状图

对于弯曲激波的设计求解问题,其在高超声速飞行器的设计过程中起着举足轻重的作用,但是与正激波和斜激波不同的是,关于弯曲激波仍然没有一个精确的理论解,且相关的理论基础还比较缺乏。当前普遍是以离散数值方法,如二维特征线法(method of characteristics, MOC)或计算流体力学(computational fluid dynamics, CFD),作为弯曲激波问题的求解器。与 CFD 相比,二维 MOC 具有求解快速、激波分辨率高的优点,但是在普适性上还存在一定的问题,如不能用于局部亚声速流场的计算。此外,Mölder 教授研究了一阶弯曲激波理论,尝试从理论解析方法入手求解弯曲激波及其波后流场。理论解析方法主要通过分析弯曲激波曲率和激波前后流动参数导数之间的关系来分析流场[19]。虽然该方法具有通用性强、表达式清晰、方便使用的优点,但是该方法得到的结果仍然存在较大的误差。因此,若能够在前人研究的基础上,从数值方法(二维特征线法)和理论解析方法(弯曲激波理论)这两个不同的方面出发,发展、构建、完善弯曲激波理论,作为分析处理弯曲激波问题的通用指导性理论,对于高超声速飞行器的设计工作具有重要的意义。第 5 章将开始利用一阶弯曲激波理论对弯曲激波及其波后流场进行分析求解。

4.2　R－H 方程和欧拉方程

理论解析方法主要通过分析激波曲率和激波前后气体参数导数之间的关系来求解流场。Mölder 教授从 R－H 方程和欧拉方程入手,在假设双曲激波前来流是理想气体并且稳定流动的条件下,推导得到了一阶弯曲激波方程组,将激波曲率和波旁流场参数梯度直观地联系在一起,可用于快速分析求解激波和流场。

当气流穿过静止正激波时,质量守恒方程、动量守恒方程、能量守恒方程和气体状态方程分别为[20]

$$\rho_1 v_1 = \rho_2 v_2 \tag{4.1}$$

$$p_1 + \rho_1 v_1^2 = p_2 + \rho_2 v_2^2 \tag{4.2}$$

$$c_p T_1 + v_1^2/2 = c_p T_2 + v_2^2/2 \tag{4.3}$$

$$\frac{p_1}{\rho_1 T_1} = \frac{p_2}{\rho_2 T_2} \tag{4.4}$$

式中,下标为 1 的密度、速度、压力和温度表示图 4.4 中来流的属性;下标为 2 的图 4.4 中下游的属性。对于斜激波(锐角或钝角),其质量守恒方程、动量守恒方程、能量守恒方程和气体状态方程分别为

$$\rho_1 v_{1N} = \rho_2 v_{2N} \tag{4.5}$$

$$p_1 + \rho_1 v_{1N}^2 = p_2 + \rho_2 v_{2N}^2 \tag{4.6}$$

$$\rho_1 v_{1N} v_{1T} = \rho_2 v_{2N} v_{2T} \tag{4.7}$$

$$c_p T_1 + (v_{1N}^2 + v_{1T}^2)/2 = c_p T_2 + (v_{2N}^2 + v_{2T}^2)/2 \tag{4.8}$$

$$\frac{p_1}{\rho_1 T_1} = \frac{p_2}{\rho_2 T_2} \tag{4.9}$$

式中,角标 N 和 T 分别表示垂直于斜激波和平行于斜激波的速度分量。对于方程接下来的使用,需要提前声明方程涉及的流动参数都是来流和下游邻近激波处的流体参数,而且只要使用的是相对于激波的速度,无论激波是静止的还是运动的,对平面的局部应用方程和在平滑弯曲激波面应用是一样的。用方程(4.7)除以方程(4.5)可得 $v_{1T} = v_{2T}$,但是本节保留式(4.7)的形式,以便在微分式(4.7)时获得导数之间的适当耦合。

4.2.1 欧拉方程

欧拉方程是用来描述远离激波面的来流和下游中流体性质是如何变化的。无论是垂直流线方向还是平行流线方向,在固有坐标系下,质量、动量/力和能量都保持守恒。为了推导方便,假设流动是稳定、能量守恒的,所以无论是平行流线方向还是垂直流线方向,滞止焓都是常数。在这些条件下的自然坐标系、局部坐标系或流线坐标系中,对于稳态、轴向或平面流动的欧拉方程可以表示如下[21]。

质量守恒方程:

$$\frac{\partial}{\partial s}\rho v y^j + \rho v y^j \frac{\partial s}{\partial n} = 0 \qquad (4.10)$$

s - 动量方程:

$$\rho v \frac{\partial v}{\partial s} + \frac{\partial p}{\partial s} = 0 \qquad (4.11)$$

n - 动量方程:

$$\rho v^2 \frac{\partial \delta}{\partial s} + \frac{\partial p}{\partial n} = 0 \qquad (4.12)$$

能量方程:

$$\frac{\partial h}{\partial s} + v \frac{\partial v}{\partial s} = 0 \qquad (4.13\text{a})$$

$$\frac{\partial h}{\partial n} + v \frac{\partial v}{\partial n} = 0 \qquad (4.13\text{b})$$

涡量方程:

$$\omega = v\frac{\partial \delta}{\partial s} - \frac{\partial v}{\partial n} \tag{4.14}$$

在这些方程中 y 是垂直于对称轴（x 轴）的距离，δ 是流线与 x 轴的夹角，$h = c_p T$ 是静焓。方程适用于激波间平滑流动区域的连续稳定流动。s 是平行于流动方向沿流线的距离，而 n 是垂直于流动方向沿流线的距离。j 在平面流和轴对称流中分别为 0 和 1。从目前的理论来看，如果 y 是激波轨迹的曲率半径，并且激波轨迹处在垂直于来流速度的平面内，那么流动既不可能是平面流也不可能是轴对称流。因此，对于 y，有更一般的定义，对于接下来应用于双曲激波，双曲激波至少是左右对称的，激波面内 y 有一个固定值，而且流动面内 s 和 n 是固定的局部坐标系。只有在激波旁才能定义纵坐标 n 的方向，但这并不会对定义纵坐标 n 的方向造成影响，因为我们只关心邻近激波处上下游的流动。(x, y) 和 (s, n) 都使用右手法则，因此相应的正方向 z 和 t 都指向纸外。对于轴对称流，y 是从激波到对称轴的距离，用于归一化所有距离。在平面流中，所有距离都通过方便的长度比例尺进行归一化，此阶段无须指定，所有的长度都是无方向的。

为了接下来代数的简洁和方便，定义以下变量梯度。

归一化压力梯度：

$$P = \frac{\dfrac{\partial p}{\partial s}}{\rho v^2}$$

流线曲率：

$$D = \frac{\partial \delta}{\partial s}$$

归一化涡量：

$$\Gamma = \frac{\omega}{v}$$

注意到，沿流线方向激波前 $(\partial y/\partial s)_1 = \sin\delta_1$，激波后 $(\partial y/\partial s)_2 = \sin\delta_2$。根据这些定义，欧拉方程(4.10)~(4.14)可以简化如下。

质量守恒方程：

$$\frac{\partial s}{\partial n} = -(Ma^2 - 1)P - j\frac{\sin\delta}{y} \tag{4.15}$$

s - 动量方程:

$$\frac{1}{v}\frac{\partial v}{\partial s} = -\frac{1}{\rho v^2}\frac{\partial p}{\partial s} = -P \tag{4.16}$$

n - 动量方程:

$$\frac{1}{\rho v^2}\frac{\partial p}{\partial n} = -\frac{\partial \delta}{\partial s} = -D \tag{4.17}$$

能量方程:

$$\frac{1}{\rho}\frac{\partial \rho}{\partial n} = -Ma^2[D + (\gamma - 1)\Gamma] \tag{4.18}$$

$$\frac{1}{\rho}\frac{\partial \rho}{\partial s} = Ma^2 P \tag{4.19}$$

涡量方程:

$$\frac{1}{v}\frac{\partial v}{\partial n} = D - \Gamma \tag{4.20}$$

其中,马赫数被定义为 $Ma^2 = \rho v^2/(\gamma\rho)$。

这些表达式用来消除等式左边 δ、v、p 和 ρ 的微分,并使等式右边用 Ma、P、D 和 Γ 表示。上述方程中的变量均可以添加下标 1 或 2,分别代表弯曲激波上游流场和下游流场。参数 y 没有下标是因为当状态 1 和状态 2 在同一激波两侧时,y 的值相同。其中,j 取值 0 或 1,分别代表平面流场和轴对称流场。除非需要,否则用来分辨平面流和轴对称流的 j 可以省略。当计算平面流时,通过赋予 y 一个很大的值来获得维度(平面流和轴对称流)的影响程度。

P、D 和 Γ 决定了弯曲激波理论。因此,通过欧拉方程中的式(4.15)~式(4.20)就可以把其余参数的梯度用三个独立的变量 (P、D、Γ) 来表示。本书选择压力梯度 P 作为其中一个参数的原因是,P 是最具有物理意义的参数,也是最容易测量的参数。在滑动层还有一个关于 P 的边界层条件:压力和压力梯度在跨层前后保持不变。选择流线曲率 D 的原因是,流线的不可穿越性使得可以用固体边界代替流线层,因此将激波和激波面形状联系起来就不再是不可能的。

4.2.2　常物性线

解决常物性流动问题是研究变物性流动问题的前提;在解释可压缩流动时,

声速线是常物性线中最有使用价值的[22]。方程(4.15)~(4.20)可以推导出轮廓线的方向和物理参数。例如,若直线 l 与流线夹角为 α,则直线 l 上的压力变化为

$$\frac{\mathrm{d}p}{\mathrm{d}l} = \frac{\partial p}{\partial s}\cos\alpha + \frac{\partial p}{\partial n}\sin\alpha$$

如果是一条等压线,则 $\mathrm{d}p/\mathrm{d}l = 0$,若等压线与流线的夹角是 α_p,则

$$\tan\alpha_p = -\frac{\dfrac{\partial p}{\partial s}}{\dfrac{\partial p}{\partial n}} = -\frac{\rho v^2 P}{-\rho v^2 D} = \frac{P}{D} \tag{4.21}$$

同理,等速线(同一条线速度相等)为

$$\tan\alpha_v = -\frac{\dfrac{\partial v}{\partial s}}{\dfrac{\partial v}{\partial n}} = -\frac{-vP}{v(D-\varGamma)} = \frac{P}{D-\varGamma} \tag{4.22}$$

绝热流动的能量方程为

$$c_p T + v^2/2 = c_p T_t$$

等速线上 v 是常数,T 也是常数,声速和马赫数也是常数。因此,在绝热流动中等速线、等温线、等声速线和等马赫数线是共线的。在本书第 5 章和第 6 章中会利用方程(4.22)来求解双曲激波后声速线的斜率。对于等容线(同一条线密度相等),有

$$\tan\alpha_\rho = -\frac{\dfrac{\partial\rho}{\partial s}}{\dfrac{\partial\rho}{\partial n}} = \frac{P}{D+(\gamma-1)\varGamma} \tag{4.23}$$

对于等斜率线(同一条线斜率相等),有

$$\tan\alpha_\delta = -\frac{\dfrac{\partial\delta}{\partial s}}{\dfrac{\partial\delta}{\partial n}} = \frac{D}{(Ma^2-1)P + \sin\delta/y} \tag{4.24}$$

等速线、等温线、等马赫数线、等容线与等压线都可以用 P、D 和 Γ 表示；进一步可以证明这些梯度可以作为弯曲激波理论的因变量。将方程（4.21）~（4.23）中的 P、D 和 Γ 消除，可得到

$$\frac{\gamma-1}{\tan \alpha_v} = \frac{\gamma-1}{\tan \alpha_T} = \frac{\gamma-1}{\tan \alpha_M} = \frac{\gamma-1}{\tan \alpha_\rho} = \frac{2-\gamma}{\tan \alpha_p}$$

这表明了在无旋流动中，所有的等物性线除了等斜率线外都共线。这些结论对于解释干涉仪图和 CFD 图中的等物性线很有用。接下来，用激波曲率 S_a、S_b 与来流马赫数来表示 P、D 和 Γ，再连同流动方向、方程（4.21）~（4.24）就可以得到弯曲激波面附近等物性线的方向。狭义上，这些关系式可以用来确定弯曲激波后声速线的方向；广义上，其也可以用来确定流动面内声速面上轨迹的方向。

4.3　弯曲激波方程

首先对于弯曲激波的几何模型进行描述，相关定义如图 4.6 所示。对于超声速流动中的弯曲激波面 A 上任意一个点 c，总是存在两个过该点的平面，分别称为流动面和垂流面。其中，定义由激波点 c 前后流场的速度矢量 v_1、v_2（或马赫数 Ma_1 和 Ma_2）所确定的平面为过 c 点的流动面，该平面与弯曲激波面 A 存在相贯曲线 aa。定义垂直于流动面和激波面的平面为过 c 点的垂流面，该平面与弯曲激波面 A 存在相贯曲线 bb。以轴对称外锥流场为例，如图 4.6 所示，旋转面 B 为流动面，平面 C 为垂流面。

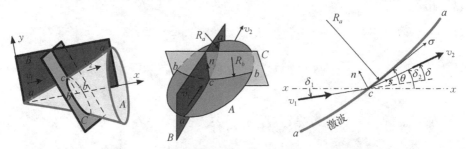

图 4.6　一阶弯曲激波理论的研究单元及参数示意图

提取流动面 B 建立笛卡儿坐标系，并且 x 在对称轴方向上进行测量。其中，来流速度 v_1 和波后速度 v_2 与 x 轴的夹角分别用 δ_1 和 δ_2 表示，所以气流经过激波

的偏转角为 $\delta = \delta_2 - \delta_1$，而 $\theta_1 = \theta + \delta_1$ 是几何激波角（以对称轴为初始边旋转）。类似地，激波角 θ 是激波 aa 与来流速度 v_1 的夹角，是波前速度与激波的最小夹角。激波角的定义非常笼统，这也使得弯曲激波理论可以适用于左右对称流动中任何方向的弯曲激波段。变量 σ 表示沿激波轨迹曲线 aa 测得的长度，而变量 s 表示沿流线测得的长度，变量 n 表示沿流线垂直方向测得的长度。基于以上定义，定义激波轨迹曲线 aa 在点 c 处的流向曲率为 $S_a = -1/R_a = \mathrm{d}(\theta + \delta_1)/\mathrm{d}\sigma$；同理，定义垂流面内激波轨迹曲线 bb 在点 c 处的曲率为 $S_b = -1/R_b = -\cos(\theta + \delta_1)/y$（轴对称流）。在轴对称流中，$y$ 是一个重要的几何参数，是激波到 x 轴的距离。由于 $\theta_1 = \theta + \delta_1$，所以波前流向角 δ_1 也通过 S_b 进入。

在马赫反射的三相点处，这三种激波具有相同的 y 值，但它们的 S_b 不同，这是因为激波角和波前流向角不同。y 也是用于标准化长度变量的便捷缩放参数。对于平面流，$y \to \infty$、$S_b \to 0$。在平面流中，长度缩放参数 y 可以取为能够表征流动尺度的任何合适长度。当沿着激波运动时，激波曲率是正的，因此上游在左侧，激波角增大。正弯曲激波总是凹向上游流动。使用此曲率定义，只要坐标轴 (x, y) 位于流动平面中，该结果就适用于没有特定对称度的一般激波面。如果流动沿其流线方向远离壁面、x 轴或对称中心线，则流线具有正曲率。从激波到对称轴的距离为 y。当波前流动发散或收敛时，几何激波角 θ_1 与气动激波角 θ 不同，$\theta_1 = \theta + \delta_1$。在这种情况下，几何曲率 $S_a = \dfrac{\partial\theta_1}{\partial\sigma} = \dfrac{\partial\theta}{\partial\sigma} + \dfrac{\partial\delta_1}{\partial\sigma}$，表示只有在波前的水流收敛/发散且 δ_1 恒定时，S_a 才等于产生涡度的项 $\dfrac{\partial\theta}{\partial\sigma}$。在弯曲激波理论应用中出现的一个重要参数是 $R = S_a/S_b$。在激波的任何点，其形状完全取决于激波角 θ 或 θ_1 以及两个激波曲率 S_a 和 S_b。在流动面内，波前和波后平行于激波方向及垂直于激波方向的速度分量分别是[21]

	法向	切向
来流	$v_{1N} = v_1\sin\theta$	$v_{1T} = v_1\cos\theta$
尾流	$v_{2N} = v_2\sin(\theta - \delta)$	$v_{2T} = v_2\cos(\theta - \delta)$

经过替换，R–H 方程（4.5）~（4.9）可简化为

$$\rho_1 v_1 \sin\theta = \rho_2 v_2 \sin(\theta - \delta) \tag{4.25}$$

$$p_1 + \rho_1 v_1^2 \sin^2\theta = p_2 + \rho_2 v_2^2 \sin^2(\theta - \delta) \tag{4.26}$$

$$v_1 \cos \theta = v_2 \cos(\theta - \delta) \tag{4.27}$$

$$v_1 v_2 \sin\theta \sin(\theta - \delta) = a_*^2 - \frac{\gamma - 1}{\gamma + 1} v_1^2 \cos^2\theta \tag{4.28}$$

式中，a_* 为临界声速。

4.3.1 弯曲激波方程的假设条件

如果一些量（如质量通量）在整个激波上保持恒定,则在激波面的两侧沿相同方向该量的导数必定相等。这种运动条件是所有弯曲激波的基本前提,并且直观上看起来很明显[22]。对于不稳定的流动,这种运动条件似乎不太明显,但它仍然必须如此,因为这里处理的是不连续的紧邻激波上下游的量,不需要耗费时间来穿越激波,这隐含了这样一个事实,即不连续性守恒方程(4.25)~(4.28)不包含与时间有关的项。这是构成弯曲激波基础必不可少的假设。

4.3.2 弯曲激波方程的推导过程

弯曲激波方程是通过将方程(4.25)~(4.27)的两侧相对于 σ（沿激波方向的距离）求导,然后对每个方程利用波前和波后导数相等继续化简。详细的推导过程见附录 A、B 和 C。这步推导很精妙,且很重要。它之所以正确是因为守恒量的导数在波前后不发生改变,同一激波前后分别对 σ（沿激波方向的距离）求导,结果也应该相同。例如,对质量守恒方程(4.25)左右两边同时求导得

$$\rho_1 v_1 \frac{\partial \sin\theta}{\partial\sigma} + \rho_1 \sin\theta \frac{\partial v_1}{\partial\sigma} + v_1 \sin\theta \frac{\partial \rho_1}{\partial\sigma}$$

$$= \rho_2 v_2 \frac{\partial \sin(\theta - \delta)}{\partial\sigma} + \rho_2 \sin(\theta - \delta) \frac{\partial v_2}{\partial\sigma} + v_2 \sin(\theta - \delta) \frac{\partial \rho_2}{\partial\sigma}$$

类似地,对方程(4.26)求导,可以得到两个含有气动激波曲率项 $\partial \sin\theta/\partial\sigma$ 的差分守恒方程。

激波前任意守恒量对 σ（沿激波方向的距离）的导数可以用垂直流线方向和平行流线方向的两个导数来表示:

$$\left(\frac{\partial}{\partial\sigma}\right)_1 = \left(\frac{\partial}{\partial s}\right)_1 \cos\theta + \left(\frac{\partial}{\partial n}\right)_1 \sin\theta \tag{4.29a}$$

类似地,对于激波后,有

$$\left(\frac{\partial}{\partial \sigma}\right)_2 = \left(\frac{\partial}{\partial s}\right)_2 \cos(\theta - \delta) + \left(\frac{\partial}{\partial n}\right)_2 \sin(\theta - \delta) \tag{4.29b}$$

将得到的差分守恒方程中 $\partial \sigma$ 项替换为 ∂s 和 ∂n，之后用欧拉方程中含有 P_1、D_1、Γ_1、P_2、D_2、S_a 和 S_b 的表达式替换所有的导数项 $\partial/\partial s$ 和 $\partial/\partial n$。经过复杂的代数推导变换，最终得到如下一阶弯曲激波方程组：

$$A_1 P_1 + B_1 D_1 + E_1 \Gamma_1 = A_2 P_2 + B_2 D_2 + C S_a + G S_b \tag{4.30a}$$

$$A_1' P_1 + B_1' D_1 + E_1' \Gamma_1 = A_2' P_2 + B_2' D_2 + C' S_a + G' S_b \tag{4.30b}$$

方程系数 A、B、E、G 等是关于来流条件和激波角的表达式，具体如下所示：

$$A_1 = \frac{2\cos\theta\left[(3Ma_1^2 - 4)\sin^2\theta - (\gamma - 1)/2\right]}{\gamma + 1}$$

$$B_1 = \frac{2\sin\theta\left[(\gamma - 5)/2 + (4 - Ma_1^2)\sin^2\theta\right]}{\gamma + 1}$$

$$E_1 = -\frac{2\sin^3\theta\left[2 + (\gamma - 1)Ma_1^2\right]}{\gamma + 1}$$

$$A_2 = \frac{\sin\theta\cos\theta}{\sin(\theta - \delta)}$$

$$B_2 = -\frac{\sin\theta\cos\theta}{\cos(\theta - \delta)}$$

$$C = -\frac{4\sin\theta\cos\theta}{\gamma + 1}$$

$$F = \frac{-4\sin^2\theta\cos\theta\sin\delta_1}{\gamma + 1}$$

$$G = \frac{4\sin^2\theta\cos\theta\sin\delta_1}{(\gamma + 1)\cos\theta_1} \tag{4.30c}$$

$$A_1' = Ma_1^2\cos^2\theta\cos\delta - (Ma_1^2 - 1)\cos(2\theta + \delta)$$

$$B_1' = -\sin(2\theta + \delta) - Ma_1^2\sin^2\theta\sin\delta$$

$$E_1' = -\left[\,2 + (\gamma - 1)Ma_1^2\,\right]\sin\delta\sin^2\theta$$

$$A_2' = \frac{\left[\,1 + (Ma_2^2 - 2)\sin^2(\theta - \delta)\,\right]\sin\theta\cos\theta}{\sin(\theta - \delta)\cos(\theta - \delta)}$$

$$B_2' = -\sin(2\theta)$$

$$C' = \frac{-\sin(2\delta)}{2\cos(\theta - \delta)}$$

$$G' = -\frac{\sin\theta\cos\theta\tan(\theta - \delta)\sin\delta_2 - \sin(\theta + \delta)\sin\theta\sin\delta_1}{\cos\theta_1} \tag{4.30d}$$

其中，

$$Ma_2^2 = \frac{(\gamma + 1)^2 Ma_1^4\sin^2\theta - 4(Ma_1^2\sin^2\theta - 1)(\gamma Ma_1^2\sin^2\theta + 1)}{\left[\,2\gamma Ma_1^2\sin^2\theta - (\gamma - 1)\,\right]\left[\,(\gamma - 1)Ma_1^2\sin^2\theta + 2\,\right]}$$

$$\delta = \delta_2 - \delta_1 \tag{4.30e}$$

该一阶弯曲激波方程组共给出了七个变量：P_1、D_1、Γ_1、P_2、D_2、S_a、S_b。其中，P_1、D_1、Γ_1 反映的是激波前流场参数沿流线的梯度，P_2、D_2 反映的是激波后流场参数沿流线的梯度，S_a、S_b 反映的是弯曲激波两个不同方向的曲率。在大部分高超声速飞行器的设计工作中，来流条件是给定的，即 P_1、D_1、Γ_1 已知。因此，若再指定弯曲激波的曲率 S_a 和 S_b，即可通过求解一阶弯曲激波方程组得到另外两个待定参数 P_2、D_2（其中，P_2 反映的是激波后沿流线压力的梯度，D_2 反映的是激波后沿流线流动角的梯度），再采用简单的数值方法就可以求得与给定激波相对应的下游流场。

两个特殊的参数 F 和 F'、函数 G 和 G' 在之后的章节也会用到。方程 (4.30a) 和 (4.30b) 将激波曲率 S_a 和 S_b 与激波两侧的顺压梯度 P 和流线曲率 D 建立联系，这可以用来解释来流涡度 Γ_1 和流动发散/收敛 δ_1。弯曲激波方程及其系数构成了分析单一弯曲激波来流（下标 1）与下游（下标 2）处激波曲率和流体梯度的工具。附录 A、B 和 C 中提供了弯曲激波方程及其系数的推导。假设比热比 γ、自由流马赫数 Ma_1、波前气流角 δ_1 和激波角（θ 或 θ_1）都已知，则所有系数就都可以计算。下一步，只要已知七个变量 P_1、D_1、Γ_1、P_2、D_2、S_a 和 S_b 其中的五个，剩余的两个就可以联立弯曲激波方程组求解。如果来流沿 x 轴方向，那么激波角 θ 就是激波与 x 轴的夹角，因为 $\delta_1 = 0$，所以 $\delta = \delta_2$。在推导弯曲激波方程时,由式(4.14)定义的涡度在激波的两边都显式地显示为 Γ_1 和 Γ_2,因此涡度只是压力梯度以及流线曲率的另一个因变量,它应该在两个弯曲激波方程之外拥有自己的方程。但是,在式(4.30a)和式(4.30b)中,使用附录 C 中的涡度表达式消除了 Γ_2。很多学者都发表过有关弯曲激波方程的各种受限使用形式的论文[18]。然而,目前还没有出现既包含来流涡度 Γ_1,又包含激波横向曲率 S_b 的一般表达式。这两个参数在研究弯曲激波分离和反射时至关重要,平面流和轴对称流都是如此。为了说明求导过程,第 5 章会介绍一个类似但更简单的涡度方程求导方法。通过求解方程,可以得出下游压力梯度和流线曲率的精确表达式。

设想这样一种情况,来流不均匀,而且是有旋流动,已知压力梯度 P_1、流线曲率 D_1、涡度 Γ_1 和双曲激波曲率 S_a 与 S_b,可以用式(4.30f)得到波后压力梯度 P_2 和流线曲率 D_2。

$$P_2 = \frac{B_2(C'S_a + G'S_b - L') - B'_2(CS_a + GS_b - L)}{A_2 B'_2 - A'_2 B_2}$$

$$D_2 = -\frac{A_2(C'S_a + G'S_b - L') - A'_2(CS_a + GS_b - L)}{A_2 B'_2 - A'_2 B_2} \tag{4.30f}$$

其中,

$$L = A_1 P_1 + B_1 D_1 + E_1 \Gamma_1$$

$$L' = A'_1 P_1 + B'_1 D_1 + E'_1 \Gamma_1$$

这些是包含曲率(S_a、S_b)的双曲激波后压力梯度和流线曲率的最常见表达式,来流是具有压力梯度 P_1、流线曲率 D_1 和涡度 Γ_1 的非均匀流动;来流非均匀性包含在两个表达式 L 和 L' 中,若是均匀来流,则 L 和 L' 都为零。来流流向角 δ_1 包含在两个系数 G 和 G' 中,它体现了激波前流动收敛/发散的影响。G 和 F(G' 和 F' 类似)不独立,因为 $G \times S_b = F$ 或 $F/y = G$,在具体使用时,根据定义垂流激波曲率的参数是 S_b 还是 $1/y$ 来决定使用参数 G 还是参数 F。

P_2 和 D_2 都可以用影响系数形式表示

$$\begin{cases} P_2 = J_p P_1 + J_d D_1 + J_g \Gamma_1 + J_a S_a + J_b S_b \\ D_2 = K_p P_1 + K_d D_1 + K_g \Gamma_1 + K_a S_a + K_b S_b \end{cases} \tag{4.30g}$$

其中,影响系数为

$$
\begin{cases}
J_p = (A_1 B_2' - A_1' B_2)/[AB] \\
J_d = (B_1 B_2' - B_1' B_2)/[AB] \\
J_g = (E_1 B_2' - E_1' B_2)/[AB] \\
J_a = (B_2 C' - B_2' C)/[AB] \\
J_b = (B_2 G' - B_2' G)/[AB] \\
K_p = (A_1 A_2' - A_1' A_2)/[AB] \\
K_d = (B_1 A_2' - B_1' A_2)/[AB] \\
K_g = (E_1 A_2' - E_1' A_2)/[AB] \\
K_a = (A_2 C' - A_2' C)/[AB] \\
K_b = (A_2 G' - A_2' G)/[AB]
\end{cases}
\tag{4.30h}
$$

其中,

$$
[AB] = A_2 B_2' - A_2' B_2
$$

在大多数航空应用中,自由流是均匀的,因此 $P_1 = D_1 = \Gamma_1 = \delta_1 = 0$ 且 $L = L' = 0$,因此式(4.30g)简化为

$$
\begin{cases}
P_2 = J_a S_a + J_b S_b \\
D_2 = K_a S_a + K_b S_b
\end{cases}
\tag{4.30i}
$$

这些影响系数方程直观地显示了来流物性、激波曲率和激波性质如何决定 P_2 及 D_2。气体和激波物性参数(γ、Ma_1、θ、δ_1)就可以确定影响系数。虽然含有 J_a、J_b 和 K_a、K_b,但是波前气流收敛或发散的影响力(用 δ_1 表示)并不能通过系数 C、C'、G、G' 直观地表达。后面章节会介绍一个相似的影响系数方程来推导波后涡度。对于均匀来流,拥有下标 p、d 和 g 的系数都为零。

图 4.7 显示了来流马赫数为 3 的锐角激波和钝角激波后压力梯度 P_2 的影响系数。绿色线显示对于弱激波,波前压力梯度系数为 4 左右,为正;但是对于强激波,波前压力梯度系数为 40,为负。当激波角为 72°~108° 时,波前压力梯度对波后压力梯度没有影响。绿色线显示波前流线曲率 D_1 会减小锐角激波的波后压力梯度,但会增大钝角激波的波后压力梯度。来流涡度(红色线)对波后压力梯度的影响与波前流线曲率正好相反,但其他方面相似。流向曲率 S_a 对压力梯度的影响用青色线表示,它与波前压力梯度作用效果类似;当激波角在 76° 附近和 104° 附近时,流向曲率的作用效果发生逆转。黑色线显示了当激波前没有

流量发散/收敛时,横向曲率 S_b 对波后压力梯度的影响。但是,由 $\dfrac{\partial \delta_1}{\partial \sigma}$ 表示的发散/收敛变化可能会导致 S_b 增大。这在式(4.35)的推导中变得更加明显。黑色线显示横向曲率 S_b 对波后压力梯度没有影响。这显然是正确的,因为用 y 将压力梯度进行了标准化,以至于在计算影响因子时 y 是常数 1,物理压力梯度为 $1/y = -S_b/\cos(\theta + \delta_1)$。

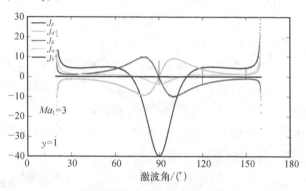

图 4.7　压力梯度的影响系数

图 4.8 描述了波前参数和激波曲率项对波后流线曲率 D_2 的影响系数。蓝色线表明,对于小锐角激波,正的波前压力梯度会减小波后曲率;对于大锐角激波,正的波前压力梯度会增大波后曲率。对于钝角激波,影响正好相反。绿色线表明,无论是锐角激波还是钝角激波,弱激波时波前流线曲率和波后流线曲率正相关,强激波时波前流线曲率和波后流线曲率负相关。波前涡度(红色线)作用方式类似但效果相反。青色线和黑色线表明两个激波曲率 S_a 和 S_b 呈反对称影响。J_a 曲线穿过水平轴的 Crocco 点(波后流线曲率会消失)会在后面进行讨论。

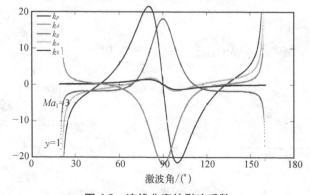

图 4.8　流线曲率的影响系数

这两个曲线图表明参数对锐角激波和钝角激波的影响方式要么是对称的，要么是反对称的。这是因为来流被设置为与对称轴平行（$\delta_1 = 0$）。有限的δ_1值对平面流没有影响。然而在轴对称流中，δ_1的值会导致波前气流收敛或扩散，通过方程（4.15）中的$\sin\delta_1/y$项。

对于所有示例，包括斜激波情况，首先需要求解R‑H方程（4.25）～（4.28），以根据其他两个条件和上游条件获得Ma_2、θ和δ之一。这些是计算弯曲激波方程（4.30a）、（4.30b）系数所必需的。对于面向均匀来流的激波，两个弯曲激波方程左侧的所有项均为零。如果选择将自由流与x轴对齐，则G在右侧也是如此，此时$\delta_1 = 0$。当方程在下面的激波反射过程中应用于反射激波时，情况并非如此。在这种情况下，反射激波之前的流动会朝向轴倾斜，此时便是弯曲入射激波所产生的不均匀（包括曲率和压力梯度）和旋转。

一阶弯曲激波理论从基本公式的推导方面入手研究了弯曲激波前后参数梯度的关系，通过求解简单的线性方程组就能解析得到波后流场，具有较高的理论指导意义。

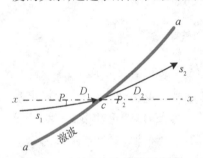

图4.9　流动面内参数的示意图

但是一阶弯曲激波理论在实际应用中还存在一个很大的问题，即一阶弯曲激波方程组中P_2、D_2反映的是激波点c引出的波后流线s_2起始位置处的参数梯度，如图4.9所示。若假定波后流线s_2上的P_2、D_2恒定不变，则一阶弯曲激波理论求解得到的波后流场必然存在较大的误差。如图4.10所示，在给定相同来流参数和激波形状的条件下，一阶弯曲激波理论（curved shock theory，CST）与特征线法（method of characteristics，MOC）求得的流场存在较大差异。

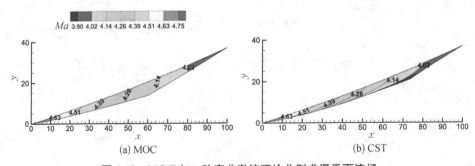

(a) MOC　　　　　　　　　(b) CST

图4.10　MOC与一阶弯曲激波理论分别求得平面流场

在大多数航空工程中来流都是确定的(大多数是不均匀的),而且机身形状是确定的,需要求解波后情况。对于这些问题,可以求解机身波后斜率 δ_2、机身曲率 D_2 和到对称轴的距离 y,之后可以计算激波角 θ 和流垂面内激波曲率 $S_b = -\cos\theta/y$。将 D_2 和 S_b 代入方程(4.30a)和(4.30b),会得到两个关于 P_2 和 S_a 的方程。在考虑弯曲激波方程在其他方面的应用之前,先利用方程去求解波后涡度。

4.4　波后涡度

4.4.1　涡度方程

当将弯曲激波理论应用于常规反射(regular reflection,RR)和马赫反射(Mach reflection,MR)时,入射波后区域 2 中的波后涡度就需要作为输入项来计算反射激波的曲率,此时弯曲的入射激波在反射激波前产生了涡度项。

对于均匀来流,波后涡度可以表示为

$$\omega_2 = v_1 \frac{\rho_2}{\rho_1}\left(1 - \frac{\rho_1}{\rho_2}\right)^2 \cos\theta \frac{\partial\theta}{\partial\sigma} \tag{4.31}$$

假设均匀来流,对式(4.31)求导并利用涡度和熵的 Crocco 关系式简化得到

$$\Gamma_2 = \frac{\omega_2}{v_2} = \frac{v_1}{v_2}\frac{\rho_2}{\rho_1}\left(1 - \frac{\rho_1}{\rho_2}\right)^2 \cos\theta \frac{\partial\theta}{\partial\sigma} \tag{4.32}$$

该方程式给出了由弯曲入射激波产生的反射激波前(区域 2)的归一化涡度。利用斜激波关系式对方程(4.32)进一步化简得到

$$\Gamma_2 = \frac{2\sin^2\delta}{\sin(2\theta)\sin(\theta - \delta)} \frac{\partial\theta}{\partial\sigma} \tag{4.33}$$

该方程式给出了区域 2 中锐角激波或钝角激波后的归一化涡度,其中 $\frac{\partial\theta}{\partial\sigma}$ 是气动激波角沿激波距离的变化。气动激波角的这种变化归因于流动平面内的激波曲率 S_a,以及激波前气流的任何发散/收敛。如果考虑关系式 $\theta_1 = \theta + \delta_1$ (图 4.2)及其激波方向导数 $\frac{\partial\theta_1}{\partial\sigma} = \frac{\partial\theta}{\partial\sigma} + \frac{\partial\delta_1}{\partial\sigma}$,从而 $\frac{\partial\theta}{\partial\sigma} = S_a - \frac{\partial\delta_1}{\partial\sigma}$,这将变得显而易见。其中,$\frac{\partial\delta_1}{\partial\sigma}$ 表示激波前流动中发散角/收敛角沿激波的变化,因此有

$$\varGamma_2 = \frac{2\sin^2\delta}{\sin(2\theta)\sin(\theta-\delta)}\left(S_a - \frac{\partial\delta_1}{\partial\sigma}\right) \tag{4.34}$$

该方程式给出了在流动平面上具有几何曲率 S_a 的激波的波后涡度,以及激波前和激波方向上的发散变化 $\frac{\partial\delta_1}{\partial\sigma}$。否则,对于该方程,激波前流动是均匀的,即在激波前流动中没有压力梯度、流线曲率和涡度。现在要证明,当波前发散 $\frac{\partial\delta_1}{\partial\sigma}$ 沿激波方向发生变化时,S_b 的作用是什么。图4.11为在对称轴线 x-x 上的弯曲轴向激波项 aa(红色)的流动平面轨迹。在点 s 与激波项上,激波与 x-x 轴形成一个角度 θ_1。激波的横向曲率半径为 R_b,波前流动以角度 δ_1 接近,因此激波与波前流动之间的夹角为 $\theta_1 - \delta_1$。无穷小激波段 $d\sigma$(蓝色)在轴上对应角 $d\delta_1$。从几何学角度出发:$d\delta_1 = d\sigma\sin(\theta_1-\delta_1)/r$,$\tan\theta_1 = R_b/\omega$。正弦定律 $\sin(\pi-\theta_1)/r = \sin\delta_1/\omega$ 用于消除长度 r 和 w,从而得出

$$\frac{\partial\delta_1}{\partial\sigma} = -\frac{\sin\delta_1\sin(\theta_1-\delta_1)}{\cos\theta_1}S_b \tag{4.35}$$

则方程(4.34)可以写为

$$\varGamma_2 = \frac{2\sin^2\delta}{\sin(2\theta)\sin(\theta-\delta)}\left[S_a + \frac{\sin\delta_1\sin(\theta_1-\delta_1)}{\cos\theta_1}S_b\right] \tag{4.36}$$

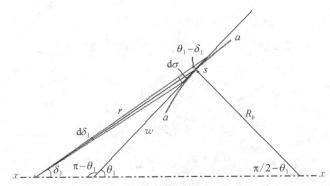

图4.11 弯曲轴向激波前的扩散流

系数分别乘以 S_a 和 S_b 后是附录C中得出的影响系数 I_a 和 I_b 的简化形式。式(4.35)中 S_b 和 $\frac{\partial\delta_1}{\partial\sigma}$ 之间的纯粹几何关系表明,S_b 是产生 $\frac{\partial\delta_1}{\partial\sigma}$ 的涡度的量度项,

它解释了当流体在激波前发散/收敛时,涡度的影响系数方程中 S_b 的出现。注意到,如果激波前的流动是发散的,则很可能会有压力梯度。该压力梯度通过附录 C 中的影响系数 I_p 对波后涡度产生影响。式(4.31)~式(4.34)、式(4.36)中不包括压力梯度效应,对于任何激波前的流线曲率和涡度也是如此。对于马赫波和正激波,$\delta = 0$,式(4.34)表明,这些波中任何一个曲率都不会产生涡度。式(4.34)中的一般性水平足以研究均匀且平行的自由流中的 RR 和 MR。但是,如果在反射激波之后(区域 3)求解涡度,则需要一个更通用的表达式,其中包括波前压力梯度、曲率、发散和涡度,即使自由流不均匀,也是如此。

附录 C 包含了非均匀的波前流动(包括散度)中弯曲激波后涡度方程的推导。

4.4.2 涡度概念

在内蕴坐标系(欧拉可以说是微分几何的重要奠基人,早在 1736 年他就引进了平面曲线的内蕴坐标概念,即以曲线弧长为曲线上点的坐标),原始涡度定义为

$$\omega = v\frac{\partial \delta}{\partial s} - \frac{\partial v}{\partial n} \tag{4.37}$$

由于齐次性和代数处理的简单性,所以使用当地流速来标准化涡度是很方便的:

$$\Gamma = \frac{\omega}{v} = \frac{\partial \delta}{\partial s} - \frac{1}{v}\frac{\partial v}{\partial n} \tag{4.38}$$

已知激波流向曲率 S_a、来流有旋、标准化涡度 Γ_1,则影响系数形式的涡度方程(附 C.22)可以简化为

$$\Gamma_2 = I_G\Gamma_1 + I_aS_a \tag{4.39}$$

如果波前流动有旋,那么 $I_G\Gamma_1$ 项必须被保留在式(4.32)、式(4.33)等号右边。若已知波前速度场,则这个方程可以用来求解边界层内弯曲激波后涡度。根据初始涡度,波后涡度表达式可以变为

$$\omega_2 = \frac{v_2}{v_1}(I_G\omega_1 + v_1I_aS_a) \tag{4.40}$$

因此,对于圆锥激波,$S_a = 0$ 且来流均匀有旋,则可以写出穿过激波时的初

始涡度比:

$$\frac{\omega_2}{\omega_1} = \frac{v_2}{v_1} I_G \tag{4.41a}$$

$$I_G = \left\{ [AB]E_1'' + (B_2E_1' - B_2'E_1)A_2'' - (A_2E_1' - A_2'E_1)B_2'' \right\} / \left\{ [AB]E_2'' \right\} \tag{4.41b}$$

上述推导阐明了一个事实:求解弯曲激波尾流涡度的式(4.31)~式(4.33)只有在来流均匀无旋情况下才能使用。

4.5 在三维流动和非稳态流动中的应用

流平面被定义为包含激波前和激波后的流动向量。对于平滑的三维激波,在其表面上的每个点都必须具有两个这样的矢量,因此它具有流动平面。激波在流动平面上形成的轨迹的曲率为 S_a。垂直于流动平面以及激波面的垂流面具有曲率为 S_b 的激波轨迹。因此,通常三维激波在两个平面中形成的轨迹有两个可定义的激波曲率 S_a 和 S_b,并且对激波的维度没有明显的限制。根据 R-H 方程,很容易断定弯曲激波理论可以应用于三维激波。但是,欧拉方程(4.10)~(4.14)适用于包含弯曲激波后流线的吻切平面,并且该吻切平面通常偏离流动平面[19]。因此,CST 仅在流动平面和吻切平面共面,即它们之间的角度 ω 为零时才适用。该角度由 $\tan \omega = -(\partial p/\partial b)/(\partial p/\partial s)$ 给出,其中两个偏导数是流平面和垂流面中的压力梯度。当在垂流面中的激波轨迹曲率恒定时,即 $\partial S_b/\partial b = 0$,流动垂直压力梯度为零,如果三维流动中存在子午对称面,则会发生这种现象。例如,在零攻角处椭圆形横截面会产生具有两个正交、子午对称平面的圆周流,两个平面均包含对称轴。在这种情况下,流动平面、密切平面和对称平面是共面的,并且 CST 适用于激波与这些平面相交的任何位置。因此,在 CST 确实适用的三维激波上,存在这样的对称线,在激波上的其他点,则不存在这样的对称线。

在弯曲激波理论推导中使用的欧拉方程(4.10)~(4.14)不包含任何与时间有关的项,因此该理论通常不适用于非稳态流。但是,当流动在 (S, N) 坐标系中是自相似流动时,其中,$S = s/t$ 和 $N = n/t$,并且将欧拉方程写在 (S, N) 坐标系中,这些方程不会明显地包含时间项,此时弯曲激波理论适用。当平面激波在平面楔形体或圆锥体上方移动或平面激波围绕尖角转弯时,这种自相似流动就会以伪稳态流的形式发生[20]。

4.6 小结

本章介绍了一阶弯曲激波理论,并给出了具体的公式结果求解双曲激波面两侧的压力梯度、流线曲率和涡度,并用波前马赫数、激波角和两个激波曲率表示。推导了等压力线、等密度线、等温线和等马赫线关于压力梯度、流线曲率和涡度的方程。弯曲激波理论将平面流、轴对称流中的激波曲率和流动发散/收敛与涡度及在激波面处的压力梯度和流线曲率关联起来。该理论允许双曲激波面的上下游流动不均匀。激波前流动的发散/收敛对波后涡度的影响与横向曲率相关。一个全新的推导不仅包括波前流量不均匀性的影响,还包括流量的发散,以影响系数形式明确表示出流动梯度的表达式。

尽管一阶弯曲激波理论具有通用性强、表达式清晰、方便使用的优点,但是该理论仅能依托于弯曲激波,反映波两侧流动参数沿流线方向一阶导数之间的关系,亦即在给定相应参数的条件下,可以通过一阶弯曲激波方程组得到波后流场内流动参数沿流线方向的一阶导数(该一阶导数反映的是弯曲激波上某一点波后初始位置处的流动参数沿流线方向的导数)。若将该初始位置处的一阶导数等值运用于波后整条流线,通过简单的代数计算可以近似求得弯曲激波后流场。但是实际上弯曲激波后流场内每一条流线上流动参数的一阶导数是变化的,导致该方法的计算结果必然存在较大的误差。因此,如何提高弯曲激波理论求解超声速流场的精度,并提高其解决实际问题的能力,对于拓展高超声速飞行器的设计方法具有重要的意义。

在第 5 章,将应用一阶弯曲激波方程来推导轴对称流或平面流穿过双曲激波及其常物性线所产生的结果。对于所有例子,只要涉及斜激波,首先需要求解 R-H 方程$(4.25)\sim(4.28)$来获得 Ma_2、θ、δ 中一个关于另外两个及来流条件的关系式。求解弯曲激波方程系数需要这三个变量。很多例子中的流动都是均匀来流,以至于弯曲激波方程的左侧所有项都是 0,如果使自由流与 x 轴重合($\delta_1 = 0$),则右侧的 G 也是 0。但这种情况不适用于将方程应用在激波反射过程中的反射激波,因为反射激波前气流与轴向有夹角,并且来流有可能是不均匀有旋的。

第5章

一阶弯曲激波理论的基本应用[*]

5.1 引言

在第4章证明了一阶弯曲激波理论,并以一阶弯曲激波方程的形式呈现出来,同时介绍了使用一阶弯曲激波方程求解双曲激波面两侧的压力梯度、流线曲率和涡度的方法,推导了等压力线、等密度线、等温线与等马赫线关于压力梯度、流线曲率和涡度的方程。

本章主要介绍分析弯曲激波的工具,并列举一些一阶弯曲激波理论的简单应用,为之后更复杂的应用奠定基础。需要强调的是,弯曲激波理论的提出并不是为了深入研究某一具体问题,而是为了解决一系列流动问题。例如,马赫盘后的流动问题值得深入研究,但相比于利用弯曲激波理论了解流动情况,更应该学习弯曲激波方程的一般应用。

在本章中,之前章节证明的弯曲激波理论被应用于平面激波、圆锥激波、轴对称激波和正激波等,得到了各种情况下激波波后压力梯度、流线曲率和涡度的表达式。对于均匀来流和不均匀来流产生的正激波,本书也应用弯曲激波理论对其进行研究,所得结论可以应用于垂直物体前方的流动和马赫盘声速线后的流动。本章对波后压力梯度为零的激波和波后流线为直线的激波也都进行求解。正好相反的流线斜率可以用来解释平面激波、圆锥激波和双曲激波。利用求解特征参数曲率和强度的弯曲激波理论公式可以建立方程计算波后压力干扰的反射系数。相反地,这也导致作者发现了轴向激波(波后气流全部均匀地用来抵抗压力脉冲)表面的形状。弯曲激波理论系数表示的方程可以用来求解平

----

[*] 本章部分内容译自文献[22],已征得原作者同意。

面流和轴对称流内流线与声速线的夹角。本章列举这些应用一方面是为了表明弯曲激波理论的正确性;另一方面是为了显示弯曲激波理论很适合分析各种流动情况。设计高马赫数发动机进气道的基础就是弯曲激波理论,还有一些结论用来深入研究规则反射向马赫反射的转变。

5.2　平面激波

平面激波($S_b = 0$)常出现在尖楔物体的表面,如非后掠翼的前缘和发动机的进气道等。这种类型的激波及其相关流动有时称为二维的,但由于有两个独立空间变量的轴对称流动也是二维的,所以本书避免使用"二维"这个词,而使用"平面"来代替,以区分于二维轴对称流动。斜激波和普朗特–迈耶膨胀波都属于平面流。

5.2.1　均匀来流下的平面斜激波——一种极限情况

当使用弯曲激波方程求解此类流动时,容易发现,均匀流动中平面斜激波后的流体梯度均为零。首先,在均匀来流情况下,来流不存在梯度,因此弯曲激波方程左边项都是零。其次,对于平面斜激波,S_a 和 S_b 也是零。据此,弯曲激波方程可以简化为

$$\begin{cases}0 = A_2 P_2 + B_2 D_2 \\ 0 = A_2' P_2 + B_2' D_2\end{cases} \tag{5.1}$$

根据方程(5.1),无论 A_2、B_2、A_2' 和 B_2' 的值为多少,方程都具有唯一解 $P_2 = D_2 = 0$,因此均匀无旋来流下平面斜激波后的压力梯度和流线曲率始终为零,该结果与预期相符。

在这种情况下,由涡度方程:

$$\Gamma_2 = \frac{2\sin^2\delta}{\sin(2\theta)\sin(\theta-\delta)}S_a$$

易知,均匀来流下的平面斜激波后涡度也为零($S_a = 0$)。由以上分析可知,对于平面斜激波,在来流均匀的情况下,弯曲激波方程求解的波后流动也是均匀的。

5.2.2　均匀来流下流向曲率 S_a 不为零的单曲率激波——平面弯曲激波

如图 5.1 所示,流向曲率 S_a 不为零的单曲率激波和与之相关的流动常存在

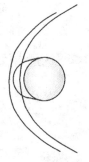

图 5.1 平面弯曲激波

于非后掠翼的弯曲前缘或垂直于流向放置的圆柱体表面。

同样地,因为来流均匀无旋,所以弯曲激波方程左边项为零,横向曲率 S_b 也是零,但与平面斜激波不同的是,流向曲率 S_a 不为零。根据这些条件,弯曲激波方程可以简化为

$$\begin{cases} 0 = A_2 P_2 + B_2 D_2 + C S_a \\ 0 = A_2' P_2 + B_2' D_2 + C' S_a \end{cases} \tag{5.2a}$$

联立方程求解,可以得到以激波曲率来表示的波后压力梯度和流线曲率分别为

$$P_2 = \frac{B_2 C' - B_2' C}{A_2 B_2' - A_2' B_2} S_a \tag{5.2b}$$

$$D_2 = \frac{C A_2' - C' A_2}{A_2 B_2' - A_2' B_2} S_a \tag{5.2c}$$

上述表达式可以用矩阵的形式进行缩写,应用最为广泛的矩阵形式表达式如下:

$$P_2 = \frac{[BC]}{[AB]} S_a \tag{5.2d}$$

$$D_2 = \frac{[CA]}{[AB]} S_a \tag{5.2e}$$

对于均匀来流,波后涡度方程为

$$\Gamma_2 = \left[\frac{C''}{E_2''} + \frac{[BC]}{[AB]} \frac{A_2''}{E_2''} - \frac{[AC]}{[AB]} \frac{B_2''}{E_2''} \right] S_a$$

方程(5.2a)~(5.2e)表明波后非常近的地方,沿流线方向的压力梯度、流线曲率、涡度均与流向曲率 S_a 线性相关。相关系数的大小和正负由方括号内的项决定,这些项是只关于来流马赫数和激波角的函数,如方程(5.2a)~(5.2c)。图5.2展示了来流马赫数为3情况下,流向曲率 $S_a = -1$ 的凸激波后的压力梯度、流线曲率及涡度,其中涡度用 G_2 表示。

对于近似正激波的凸激波,在强激波角内,压力梯度是正的,在弱激波角内,压力梯度是负的。流线曲率在强激波对称线左方为正,右方为负,弱激波相反。激波上 P_2、D_2 为 0 的点分别是 Thomas 点和 Crocco 点。这两个点对于了解弯曲

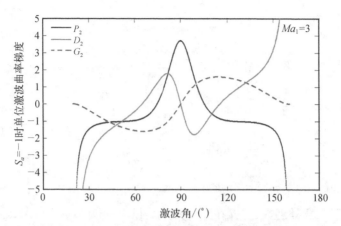

图 5.2　平面弯曲激波后压力梯度、流线曲率以及涡度

激波附近流场变化有很大帮助,如 Thomas 点常被用来区分压缩流场和膨胀流场等。

利用方程(2.13a)~(2.13c)求解波后涡度,可以发现凸的锐角激波后涡度都是负的,而凸的钝角激波后涡度都是正的。这与垂直平面产生的强激波后流动方面的特性一致。

5.2.3　平面流内的 Thomas 点和 Crocco 点

5.2.2 节定性地介绍了 Thomas 点和 Crocco 点,本小节定量地讲解 Thomas 点和 Crocco 点。首先,对于 Thomas 点,从方程(5.2d)了解到,当 $[BC] = B_2C' - B_2'C = 0$ 时,$P_2 = 0$,这种情况伴随着一个关于 δ 和 θ 的方程组:

$$(\gamma + 1)\sin(2\delta) = 8\sin(2\theta)\cos^2(\theta - \delta) \tag{5.3a}$$

$$\tan\delta_T = \frac{\alpha - 2a^2b^2 \pm \sqrt{\alpha(\alpha - 4a^2b^2)}}{2a^3b} \tag{5.3b}$$

式中, $a = \sin\theta_T$; $b = \cos\theta_T$; $\alpha = (\gamma + 1)/8$。这个方程组不包含来流马赫数,因此具有精确解。

当已知 θ_T 时,就可以利用式(5.3b)计算 δ_T,然后联立斜激波关系式和 R - H 方程:

$$\frac{\rho_1}{\rho_2} = \frac{(\gamma + 1) Ma_1^2 \sin^2 \theta_T}{(\gamma - 1) Ma_1^2 \sin^2 \theta_T + 2} \tag{5.4}$$

$$\frac{\rho_1}{\rho_2} = \frac{v_{1n}}{v_{2n}} = \frac{v_t \tan \theta_T}{v_t \tan(\theta_T - \delta_T)} = \frac{\tan \theta_T}{\tan(\theta_T - \delta_T)} \tag{5.5}$$

进而计算出马赫数为

$$\frac{1}{Ma_{1T}^2} = \sin^2 \theta_T - \frac{\gamma + 1}{2} \frac{\sin \theta_T \sin \delta_T}{\cos(\theta_T - \delta_T)} \tag{5.6}$$

利用上述方程求解波后沿流线方向压力梯度为零时 Ma_{1T}、θ_T、δ_T 的值,可以发现,对于任意马赫数,都存在一个使波后压力梯度为零的情况,这与 Thomas 早期关于弯曲激波理论的研究结果相吻合。

使平面弯曲激波后压力梯度为零的激波角在最大气流角和正激波角之间,称为 Thomas 角或激波上的 Thomas 点。对于平面弯曲激波,利用 $[BC] = B_2 C' - B_2' C = 0$ 计算得到的 Thomas 点位于波后压力梯度为零但流线曲率不为零的位置。如果波后压力梯度和流线曲率都是零,则得到一种在任何马赫数和激波角下都会产生的平面激波。

与求解 Thomas 点类似,接下来用相同的方法求解 Crocco 点。令 $[CA] = 0$,可以得到方程:

$$\sin \delta = \frac{4}{\gamma + 1} \left[\sin 2(\theta - \delta) + (Ma_2^2 - 2) \sin^2(\theta - \delta) \sin(2\theta) \right] \tag{5.7}$$

方程(5.7)与 R - H 方程:

$$\rho_1 v_1 \sin \theta = \rho_2 v_2 \sin(\theta - \delta)$$

$$v_1 v_2 \sin \theta \sin(\theta - \delta) = a_*^2 - \frac{\gamma - 1}{\gamma + 1} v_1^2 \cos^2 \theta$$

联立,可以得到 Ma_1 和 θ 的关系式,解出 θ 就可以得到使波后流线曲率为 0 的激波角 θ_c,也就是 Crocco 角,这个角所处的位置就是 Crocco 点。遗憾的是,目前,人们还没有发现方程(5.7)的精确解,因此在大多数情况下,需要利用迭代的方法来求解 Crocco 角,并人为地构造出一个关于来流马赫数的 θ_c 的函数。除此之外,Emanuel 推导出了一个关于 $w = Ma_1^2 \sin^2 \theta_c$ 的三次方程:

$$aw^3 + bw^2 + cw + d = 0 \tag{5.8}$$

式中，

$$a = -\gamma(2\gamma - 1)$$

$$b = (\gamma + 1)(2\gamma - 1)Ma_1^2/2 + (2\gamma^2 - 13\gamma + 3)/2$$

$$c = (\gamma + 1)(\gamma + 5)Ma_1^2/4 + 4\gamma - 5$$

$$d = -(\gamma - 1)(\gamma + 1)Ma_1^2/4 + (\gamma - 5)/2$$

显然，由于三次方程存在精确解，所以这种求解方法比迭代求解更快且更加精确。

对于任意一个来流马赫数，平面流中的最大气流角、波后声速点、Crocco点、Thomas 点都分别对应唯一激波角。图 5.3 展示了激波角 θ 与气流角 δ 的关系，图中每一条线都是等马赫线，从左至右马赫数依次为 1.05、1.1、1.15、1.2、1.25、1.3、1.4、1.5、1.6、1.7、1.8、1.9、2、2.2、2.3、2.4、2.6、2.8、3、3.2、3.4、3.6、3.8、4、4.5、5、6、8、10、20、10000。图 5.3 中，蓝色点表示最大偏转点，红色点表示声速点。对于平面弯曲激波，绿色点表示 Thomos 点、黄色点表示 Crocco 点。从图 5.3 中可以看出，任意马赫数（任意比热比）下的 Crocco 激波角处于声速激波角和最大气流角之间。Crocco 点处的波后流线曲率为零，但激波曲率和压力梯度不为零。当来流为轴向且激波有双曲率时，平面流内的 Crocco 激波与 Thomas 激波分别是等斜率激波和等压激波。因为对于双曲激波，Crocco 点和 Thomas 点的位置都是激波曲率比和来流马赫数的函数。Crocco 点和 Thomas 点的定义都已被一般化，不再局限于某个特定的激波角，而是分别表示激波后流线曲率为 0 和沿流线方向压力梯度为 0 的激波角。

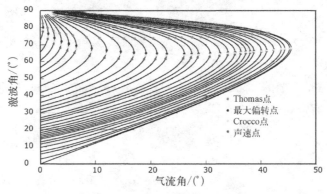

图 5.3　激波角与气流角关系图

在处理弯曲激波后流体梯度问题时,Thomas 点和 Crocco 点是方便的参考点。1987 年,Henderson 提出,通过 $[CA] = 0$ 得到的 Crocco 点可能是规则反射向马赫反射转换的过渡点。这在数学上从方程(5.2d)和(5.2e)可以轻松得到证明:对于一个有限的 D_2,当 $[CA] \to 0$ 时,激波曲率和压力梯度会变得无限大。这与 Henderson 的想法一致:转换在凹面、平面和凸面上是不同的。附体激波或反射激波后压力梯度无穷大,无论是有利的还是无利的,都势必影响激波和边界层。

5.2.4 平面流内的极流线斜率

在学习激波反射和激波相互作用时,通常用下游流动状态,如压力和流动方向来使 R-H 方程封闭。例如,平面边界上的激波反射,要求气流通过反射激波后必须转向来流方向;又如马赫反射,要求三波点处滑移线两侧波后压力和气流角平衡。这些压力或气流角条件促进了 R-H 方程在 $p\text{-}\delta$ 极坐标系的应用和在 $p\text{-}\delta$ 极坐标系中绘制激波图形的发展。

联立方程(5.4)和(5.5),可以得到 δ 关于来流马赫数和激波角的关系式:

$$\tan \delta = 2\cot \theta \left\{ \frac{Ma_1^2 \sin^2\theta - 1}{Ma_1^2 [\gamma + \cos(2\theta)] + 2} \right\} \tag{5.9}$$

该方程两边同时平方,然后联立斜激波关系式:

$$\frac{p_2}{p_1} = \frac{2\gamma Ma_1^2 \sin^2\theta - (\gamma - 1)}{\gamma + 1} \tag{5.10}$$

就可以得到 δ 关系式关于激波前后压比的关系式:

$$\tan^2\delta = \left(\frac{\xi - 1}{\gamma Ma_1^2 - \xi + 1} \right)^2 \frac{2\gamma Ma_1^2 - (\gamma - 1) - (\gamma + 1)\xi}{(\gamma + 1)\xi + \gamma - 1} \tag{5.11}$$

式中,ξ 为激波前后压比,即 p_2/p_1。

如果激波是弯曲的,那么极坐标系内激波后每一处的 P_2 和 D_2 都有一个值,而且 $p\text{-}\delta$ 平面内的气流方向可以表达为

$$l = \frac{\dfrac{1}{\rho v^2} \dfrac{\partial p}{\partial s}}{\dfrac{\partial \delta}{\partial s}} = \frac{1}{\rho v^2} \frac{\partial p}{\partial \delta} = \frac{P_2}{D_2} = \frac{[BC]}{[AC]} \tag{5.12}$$

这就是 $p-\delta$ 平面内平面激波后流线的斜率。图 5.4 是 $p-\delta$ 极坐标系下的流线图,右侧是锐角激波,代表正的气流方向,左侧是钝角激波,代表负的气流方向。对于小锐角激波,流线斜率是正的,这表明当 $S_a>0$ 时, P_2 和 D_2 都是正的;当 $S_a<0$ 时, P_2 和 D_2 都是负的。在 Crocco 点($\pm34°$)附近,由于 $[CA]\to0$,所以斜率趋近于 $\pm\infty$ 。而在 Thomas 点($\pm31°$),斜率正负发生改变,这一点斜率为零,因为 $[BC]=0$ 。对于大锐角激波,流线斜率是正的,因为波后压力梯度和流线曲率都是正的。极流线曲率独立于平面流内激波曲率。对于钝角激波,在极坐标左侧,因为流线曲率符号相反,所以流线斜率方向相反。如果激波是常规反射中的入射激波,那么方程(5.10)给出的 P_2/D_2 就必须与反射激波前的 P_3/D_3 相等,这个条件在学习常规激波反射中会用到。而对于马赫反射,它意味着 Ma^2P/D 必须与穿过滑移边界层相一致。

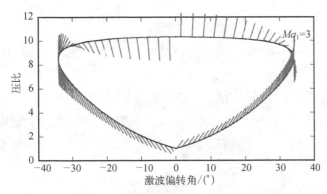

图 5.4　均匀来流下平面激波后的激波极线和极流线方向

在本节中,介绍了极流线斜率及其在激波相互作用方面的应用。极流线斜率是一条有用的"高等级"概念,通过要求入射激波、反射激波和马赫波间流线曲率的兼容性将反射激波和弯曲激波的相互作用联系起来。

5.3　圆锥激波

由于具有对热载荷和压力载荷强的承载能力,圆截面管道成为超燃冲压发动机首选的几何构造。同时,在截面积相同时,圆筒的表面积最小,因此圆截面管道的摩擦损失也是最小的,这导致了圆筒形状在进气道设计中的广泛应用。此外,因为轴流式压气机表面是圆形的,所以燃气涡轮发动机在设计进气道时也采用圆柱结构。在设计合适的空气动力学流道几何形状时,对气动效率的高要求主导了进口流动类型的选择:等熵压缩先于激波压缩,以使后者可以在最低的马赫数下产生。为此,需要对轴对称流动进行研究,本节将弯曲激波理论应用于圆锥激波来求解波后气流梯度。

当来流均匀时,$P_1 = D_1 = \Gamma_1 = 0$、$S_a = 0$、$S_b = -\cos(\theta + \delta_1)/y$。又由于来流与 X 轴平行,所以 $\delta_1 = 0$、$G = 0$。在这种条件下,弯曲激波方程可以简化为

$$\begin{cases} 0 = A_2 P_2 + B_2 D_2 \\ 0 = A_2' P_2 + B_2' D_2 + G' S_b \end{cases} \tag{5.13}$$

$$\begin{cases} P_2 = -\dfrac{B_2 G'}{[AB]}\cos\theta/y \\ D_2 = -\dfrac{A_2 G'}{[AB]}\cos\theta/y \end{cases} \tag{5.14}$$

图 5.5 展示了来流马赫数为 3,流线初始点位于激波上且距离中心线单位长度($y = 1$)时圆锥激波后压力梯度、流线曲率及涡度。从图中可以看出,灰色线 G_2 与坐标轴重合,即圆锥激波后涡度为零。由黑色线可知,对于锐角激波,波后压力梯度为正,而当激波角为钝角时,波后压力梯度为负。由虚线可知,圆锥激波后流线曲率始终为正。

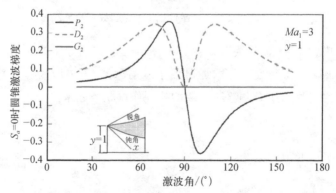

图 5.5   圆锥激波后压力梯度、流线曲率及涡度

5.3.1   均匀来流下的锐角圆锥激波

本小节将介绍一种经典的附体激波后流动——锐角圆锥激波(图 5.5 左侧

象限，$\mu < \theta < \pi/2$）。如图 5.6 所示，当超声速气流以零攻角流过一个圆锥体时，就会出现这种情况。对于这类流动，P_2 和 D_2 均为正数，锐角圆锥激波后气流压力增大，气流角也增大。从方程（5.14）可以看出，圆锥顶点附近，即 $y \to 0$ 处，P_2 和 D_2 会变得非常大，这是因为气流穿过激波后要在很短一段距离内调整参数来适应圆锥表面的条件。图 5.5 描绘了来流马赫数为 3 的条件下，P_2 和 D_2 随激波角的变化趋势，图的左侧表示锐角圆锥激波，右侧表示钝角圆锥激波，这会导致 M 流的产生。此外，注意到，B_2、A_2 和 G' 都不为 0（除了正激波），这导致圆锥激波后流线曲率和压力梯度也不为零，因此圆锥激波上也不存在 Crocco 点或 Thomas 点。

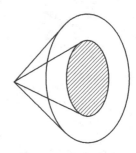

图 5.6　均匀来流下的
锐角圆锥激波

5.3.2　均匀来流下的钝角圆锥激波

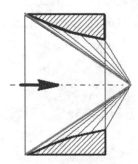

图 5.7　均匀来流下的
钝角圆锥激波

图 5.7 为均匀来流下的钝角圆锥激波［图 5.5 右侧象限，$\pi/2 < \theta < (\pi - \mu)$］。当横向曲率 S_b 为正时，波后流线曲率系数［方程（5.14）］为正，但是压力梯度系数为负，因此沿流线方向压力减小但流线斜率增大。上述流场同样可以通过使用 T－M 方程求解轴对称圆锥流获得。从方程（5.14）注意到，当接近对称轴（$y \to 0$）时，P_2 和 D_2 会变得非常大，这解释了斜激波不能到达中心线的原因，这也被认为是所有轴对称流内部规则反射过早向马赫反射转换的原因。

5.3.3　圆锥流内的极流线斜率

在圆锥流中应用方程（5.14）可以得到极流线斜率：

$$\frac{P_2}{D_2} = -\frac{B_2}{A_2} \tag{5.15}$$

这就是 p-δ 平面内圆锥流的流线斜率。它相当于平面流条件下的方程（5.12）。研究 B_2 和 A_2 的性质可以发现，p-δ 平面内的流线斜率只是来流马赫数和激波角的函数，与横向曲率 S_b 无关。图 5.8 是 p-δ 极坐标系下的流线图，左边表示锐角激波，右边表示钝角激波。

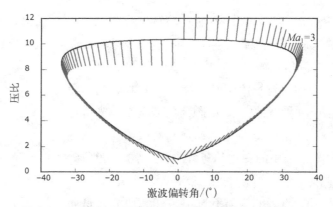

图 5.8 均匀来流下圆锥激波后的激波极线和极流线方向

5.3.4 T‐M 方程与圆锥流

为了对圆锥激波后的流动有更加直观的了解,以验证弯曲激波理论关于圆锥激波的结论,在本节的最后将对圆锥流动理论,也就是 T‐M 方程进行初步的学习。

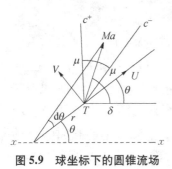

图 5.9 球坐标下的圆锥流场

对于轴对称的圆锥流,用球坐标 (r, θ) 来描述是最好不过的,如图 5.9 所示,r 表示坐标内一点到原点的距离,θ 表示从尾流方向测得的夹角。任何情况下,原点都是圆锥激波的顶点,位于中心对称线上。气流在径向和角度上的速度分量分别是 U 和 V。沿流线方向作相似三角形即可得到流线方程为

$$dr/d\theta = rU/V \tag{5.16}$$

原始 T‐M 方程是一个自变量为激波角 θ,因变量为径向流速 U 的非线性二阶全微分方程:

$$0 = \frac{\gamma-1}{2}\left[1 - U^2 - \left(\frac{dU}{d\theta}\right)^2\right]\left[2U + \frac{dU}{d\theta}\cot\theta + \frac{d^2U}{d\theta^2}\right]$$
$$- \frac{dU}{d\theta}\left[U\frac{dU}{d\theta} + \frac{dU}{d\theta}\left(\frac{d^2U}{d\theta^2}\right)\right] \tag{5.17}$$

这个方程适用于理想气体的定常圆锥流。至今科学家还没有发现方程(5.17)的精确代数解,也没有发现求解类以上述二阶方程的数值化方案。但是,通过添加一个自变量 V,方程(5.17)可以分解成两个可以用标准数值方法求解

的一阶方程, 也就是极坐标系内 r 方向和 θ 方向的动量方程[23]:

$$\frac{\mathrm{d}V}{\mathrm{d}\theta} = -U + \frac{a^2(U + V\cot\theta)}{V^2 - a^2} \tag{5.18}$$

$$\frac{\mathrm{d}U}{\mathrm{d}\theta} = V \tag{5.19}$$

式中, a 为声速, 通过能量方程可以转换为速度和总条件的表达式。方程(5.19)所处状况也是无旋的, 这意味着圆锥流动必须是无旋的。将方程中速度的分量改写为马赫数的分量, 边界条件也以马赫数分量来表达, 就可以直接应用于求解方程。

T – M 方程用 u 和 v 重写, $u = U/a$、$v = V/a$, 可以得到

$$\frac{\mathrm{d}u}{\mathrm{d}\theta} = v + \frac{\gamma - 1}{2}uv\frac{u + v\cot\theta}{v^2 - 1} \tag{5.20}$$

$$\frac{\mathrm{d}v}{\mathrm{d}\theta} = -u + \left(1 + \frac{\gamma - 1}{2}v^2\right)\frac{u + v\cot\theta}{v^2 - 1} \tag{5.21}$$

这两个方程看起来比式(5.18)和式(5.19)更加复杂, 这种形式的 T – M 方程揭示了 $v = \pm 1$ 时的单一特性, 因为上述方程分母 $v^2 - 1$ 会产生奇点。

接下来, 本节将介绍圆锥流动理论在四种流场(来流或尾流是均匀流)的应用。如图 5.10 所示, 这四种流动类型分别为圆锥流、Busemann 流、M 流、W 流。

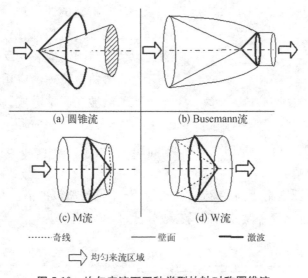

图 5.10 均匀来流下四种类型的轴对称圆锥流

这四种流动的一般特征是它们的上游边界或下游边界都紧邻均匀平行气流,其中 Busemann 流的来流和尾流都是均匀流,Godzowskii 系统地研究过这种流动。在很多教科书中,圆锥流被认为是一种最为通俗易懂的经典超声速流,在本书中,出于完整性考虑,也对其进行了简单的介绍,介绍不常见的 W 流也是出于这个原因,它从来流奇点开始,继而膨胀,然后穿过圆锥激波,称为均匀尾流,但是至今人们还没有发现它在流动结构设计上的实用价值。Busemann 流具有四个独一无二的流动结构特征:① 弯曲表面内流;② 独立的圆锥激波;③ 轴对称中心压缩扇形;④ 来流和尾流都是均匀流。M 流是另外一种圆锥流,可以描绘进气道表面的一部分。圆锥流也有一些有趣的流体结构特征:一个奇点和一种压力减小的收敛气流。它适合用来设计前缘以产生内部圆锥激波。Busemann 流和 M 流都会产生圆锥激波,该激波或是从对称中心线向外发散,或是向对称中心线收敛。研究这类激波对设计进气道流场极为重要,同样地,其对于理解弯曲激波的入射和反射基本理论也极为重要。

圆锥流和 W 流:超声速气流以零攻角流过轴对称圆锥是 T‐M 方程最常见的应用,这个解是数字计算机的首次应用,发生在约 60 年前,因此很多教科书定义它为经典压缩流。这里介绍这种流动是因为圆锥体常用于设计轴对称进气道的中心体。进气道的这种设计会使得中心体产生的激波在内表面反射,从而使发动机以高于设计马赫数的速度运行。同样地,对于一些更基础的应用,圆锥产生的圆锥激波可以从封闭圆筒内表面反射,如图 5.11所示。将弯曲激波理论应用于这种反射,已知入射激波是圆锥激波,所以对于单位楔环,$S_a = 0$、$S_b = -\cos\theta$。 在这种情况下,所有原始变量,包括反射点的梯度和涡度、反射激波曲率,都可以利用弯曲激波理论进行求解。

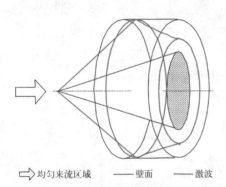

⇨均匀来流区域　——壁面　——激波

图 5.11　激波在圆筒内部反射的轴对称圆锥流

为了计算圆锥流,假定来流马赫数为 Ma_1,圆锥激波的激波角为 $\theta_{12}(\mu_1 < \theta_{12} < \pi/2)$,那么紧邻激波后的马赫数分量 u_2 和 v_2 分别为

$$u_2 = \frac{(\gamma + 1)Ma_1^2 \sin\theta_{12}\cos\theta_{12}}{\sqrt{[2\gamma Ma_1^2 \sin^2\theta_{12} - (\gamma - 1)][(\gamma - 1)Ma_1^2 \sin^2\theta_{12} + 2]}} \quad (5.22)$$

$$v_2 = \sqrt{\frac{(\gamma + 1) Ma_1^2 \sin^2\theta_{12} + 2}{2\gamma Ma_1^2 \sin\theta_{12} - (\gamma - 1)}} \tag{5.23}$$

这些就是激波后尾流的初值,用来积分方程(4.4)和(4.5),使得 θ 逐渐减小直到 $v_2 = 0$,圆锥表面就形成了,积分也就完成了。

Busemann 流:高马赫数吸气式发动机,如超燃冲压发动机的热力循环计算显示,这些发动机的进气道收缩比达 6~10,压比达 10~20,而且要保证总压损失最小。除了高收缩比和高压比,高性能进气道还取决于来流马赫数、进气道侧面轮廓及沿气流方向的轮廓。1944 年,Busemann 从数学上证明了轴向和圆锥形对称流动的可能性,该流动以超声速和均匀的自由流开始,等熵地压缩和收缩,最后通过圆锥激波以较低的马赫数转换为平行和均匀的流动。1966 年,Mölder 和 Szpiro 建议将 Busemann 流场作为高超声速进气道一代模型的基础,Busemann 进气道性能图呈现了进气道的压比、收缩比和效率。1968 年,Mölder 和 Romeskie 利用乘波体理论提出了一种概念:选择 Busemann 对称流的一部分来得到启动性能加强的模块化的阻波器进气道。他们还呈现了 Busemann 进气道全版本和模块化(流线追踪)的试验结果。1992 年,Mölder 等在来流马赫数为 8.33 的情况下,将 Busemann 进气道性能与普朗特-迈耶进气道和 Oswatitsch 进气道性能进行对比,并在 van Wie 和 Mölder 的建议下将它应用于飞行器。上述工作说明了 Busemann 流(轴对称、圆锥对称、来流为马赫锥、尾流为激波锥)确实存在,而且其相关特性决定了它适合用来设计超声速进气道和高超声速进气道。接下来介绍一些 Busemann 流的最新特性。

1) Busemann 流简介

对于 Busemann 流,在高马赫数时压缩是等熵的,只有在低马赫数时气流才会穿过激波。弱激波后气流无旋、均匀且与来流平行。沿流线方向压力梯度很高,但在边界上则相反。高总压恢复和马赫数的大幅下降使得效率变高。例如,Busemann 进气道的马赫数从 8.33 降低到 2.8,同时总压恢复为 0.91。在制订详细方案时,可以先大约确定出口条件和效率(适合初始设计就好)。另外,选择一个足够低的激波前后压比使得边界层附着于激波碰撞点,然后考虑所有满足这一条件的进气道。Busemann 设计方法的另外一个优点是表面轮廓和进气道工作环境非常容易计算,但可能会有多个解。利用 CFD 计算不同马赫数下给定的 Busemann 流表面轮廓,可以发现出口流场是相同的。这个发现使得进气道可以适用于双转子发动机,至于是亚声速燃烧还是超声速燃烧则取决于来流马赫数,这需要进一步分析。

图 5.12 为 Busemann 流表面轮廓。自由来流(状态 1)从左侧流入,穿过马赫锥等熵压缩至偏转锥(状态 2),然后穿过圆锥激波成为均匀平行尾流(状态 3)。气流是轴对称的,也是圆锥对称的,而且全场无旋。从状态 1 到状态 3,气流收缩并且在激波处有总压损失。对 Busemann 流线进行详细检测发现,流线上游向中心线弯曲,流线下游背离中心线弯曲,这两部分被偏转点分开。粗灰色线表示基圆处于 Busemann 流线偏转点上的圆锥。偏转点圆锥对进气道内超声速气流的形成有特殊意义。

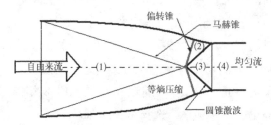

图 5.12 Busemann 流表面轮廓

2) Busemann 流理论和进气道性能

Busemann 流及其流线可以从 T－M 方程式(5.20)和式(5.21)求出。将方程对 θ 积分,积分范围是自由来流(状态 1)至圆锥激波(状态 2)前。为了求解方程,还需知道 u_2、v_2 和 θ_2 的初值。确定初值的方法是使波后尾流与自由来流平行,这是气流进入燃烧室前最基本的要求。需要利用这个条件来找到 u_2、v_2 和 θ_2 的关系式。根据波前马赫数 Ma_2 和激波角 θ_{23},径向马赫数和圆周马赫数可表示为

$$u_2 = Ma_2\cos\theta_{23} \tag{5.24}$$

$$v_2 = -Ma_2\sin\theta_{23} \tag{5.25}$$

气流偏转角可以通过偏转角和马赫数方程求得

$$\tan\delta_{23} = \frac{2\cos\theta_{23}(Ma_2^2\sin^2\theta_{23}-1)}{2Ma_2^2(\gamma+1-2\sin^2\theta_{23})} \tag{5.26}$$

那么激波角度位置,即积分变量的初值为

$$\theta_2 = \theta_{23} - \delta_{23} \tag{5.27}$$

现在将方程式(5.20)和式(5.21)从 θ_2 积分到 $\theta_1 = \pi - \mu_1$。由于最初并不知道 θ_1 的值,所以在垂向马赫数或横向马赫数 $(u\sin\theta + v\cos\theta)$ 值为 0 之前,积分

都是连续的,这说明已经积分到来流。注意到,积分之前,可以利用总压比计算
进气道效率:

$$p_{t3}/p_{t2} = \left[\frac{(\gamma + 1)k^2}{(\gamma - 1)k^2 + 2} \right]^{\frac{\gamma}{\gamma-1}} \left(\frac{\gamma + 1}{2\gamma k^2 - \gamma + 1} \right)^{\frac{1}{\gamma-1}} \quad (5.28)$$

尾流马赫数:

$$Ma_3^2 = \frac{(\gamma + 1)Ma_2^2 k^2 - 4(k^2 - 1)(\gamma k^2 + 1)}{[2\gamma k^2 - \gamma + 1][(\gamma - 1)k^2 + 2]} \quad (5.29)$$

式中, $k^2 = Ma_2^2 \sin^2\theta_{23}$。

实际上,可以先规定效率大小,然后从方程(5.28)中解出 k,再规定尾流马赫数 Ma_3,利用式(5.29)反向求解 Ma_2。那么 $\theta_{23} = \arcsin(k/Ma_2)$、$u_2 = Ma_2\cos\theta_{23}$、$v_2 = Ma_2\sin\theta_{23}$,之后就可以利用式(5.26)和式(5.27)求解 θ_2 和 δ_{23},并开始积分直到 $(u + v\cot\theta) \geq 0$。在积分之前,确定尾流马赫数和进气道效率使得这个方法非常适合进气道初始设计阶段。但是有时积分求得的来流马赫数并不是人们希望的。因此,需要对输入条件 p_{t3}/p_{t2} 和 Ma_3 进行迭代,直到达到飞行器要求的马赫数。这种不便是假设圆锥激波所带来的计算简便产生的代价。在来流条件下,任意马赫数都可能得到无穷多种进气道。这与来流条件下奇点外观一致,也使得在特定马赫数下开始积分是不可能实现的,会得到无数种流线,无法确定适合的来流边界条件。

从初始条件开始对 T - M 方程进行积分可以得到来流马赫数 Ma_1。计算结果显示于图 5.13 中,每个点代表一种情况。对于每种情况,首先从 1 ~ 8 选择 Ma_2 的值,之后 k 在 1 ～ Ma_2 循环取值。对于每一个 Ma_2 和 k,都可以计算出总

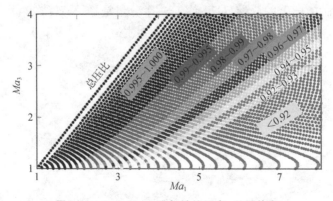

图 5.13　Busemann 进气性能图表-总压恢复

压比和 Ma_3。对 T-M 方程进行积分,得到来流马赫数 Ma_1,将点绘于 Ma_1 与 Ma_3 关系图 5.13 中,点的颜色由总压比决定。

图 5.13 中每个点都代表一种由尾流激波计算得到的来流的 Busemann 进气道。已知尾流、来流马赫数和总压比,就可以利用这张图来设计 Busemann 进气道。三个参数知道其中两个,就可以求出第三个。例如,Busemann 进气道来流马赫数和尾流马赫数分别为 7 和 3,则总压恢复为 0.95。这张图表达了进气道所有性能:Ma_1 和 Ma_3 表示进气道性能,p_{t3}/p_{t1} 表示效率。

3)Busemann 流的流线和半径

当沿流线方向积分方程式(5.20)和式(5.21)时,发现通过积分流线方程可以得到 Busemann 流线形状 $r = f(\theta)$。球坐标内流线方程为

$$\mathrm{d}r/\mathrm{d}\theta = ru/v \tag{5.30}$$

由于 r 并没有出现在式(5.20)或式(5.21)中,方程(5.30)可以与式(5.20)和式(5.21)分开积分。尽管这个方程不是耦合的,但它沿着式(5.20)或式(5.21)积分非常容易。积分之前需要指定边界条件:当 $\theta = \theta_2$ 时,$r = r_2 = 1$。那么流线式(5.30)的起点为 $(r, \theta) = (1, \theta_2)$。其他流线方程起点处的 r_2 较小,但圆锥对称都是几何相似的,只需根据各自的 r_2 值进行等比例缩小即可。这个重要性能使得可以通过等比例缩小 Busemann 流线坐标来构造三维进气道表面。由式(5.26)可知,波前流线角为 $\delta_2 = -\delta_{23}$。从下游到上游,相对于偏转点,气流角增加了几度(一般是 6° ~ 10°),之后在来流处减为 0°。幸运的是,至今做的所有积分都终止于零气流角,即与来流平行。如果不是这样,则 Busemann 流线表面无法压缩来流,也就无法产生进气道表面。至今也没有发现产生这种幸运现象的原因。注意到,在式(5.20)和式(5.21)中,$u\sin\theta + v\cos\theta$ 表示马赫数在垂直于对称轴方向上的分量,对于来流,这个分量是零,马赫波处 $(v=1)$ 也是如此,以至于两个方程中的 $u + v\cot\theta$ 或 $v^2 - 1$ 在来流处都变成了 0。经过一系列代数过程,式(5.20)和式(5.21)简化为

$$\mathrm{d}u/\mathrm{d}\theta = v \tag{5.31}$$

$$\mathrm{d}v/\mathrm{d}\theta = -u \tag{5.32}$$

解得

$$u = Ma_1\cos\theta \tag{5.33}$$

$$v = -Ma_1\sin\theta$$

这定义了来流方向的均匀流动，因此由 T‑M 方程可知，一个变化的圆锥 Busemann 流可以与均匀平行流动平滑融合。因为从来流积分，式（5.31）和式（5.32）始终会得到式（5.33）表示的退化均匀流，所以显然不能从来流开始积分。实际上，给定马赫数和均匀平行来流会得到无数的解，而且现在没有一个合理的方法来确定来流边界层，从而得到一个满意的出口流场。

4）特征线和中心对称压缩扇形

特征线是超声速流中的两类交线。特征线是有物理意义的，因为它们描绘了空间中影响某特定点流动状态的区域和依赖某点流动状态的区域。沿着这些线选择的特征线使得偏微分方程转换成全微分、有限差分方程，这样就可以得到流场的数值解。或者，如果采用了某种无特征线法建立了超声速流场，特征线也可以被计算并描绘，还有对特征线产生影响和因果的合理推断也可以被画出。C^+ 和 C^- 特征线（或者 α 和 β）与当地流线夹角为 $\pm\mu$，$\mu = \arcsin(1/Ma)$。在极坐标中，α 和 β 特征线形状可由下式积分获得

$$\left(\frac{\mathrm{d}r}{\mathrm{d}\theta}\right)_{\alpha,\,\beta} = r\cot(\delta - \theta \pm \mu)$$

式中，加号代表 α 特征线；减号代表 β 特征线。在 $x - y$ 坐标内积分可得 α 特征线：

$$\left(\frac{\mathrm{d}x}{\mathrm{d}\theta}\right)_{\alpha} = \frac{r\cos(\delta + \mu)}{\cos\left(\dfrac{\pi}{2} - \delta - \mu\right)}$$

$$\left(\frac{\mathrm{d}y}{\mathrm{d}\theta}\right)_{\alpha} = \frac{r\sin(\delta + \mu)}{\cos\left(\dfrac{\pi}{2} - \delta - \mu\right)}$$

以及 β 特征线：

$$\left(\frac{\mathrm{d}x}{\mathrm{d}\theta}\right)_{\beta} = \frac{r\cos(\delta - \mu)}{\cos\left(\dfrac{\pi}{2} - \delta + \mu\right)}$$

$$\left(\frac{\mathrm{d}y}{\mathrm{d}\theta}\right)_{\beta} = \frac{r\sin(\delta - \mu)}{\cos\left(\dfrac{\pi}{2} - \delta + \mu\right)}$$

在积分 T‑M 方程的循环中对特征线进行积分很容易，这种方法曾用于上

述 T - M 方程解中叠加特征线。图 5.14 描绘的是马赫数 5.77 进气道的特征线，特征线网格覆盖在 Busemann 流场。α 特征线都始于马赫锥并向远离对称轴方向延伸，交于表面流线或激波前表面。β 特征线始于表面并向轴向延伸。来流马赫锥是第一条 β 特征线，与轴向夹角为 μ_1。激波旁剩余特征线与轴向夹角为 $\delta_2 + \mu_2$，不是 μ_1。图 5.15 是一个简化图，描绘的是位于中心 O 处的 Busemann 进气道 $B_1B_2B_3$，OB_2 是圆锥激波，流线 S_1S_2 穿过激波。特征线 C_α 和 C_β 从 S_1 点射出，由于 S_1 是流线上一点，所以 C_β 特征线经过 O 点，C_β 特征线与 Busemann 进气道交于 B_2。

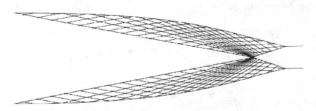

图 5.14　Busemann 流中的特征线

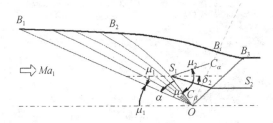

图 5.15　中心 O 处的 Busemann 进气道

　　推导特征线的倾斜角会得到 $\alpha = \mu_2 + | \delta_2 | - \mu_1$，因为 $Ma_2 < Ma_1$，所以 $\mu_2 > \mu_1$，α 一定大于 0。扇形 OB_1B_2 的区域角 α 内充满 B_2B_3 特征线。β 特征线组成的扇形 OB_1B_2 是中心轴对称压缩扇形，类似于平面流中的普朗特-迈耶扇形。从表面 B_2B_3 射出的 B_2B_3 特征线都交于激波 OB_3，显然，在激波近端面一小段区域是由 Busemann 进气道表面较长的长度所决定的。表面到激波长度比很大，表明了前缘形状在决定总激波形状时影响并不大。而长的前缘表面长度会使得边界层变厚、黏性损失变大，以至于在设计实际进气道表面时，将前缘截断来最小化前缘激波损失和边界层损失。B_i 是 Busemann 流线上的偏转点，虚线 OB_i 是偏转线，绕轴旋转会产生一个圆锥偏转面。

　　5）Busemann 流线上的偏转点

　　尽管偏转点在数学上一般是 T - M 流的一部分，但是现在是以 Busemann 流来讨论的,因为在四种圆锥流中,它只存在于 Busemann 流。现在推导求解 T‑M 流线曲率的方程,发现流线上存在零曲率点和有限曲率点。Busemann 流线上有两个零曲率点,其中一个位于 Busemann 进气道入口(有特殊意义)。图 5.15 中虚线表示典型 Busemann 流中的圆锥偏转面。T‑M 流线方程是

$$\mathrm{d}r/\mathrm{d}\theta = ru/v$$

式中, u 和 v 分别为马赫数在径向和角度上的分量。对 θ 再求导得到

$$\frac{\mathrm{d}^2 r}{\mathrm{d}\theta^2} = -r\frac{u}{v^2}\frac{\mathrm{d}v}{\mathrm{d}\theta} + \frac{r}{v}\frac{\mathrm{d}u}{\mathrm{d}\theta} + \frac{ru^2}{v^2} \tag{5.34}$$

极坐标中一条平面曲线的曲率是

$$D = \left(\frac{\partial \delta}{\partial s}\right) = \frac{r^2 + 2\left(\dfrac{\mathrm{d}r}{\mathrm{d}\theta}\right)^2 - r\dfrac{\mathrm{d}^2 r}{\mathrm{d}\theta^2}}{\left[r^2 + \left(\dfrac{\mathrm{d}r}{\mathrm{d}\theta}\right)^2\right]^{\frac{3}{2}}} \tag{5.35}$$

将导数用式(5.30)和式(5.24)进行替换,可以得到

$$D = \frac{r^2 + 2\left(\dfrac{ru}{v}\right)^2 + r^2\dfrac{u}{v}\dfrac{\mathrm{d}v}{\mathrm{d}\theta} - \dfrac{r^2}{v}\dfrac{\mathrm{d}u}{\mathrm{d}\theta} - \left(\dfrac{ru}{v}\right)^2}{\left(r^2 + \dfrac{r^2 u^2}{v^2}\right)^{\frac{3}{2}}} \tag{5.36}$$

表达式中的导数 $\mathrm{d}v/\mathrm{d}\theta$ 和 $\mathrm{d}u/\mathrm{d}\theta$ 在 T‑M 方程式(5.20)及式(5.21)中给出,所以曲率可以简化为

$$D = \frac{uv(u + v\cot\theta)}{r(v^2 - 1)(u^2 + v^2)^{\frac{3}{2}}} \tag{5.37}$$

这个方程将 T‑M 流线曲率、极坐标 r 与 θ、马赫数分量在极坐标下的分量 u 与 v 联系在一起。通过研究式(5.37),可以发现 T‑M 流线的一些重要特性:

(1) 因为 D 与 r 成反比,所以当 $r \to 0$ 时, $D \to \infty$。这意味着,在 T‑M 流原点处流线曲率很高。这是气流流过圆锥的必要条件,因为圆锥顶端紧邻波后处的气流必须进行巨大调整才能达到圆锥所要求的倾斜角。这是由于圆锥激波产生的气流偏转角不足以使气流与圆锥表面平行。类似地,高曲率流线可能会出现在 Busemann 流和 M 流的原点。圆锥流并不是圆锥对称的(也就是与 r 无

关），但自变量梯度，如流线曲率，是与 r 成反比的，这也适用于其他气流参数梯度。

（2）T-M 流线在 $v = 0$ 处有一个渐近条件。对于气流流过圆锥，圆锥表面处 $v = 0$，这意味着流线是渐近地接近表面的。在 W 流和 M 流中没有 $v = 0$ 或 $u = 0$ 的渐近条件，在 Busemann 流中也没有 $v = 0$ 的条件。

（3）当 $u = 0$ 时，$D = 0$。这意味着，流线在径向马赫数为零的位置有一个偏转点。对于气流流过圆锥，不会出现 $u = 0$ 的情况，M 流也是如此，以至于对于这两种流动，流线曲率都是单调递增的。然而对于 Busemann 流，存在一个位置 θ_0，流线曲率在该位置会发生变化，由凹向对称轴转换为凸向对称轴，即负曲率变为正曲率。对 T-M 方程积分显示 θ_0 一般位于 $[\theta_2，\pi/2]$（第一象限），如图 5.15 虚线所示的 Busemann 激波上游。每一条 Busemann 流线都有一个偏转点，所有偏转点形成了一个圆锥面。在这个角位置，气流都垂直于半角为 θ_0 的内流圆锥表面，因为这里的马赫数都是超声速的，所以会产生一个圆锥正激波。形成这样的激波需要在偏转点上游有足够的溢流，然后通过限制内收缩比来实现自启动。圆锥正激波紧邻波后的气流是与轴向成一定角度的。但这不适用于轴上的点，因为轴上气流一定要与轴平行。这个 $r \to 0$ 型的奇点与前面描述的锥尖奇点类似，试验和 CFD 都无法证明它的存在。如果圆锥正激波后收缩尾流没有导致壅塞，正激波就会被吞入，进气道就可以自启动。人们还没有意识到 Busemann 流的这个特征，但在设计自启动超声速或高超声速进气道时，这个特征有重要意义。这与 Kantrovitz 的自启动准则类似，只不过在这种情况下一维正激波转换成了圆锥正激波。

（4）$u + v\cot\theta = 0$ 处也存在一个偏转点。$u + v\cot\theta$ 是马赫数垂直于流动轴的分量。对于 Busemann 流，只有在 Busemann 流融入来流时它才为零。因此，Busemann 流前缘气流偏转角为零，曲率也为零。学术上说，前缘波既不是压缩波，也不是膨胀波，而是零强度的马赫波，也就是说，来流通过 Busemann 流前缘既不会偏转，也不会弯曲，这意味着，按 Busemann 流设计的高超声速进气道前缘完全无法使气流压缩。这样可以通过缩短前缘表面的长度来减少黏性损失，而不用担心出现严重的流量损失。对于 M 流，$v = 1$ 奇点的存在（后面会介绍），导致 $u + v\cot\theta = 0$ 的情况并不会出现，以至于波后气流不会与来流平行。从实际的角度来看，这是不幸的，因为它意味着均匀来流，如圆锥流或 Busemann 流，无法形成 M 流尾流。从根本上说，它阻止了圆锥激波在对称中心上发生反射。

（5）当 $v \to \pm 1$、$D \to \infty$ 时，曲率为无穷，意味着流线存在尖点或拐角，也意味着奇点或一条限制线。这样的限制线只存在于 M 流和 W 流,不存在于圆锥流和 Busemann 流。

(6) 式(5.37)的分母就是 Ma_3。对于所有流场,它都是正的,而且除了强制流线在高超声速变直,对 D 不会产生剧烈影响。

M 流:高超声速进气道前缘会有一些钝,目的是解决传热率高的问题。钝头会引起气流偏转和前缘激波打到中心线,激波会被进气道捕获,产生气流畸变和能量损失。相互作用的收敛激波,尤其是位于对称中心附近的,会产生马赫反射和复杂流场,这些都是很难预测和控制的。平面激波和均匀偏转气流的一一对应关系并不适用于对称弯曲激波,对称弯曲激波产生了弯曲流线和气流参数梯度。弯曲激波内部流动理论不适用于奇点,Mölder 和 Rylov 提出,M 流是一维轴对称圆锥内部流动。M 流的轴对称性和圆锥对称性使得它易于设计,而且非常适用于非平面进气道前缘表面。M 流已经被详细研究过,因为它是由轴对称进气道内部前缘处流动偏转引起的气流和激波结构。其采用的坐标系是极坐标系, u 和 v 分别是马赫数在 r 和 θ 方向的分量,所以有

$$Ma^2 = u^2 + v^2$$

M 流场出现在均匀来流条件下的轴对称圆锥激波后。环内表面使得气流转向对称轴,如图 5.10(c)所示。这种流动出现在前缘角有限的进气罩锋利前缘处。M 流与圆锥流的边界条件基本相同,除了激波角位于第二象限,角度是 $\pi/2 \sim \pi - \mu_1$。在所有计算情况下, θ 不断减小(顺时针)的积分过程,都会终止于 $v = -1$ 的奇点处(限制线)。在该 θ 角,流线会偏转或出现尖点,即回流。这在物理上是说不通的,意味着所有假设,包括质量守恒、能量守恒、动量守恒、状态方程、无黏流、轴对称流、圆锥流和平滑流线在某个 θ 角下都无法成立。方程(5.37)表明奇点处曲率为有限值——一个急转弯。中心化普朗特-迈耶扇形流动通常会出现在这样的急转弯处,称其为 M 流场是因为激波和表面形状与逆时针旋转 90° 的字母 M 相似。

5.4　双曲激波

双曲激波含有两个不为零的曲率:流向曲率 S_a 和横向曲率 S_b。当来流均匀,方向与坐标轴平行时,弯曲激波方程可以简化为

$$0 = A_2 P_2 + B_2 D_2 + C S_a \tag{5.38}$$

$$0 = A_2' P_2 + B_2' D_2 + C' S_a + G' S_b$$

解得

$$P_2 = \frac{[BC]}{[AB]} S_a + \frac{B_2 G'}{[AB]} S_b \tag{5.39a}$$

$$D_2 = \frac{[CA]}{[AB]} S_a - \frac{A_2 G'}{[AB]} S_b \tag{5.39b}$$

式(5.39a)和式(5.39b)等号右边第一项都与流向曲率有关,第二项都与横向曲率有关。第二项引起的流动现象有时称为收敛影响。因为流动面包含来流速度向量和尾流速度向量,所以即使在三维空间中,流动面也始终是双曲激波的一个重要参考面。在流动面内可以测得激波角和 S_a,通过横截面的激波轨迹可以得到 S_b。 这样可以通过式(5.39a)和式(5.39b)求得激波后的 P_2 和 D_2,进而求得极流线斜率:

$$\frac{P_2}{D_2} = \frac{[BC]R + B_2 G'}{[CA]R - A_2 G'} \tag{5.40}$$

式中, $R = S_a/S_b$。 这表明通过改变激波曲率比 R,斜率可以是任意值。

当飞机飞行时,来流大多数是均匀无旋的,而且方向与坐标轴平行,即 $\delta_1 = 0$。 在吸气式发动机中,燃烧室对气流有所要求,即进气道内最后一道激波后气流必须是均匀的。对于边界上的激波反射,反射激波后气流必须与边界平行且曲率为零,即 $\delta_2 = 0$、$D_2 = 0$。 同理,激波反射中的入射激波后极流线方向必须与反射激波前极流线方向相同。因此,接下来将学习波后压力梯度为零的激波与波后流线曲率为零的激波。

5.4.1 Thomas 双曲激波和 Crocco 双曲激波

当波后压力梯度为零时,由式(5.39a)可得

$$R_P = \left(\frac{S_a}{S_b} \right)_P = - \frac{B_2 G'}{[BC]} \tag{5.41}$$

利用这个激波曲率比关系式,可以找到双曲激波后压力相对不变的区域。激波上这样的点称为 Thomas 点或等压点,而式(5.41)表示的就是等压条件。对

于平面流 $(S_b = 0)$，出现等压情况的条件是：激波是斜激波 $(S_a = 0)$ 或处于 Thomas 点。对于平面流，Thomas 点、Crocco 点分别定义为 $[BC] = 0$ 和 $[CA] = 0$。 Thomas 点压力梯度并不一定为零，它等于 $\{B_2 G' / [AB]\} S_b$。 只有平面激波 Thomas 点上的压力梯度才为零。

将 $D_2 = 0$（波后流线曲率为零）代入式（5.39b）得到

$$R_D = \left(\frac{S_a}{S_b} \right)_D = \frac{A_2 G'}{[CA]} \tag{5.42}$$

利用这个激波曲率比关系式，可以找到双曲激波后流线为直线的区域。激波上这样的点称为 Crocco 点或等斜率点，式（5.42）表示的就是等斜率条件。对于平面流 $(S_b = 0)$，出现等斜率情况的条件是：激波也是平面激波 $(S_a = 0)$ 或处于 Crocco 点。对于给定的 γ、马赫数和激波角，通过选择适当的激波曲率比，将等压或等斜率激波面分别绘于图 5.16 和图 5.17。图 5.17 绘出了当单位环楔

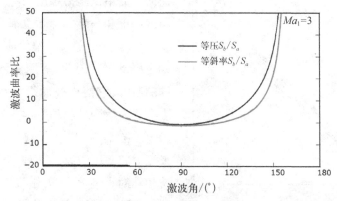

图 5.16　均匀来流下的双曲激波

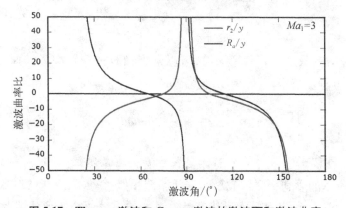

图 5.17　Thomas 激波和 Crocco 激波的激波面和激波曲率

表面压力梯度为零时,激波角和单位环楔前缘曲率半径 r_2 的关系曲线。类似地,图 5.17 中也绘出了表面曲率为零时,激波角和激波曲率半径 R_a 的关系曲线。

对于水平来流下的轴对称激波,有

$$S_a = \frac{d\theta}{d\sigma} = \frac{d\theta}{dy}\frac{dy}{d\sigma} = \frac{d\theta}{dy}\sin\theta$$

$$S_b = -\cos\theta / y$$

对于等压激波,将 $P_2 = 0$ 代入式(5.39a)可得

$$\frac{dy}{y} = -\frac{[BC]}{B_2 G'}\tan\theta d\theta \tag{5.43}$$

这是一个全微分方程,变量 y 和 θ 分离,因此通过简单的积分就可以得到波后压力梯度为零的激波的形状函数 $y = f(\theta)$。同时,马赫数梯度也是零,因此等压激波后不仅压力梯度为零,速度梯度、温度梯度和马赫数梯度也都为零。由于压力梯度和温度梯度都为零,所以密度梯度也是零。因此,等压激波是一种特殊的激波,它使得波后沿流线方向上大多数热力学变量和动力学变量的梯度都为零。图 5.18 绘出了马赫数 2~8 均匀来流下的等压激波。轴对称等压锐角激波和轴对称等压钝角激波都有可能出现。平面流内不会出现等压激波面,只会出现等压点,而且只有在 Thomas 激波角下才会出现。

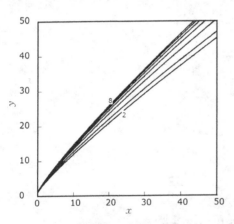

图 5.18 马赫数 2~8 均匀来流下的等压激波

用同样的方法处理等斜率激波,可以得到轴对称等斜率激波面(波后流线曲率为零)方程。将 $D_2 = 0$ 代入式(5.39b)得到

$$\frac{dy}{y} = -\frac{[CA]}{A_2 G'}\tan\theta d\theta \tag{5.44}$$

式(5.43)和式(5.44)等号右侧是关于 θ 的复杂函数,而且需要数值积分。如图 5.19 所示的等斜率激波轮廓与等压激波相似,锐角激波和钝角激波都可能出现,且产生这些激波的物体形状都是轴对称的。设计物体形状涉及某种有限

差分方法,差分范围从激波到物体表面。因为物体表面并不是唯一的,所以得到的结果有时会是很奇怪的形状,可能有交叠和尖点,也可能根本就不存在。

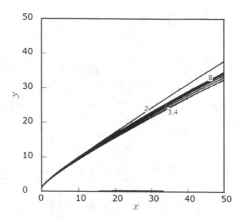

图 5.19   马赫数 2~8 的均匀来流下的等斜率激波

等压激波和等斜率激波作为入射激波,对任何可能的反射激波都呈现出一种独一无二的流动。例如,规则反射向马赫反射的转换,作者认为它会受到压力梯度或流线曲率影响,那么通过引入等压入射激波和等斜率入射激波,就可以在缺少这些梯度的情况下研究转换,这是因为如果压力梯度和流线曲率都不存在,那么激波曲率对转换不会产生影响,或者进一步说,如果入射激波产生的梯度有助于形成反射激波,那么它们的缺失或逆转会延迟转换。要知道,只要激波曲率比满足式(5.41)和式(5.42),那么波后任何一点都可以是等斜率点或等压点。只有在平面流,等斜率点才位于声速点和最大偏转点之间,类似地,只有在平面流,等压点才能位于强激波后最大偏转点和正激波点之间。

5.4.2   波后尾流均匀时的极流线

目前,本书所提到的弯曲激波理论的应用都是有特定条件的,如均匀来流和特定的波前流动,这适用于大多数航空问题。但在某些特殊情况下,如进气道的设计,波后尾流条件是给定的,因为燃烧室燃烧对气流是有要求的,代表性的如 Busemann 流,它要求尾流必须是均匀的。如果波前气流是无旋的,即 $\Gamma_1 = 0$,那么弯曲激波方程可以简化为

$$\begin{cases} A_1 P_1 + B_1 D_1 - (CS_a + GS_b) = 0 \\ A_1' P_1 + B_1' D_1 - (C'S_a + G'S_b) = 0 \end{cases} \tag{5.45}$$

解出 P_1 和 D_1:

$$\begin{cases} P_1 = \dfrac{-B_1(C'S_a + G'S_b) + B_1'(CS_a + GS_b)}{A_1 B_1' - A_1' B_1} \\ \\ D_1 = \dfrac{-A_1(C'S_a + G'S_b) + A_1'(CS_a + GS_b)}{A_1 B_1' - A_1' B_1} \end{cases} \tag{5.46}$$

那么极流线斜率是

$$\bar{l} = \frac{P_1}{D_1} = \frac{-B_1(C'R + G') + B_1'(CR + G)}{-A_1(C'R + G') + A_1'(CR + G)} \tag{5.47}$$

这是波前极流线斜率的表达式。上划线是为了与之前定义的波后极流线斜率相区分。对于平面激波，$R \to \infty$，所以有

$$\bar{l}_{\text{planar}} = \frac{-B_1C' + B_1'C}{-A_1C' + A_1'C} \tag{5.48a}$$

而对于斜激波，$R = 0$，所以有

$$\bar{l}_{\text{conical}} = \frac{-B_1G' + B_1'G}{-A_1G' + A_1'G} \tag{5.48b}$$

用黑灰线条将式 (5.48b) 给出的波前极流线斜率绘于 $p - \delta$ 极坐标中，如图 5.20 所示，黑色线表明超声速波后气流，灰色线表明亚声速波后气流。图中右半部分表示锐角 Busemann 激波，左半部分表示 W 流激波，如果锐角激波代表的是反射激波，那么它的波前流线斜率必须与钝角入射激波后流线斜率相匹配。

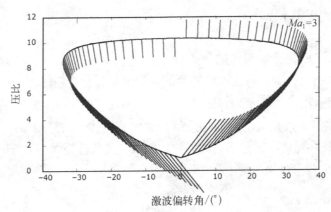

图 5.20 尾流均匀时圆锥激波前的激波极线和极流线方向

5.5 正激波

本节主要内容是弯曲激波理论在激波与来流速度垂直的正激波上的应用，典型代表有超声速流流过钝头体在顶点附近出现的正激波和相关流动及马赫反

射中马赫扰动面后的正激波和相关流动。对于
钝头体,曲率 S_a 和 S_b 都是负的,相应的曲率比 R_a
和 R_b 都是正的,如图 5.21 所示。对于马赫盘,曲
率则都为正,不常见的马鞍形正激波的曲率为一
正一负。本节的结论会用来估计钝头体激波的
驶离距离和双曲凹激波后亚声速区域长度。通
过令来流有一个压力梯度并且弯曲以使 $P_1 \neq 0$、
$D_1 \neq 0$,这样可以得到一些关于不均匀来流内正
激波的结论。对于正激波,有

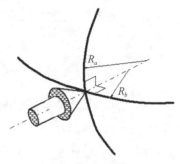

图 5.21 流动面和流垂面上的
正激波轨迹

$$\delta_1 = \delta_2, \ \delta = 0, \ \theta = \pi/2 \tag{5.49}$$

利用式(5.49)中的条件对弯曲激波系数进行简化,得

$$A_1 = 0$$

$$E_1 = \frac{2}{\gamma + 1}\left[(\gamma - 1)Ma_1^2 + 2\right]$$

$$B_1 = \frac{\gamma + 3 - 2Ma_1^2}{\gamma + 1}$$

$$A_2 = 0$$

$$B_2 = \frac{-\left[(\gamma - 1)Ma_1^2 + 2\right]}{(\gamma + 1)Ma_1^2}$$

$$C = 0$$

$$A_1' = Ma_1^2 - 1$$

$$B_1' = E_1' = B_2' = G = 0$$

$$A_2' = \frac{-(Ma_1^2 - 1)\left[(\gamma - 1)Ma_1^2 + 2\right]}{Ma_1^2(2\gamma Ma_1^2 - \gamma + 1)}$$

$$C' = -\frac{2}{\gamma + 1}\frac{Ma_1^2 - 1}{Ma_1^2}$$

$$G' = -\frac{2}{\gamma + 1}\frac{Ma_1^2 - 1}{Ma_1^2}$$

对于正激波,弯曲激波方程简化为

$$B_1D_1 + E_1\Gamma_1 = B_2D_2 \tag{5.50a}$$

$$A_1'P_1 = A_2'P_2 + C'S_a + G'S_b \tag{5.50b}$$

注意到:流线曲率 D 和激波曲率 S 分别出现在式(5.50a)和式(5.50b)中,因此方程是解耦的,这意味着对于正激波,流线曲率 D 和激波曲率 S 互不影响。波后流线曲率只取决于来流马赫数和来流涡度,同时压力梯度只取决于激波曲率。这样得到了一些关于弯曲物体边界上正激波的意外结论。对于跨声速流中机翼顶部的正激波,来流无旋,即 $\Gamma_1 = 0$,那么第一个方程就可以简化为

$$\frac{D_2}{D_1} = \frac{B_1}{B_2} = \frac{Ma_1^2(2Ma_1^2 - \gamma - 3)}{(\gamma - 1)Ma_1^2 + 2} \tag{5.51}$$

图 5.22 中的黑色曲线代表 D_2/D_1。 为了与迅速变大的马赫数匹配,图中还展示了 $(D_2/D_1)/10$ 和 $(D_2/D_1)/100$ 与马赫数的关系,并分别用点划线和虚线表示。从图 5.22 中可以看出,正激波对流线曲率有很强的放大作用。根据式(5.51),可以得到以下几个结论:

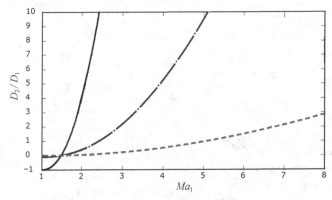

图 5.22　来流无旋时的流线曲率比

(1) 当 $D_1 = 0$ 时,有 $D_2 = 0$,这表示只要来流无旋,一条直线穿过弯曲正激波后仍然是直线,与激波曲率、压力梯度和波前马赫数的值无关。在轴对称条件下会得到相同的结果,显然这个结论是合理的。

(2) 如果 $\gamma + 3 - 2Ma_1^2 = 0$,那么当 $\gamma = 1.4$、$Ma_1 = 1.485$ 时,无论 D_1 等于多少,D_2 都为零。这表明,无论波前流线曲率是多少,以马赫数 $Ma_1 = 1.485$ 穿过

正激波后都会变为直线,这是一个新奇的结论。

(3) 如果 $D_1 = D_2$,那么 Ma_1 必须为 1.662。这表明,只有来流马赫数为 1.662 时,正激波才会存在于常曲率表面上,这又是一个让人意外的结论。

德国气体动力学家 Zierep 等曾经研究过这些异常现象:这类新奇的流动中会出现多值法向压力梯度和具有对数奇异性的顺压梯度。似乎这种异常现象只有在特定条件下才会发生,即气流以特定的马赫数流过固定曲率的边界产生正激波。但是在现实中,边界层引起的边界曲率不能影响激波,因此它与式(5.52c)不符。远离边界层,激波可以根据式(5.50a)自由选择流线曲率以至于不会发生异常的现象。目前,作者还没有找到比这更好的物理解释,而本书提出这些新奇的现象是为了预防在斜激波和激波反射时也出现相似现象。

从式(5.50b)可得

$$P_2 = (A_1'/A_2')P_1 - (C'/A_2')S_a - (G'/A_2')S_b \qquad (5.52\text{a})$$

利用正激波关系化简得

$$Ma_2^2 P_2 = -Ma_1^2 P_1 - \frac{2}{\gamma + 1}(S_a + S_b) \qquad (5.52\text{b})$$

$$P_2 = -\frac{Ma_1^2(2\gamma Ma_1^2 - \gamma + 1)}{(\gamma - 1)Ma_1^2 + 2}P_1 - \frac{2}{\gamma + 1}\frac{2\gamma Ma_1^2 - \gamma + 1}{(\gamma - 1)Ma_1^2 + 2}(S_a + S_b)$$

$$(5.52\text{c})$$

只要知道两个主要的激波曲率半径和波前压力梯度,就可以求解正激波后压力梯度 P_2。

已知来流无旋 ($\Gamma = 0$)、$D_1 = 0$、压力梯度 $P_1 = (\mathrm{d}p/\mathrm{d}x)/(\rho_1 V_{12})$,则可以得到一个球形激波。由弯曲激波方程可得到来流和尾流压力梯度关系式为

$$Ma_1^2 P_1 + Ma_2^2 P_2 = \frac{4}{(\gamma + 1)R} \qquad (5.52\text{d})$$

式中,R 为激波的曲率半径,$R = R_a = R_b$。

举一个式(5.52b)应用于球形对称正激波的例子:已知超声速来流不均匀,球形激波曲率半径为 R,点汇流位于 R 处,在这里来流马赫数为 Ma_1,尾流马赫数为 Ma_2。这个激波在任何位置都与来流和尾流垂直。对于球体,有 $\mathrm{d}A/A = 2\mathrm{d}R/R$;而对于下沉流,有 $\mathrm{d}R = -\mathrm{d}x$,因此在等熵流动中波前后关系为

$$\frac{\mathrm{d}p}{p} = \frac{\gamma Ma^2}{1 - Ma^2} \frac{\mathrm{d}A}{A} = \frac{2\gamma Ma^2}{1 - Ma^2} \frac{\mathrm{d}R}{R} = -\frac{2\gamma Ma^2}{1 - Ma^2} \frac{\mathrm{d}x}{R}$$

该方程也可以写为

$$P = \frac{\mathrm{d}p/\mathrm{d}x}{\gamma p Ma^2} = \frac{2/R}{Ma^2 - 1}$$

因此,

$$P_1 Ma_1^2 = \frac{\mathrm{d}p/\mathrm{d}x}{\gamma p} = \frac{2Ma_1^2/R}{Ma_1^2 - 1}$$

$$P_2 Ma_2^2 = \frac{\mathrm{d}p/\mathrm{d}x}{\gamma p} = \frac{2Ma_2^2/R}{Ma_2^2 - 1}$$

两式相加,得

$$P_1 Ma_1^2 + P_2 Ma_2^2 = \frac{2}{R}\left(\frac{Ma_1^2}{Ma_1^2 - 1} + \frac{Ma_2^2}{Ma_2^2 - 1}\right) \tag{5.52e}$$

利用正激波关系式:

$$Ma_2^2 = \frac{2 + (\gamma - 1)Ma_1^2}{2\gamma Ma_1^2 - (\gamma - 1)}$$

容易得到,式(5.52e)中括号内的项等于 $2/(\gamma + 1)$,这说明式(5.52e)和式(5.52d)可以互相转换,这也证明了弯曲激波理论对下沉流内球形激波的压力梯度变化的预测是正确的:上述激波在气流进入进气道时就会产生。源流内凹激波处会产生类似的情况:它会出现在过膨胀尾喷管内。

在来流均匀条件下,式(5.50)和式(5.52b)可以简化为

$$D_2 = 0 \tag{5.53}$$

$$P_2 = \frac{2}{\gamma + 1} \frac{2\gamma Ma_1^2 - \gamma + 1}{(\gamma - 1)Ma_1^2 + 2}\left(\frac{1}{R_a} + \frac{1}{R_b}\right) \tag{5.54}$$

首先,在来流均匀无旋条件下,正激波后流线是直的,与正激波是否弯曲无关。其次,压力梯度与激波的高斯曲率 $(1/R_a + 1/R_b)$ 成比例。一个半径为 R 的外凸球形激波以马赫数 Ma_1 移动,可以用式(5.54)求解波后压力梯度,式中 $1/R_a + 1/R_b$ 可以用 $2/R$ 替换。对于相同情况下的圆柱形激波,$1/R_a + 1/R_b$ 用

$1/R$ 替换。对于内凹激波,压力梯度是负的。接下来利用这个方程估计钝头体的激波驶离距离和马赫盘与马赫扰动面后亚声速区域长度。

5.5.1　产生正凸激波的钝头体

注意到:当均匀来流流过钝头体产生激波时,激波的曲率半径都是正的,方程(5.54)中的压力梯度 P_2 表明正激波后压力是增大的。当气流流过钝头体时,波后沿中心线方向压力单调增大,然后在物体表面停止,最终的压力高于紧邻波后处的压力。已知 Ma_1 和 p_1,可以很容易地计算波后压力 p_2 和滞止压力 p_{t2}。这引出了激波驶离距离 Δ 的一级近似:

$$P_2 \approx \frac{p_{t2} - p_2}{\rho_2 v_2^2 \Delta} \tag{5.55}$$

这是对压力梯度的线性近似,在轴对称流条件下,可以写为

$$\frac{\Delta}{R} = \frac{\gamma - 1}{2\gamma} \left\{ \left[\frac{(\gamma + 1)^2 Ma_1^2}{4\gamma Ma_1^2 - 2(\gamma - 1)} \right]^{\frac{\gamma}{\gamma - 1}} - 1 \right\} \tag{5.56}$$

对于平面流,有

$$\frac{\Delta}{R} = \frac{\gamma - 1}{\gamma} \left\{ \left[\frac{(\gamma + 1)^2 Ma_1^2}{4\gamma Ma_1^2 - 2(\gamma - 1)} \right]^{\frac{\gamma}{\gamma - 1}} - 1 \right\} \tag{5.57}$$

另一种获得驶离距离的方法是假定激波和滞止点间的平均压力梯度与波后压力梯度相等,也就是

$$\frac{- v_2}{\Delta} = \left(\frac{\partial v}{\partial s} \right)_2$$

所以,

$$\frac{1}{\Delta} = - \frac{1}{v_2} \left(\frac{\partial v}{\partial s} \right)_2 = P_2$$

即

$$P_2 \Delta = 1$$

将方程(5.54)应用于轴对称流,已知 $2/R = 1/R_a + 1/R_b$,所以有

$$\frac{\Delta}{R} = \frac{\gamma + 1}{4} \frac{\left[(\gamma - 1) Ma_1^2 + 2 \right]}{2\gamma Ma_1^2 - \gamma + 1} \tag{5.58}$$

平面流条件下也有类似结果,已知 $R_b = 0$、$1/R = 1/R_a$,所以有

$$\frac{\Delta}{R} = \frac{\gamma + 1}{2} \frac{\left[(\gamma - 1) Ma_1^2 + 2 \right]}{2\gamma Ma_1^2 - \gamma + 1} \tag{5.59}$$

将式(5.56)~式(5.59)画在图 5.23 中。大多数关于激波驶离距离的公开资料都是利用物体半径 R_s,而不是激波半径 R_a。为了便于比较,本小节也绘出物体半径 R_s 曲线,假定 $R_s = R_a - \Delta$。 这样假设是有原因的,特别是当气流以高马赫数轴向流过物体产生激波,激波紧邻物体表面时,数据点是从不同位置获取的,但并不包括低马赫数点,这是试验和其他理论一致得到的。

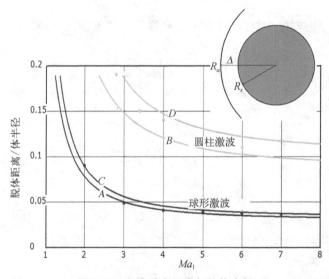

图 5.23　激波驶离距离与物体半径

本小节利用弯曲激波理论推导一个简单的方程来求解球形激波或圆柱形激波上的驶离距离。然而从更一般的双曲正激波出发,激波如式(5.54)所示,含有两个不同的曲率半径 R_a 和 R_b,机头处会产生这种激波,而机头的两个曲率半径分别为 $R_{abody} = R_a - \Delta$ 和 $R_{bbody} = R_b - \Delta$。 如果将定义域扩大到轴对称流和平面流,那么对于有不同曲率半径的、截面为椭圆形的钝头体,利用弯曲激波理论可以演算出它的激波驶离距离,但是目前还没有发现任何关于这种形状物体的激波驶离距离的试验结果。

对于凹激波,式(5.54)显示,波后压力梯度为负。激波曲率为负的正激波在 5.5.2 节进行研究。

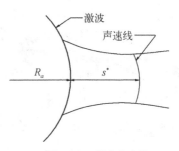

图 5.24　激波声速线

5.5.2　凹马赫盘正激波后流动

如图 5.24 所示,已知轴对称马赫盘曲率半径 $R = R_a = R_b$,来流均匀,利用式(5.54)可以直接得到马赫盘后压力梯度与马赫盘曲率半径之间的关系:

$$P_2 = \frac{4}{\gamma + 1} \frac{2\gamma Ma_1^2 - \gamma + 1}{(\gamma - 1)Ma_1^2 + 2} \frac{1}{R} \tag{5.60}$$

也可以用 Ma_2 表示:

$$P_2 = \frac{4}{(\gamma + 1)Ma_2^2 R} \tag{5.61}$$

P_2 定义为

$$P_2 = \frac{(\mathrm{d}p/\mathrm{d}s)_2}{\rho_2 v_2^2} = \frac{(\mathrm{d}p/\mathrm{d}s)_2}{\gamma \rho_2 Ma_2^2} \tag{5.62}$$

消除 P_2 和 Ma_2 得

$$\frac{\mathrm{d}p}{p} = \frac{4\gamma}{\gamma + 1} \frac{\mathrm{d}s}{R} \tag{5.63}$$

在等熵流动中,马赫盘后马赫数和压力的关系式为

$$\frac{\mathrm{d}Ma}{Ma} = -\frac{1 + \frac{\gamma - 1}{2}Ma^2}{\gamma Ma_2^2} \frac{\mathrm{d}p}{p} \tag{5.64}$$

消除 $\mathrm{d}p/p$,然后分离变量得到

$$\frac{Ma\mathrm{d}Ma}{1 + \frac{\gamma - 1}{2}Ma^2} = -\frac{4}{\gamma(\gamma + 1)} \frac{\mathrm{d}s}{R} \tag{5.65}$$

与 $s = 0$、$Ma = Ma_2$ 和 $s = s^*$、$Ma = 1$ 联立可得

$$\frac{s^*}{R} = \frac{\gamma + 1}{4(\gamma - 1)} \ln\left[\frac{2}{\gamma + 1}\left(1 + \frac{\gamma - 1}{2} Ma_2^2\right)\right] \tag{5.66}$$

以来流马赫数表达为

$$\frac{s^*}{R} = \frac{\gamma + 1}{4(\gamma - 1)} \ln\left[\frac{(\gamma + 1) Ma_1^2}{2\gamma Ma_1^2 - (\gamma - 1)}\right] \tag{5.67}$$

已知激波曲率半径和来流马赫数,可以利用这个方程求解轴对称马赫盘后亚声速区域长度,并用黑色曲线绘于图 5.25 中。方程有唯一解,它可以用来设计伴随收敛激波的轴对称流:首先构造马赫反射中的激波,然后设计激波周围的流动。式(5.67)的结果需要与 CFD 和试验进行比较。

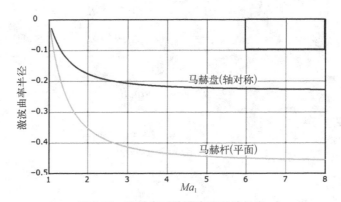

图 5.25　马赫盘后的亚声速区域长度

对于平面流,激波只有一个曲率半径 $R(1/R = 1/R_a)$,所以平面流的亚声速区域长度是轴对称流的 2 倍。这是因为平面流从两边收缩,然后在很短的距离内变为声速流,而轴对称流从四边收缩,然后在很短的距离内变为声速流。将平面流方程用灰色曲线绘于图 5.25 中。亚声速区域长度与激波曲率的比值趋近于某个有限值,无论来流是超声速还是声速的,即当 $Ma_{12} \to \infty$ 时,轴对称流极限值 $s^*/R \to -0.2312$,平面流极限值 $s^*/R \to -0.4624$;当 $Ma_{12} \to 0$ 时,无论轴对称流还是平面流,都有 $s^*/R \to 0$。降低 γ 会使得亚声速区域长度变长,这说明在激波曲率半径相同时,实际气体会导致区域长度变长。对于之前提到的钝头体例子,用来求解轴对称马赫盘和平面马赫盘亚声速区域长度的式(5.54)也可以用来求解凹双曲激波的 s^*。因此,声速面不是圆形的,而是椭圆形的。对于 $R_a = R_b = \infty$ 的平面正激波,有

$$P_2/P_1 = - Ma_1^2/Ma_2^2 \qquad (5.68)$$

因为 Ma_1 一般大于 Ma_2,所以平面正激波会使标准压力梯度变大并改变方向。曲率相反、强度相同的激波也是如此,并且不出意外的话,平面正激波面对均匀来流时波后没有压力梯度。这些就是将弯曲激波理论应用于弯曲正激波和平面正激波得到的结论。

5.5.3 有后掠角的钝头前缘

如果机翼是后掠的,则超声速翼型前缘更薄,而超声速机翼越薄,波阻也越小。后掠也减少了对超声速进气道前缘的传热,促进前缘处形成较弱的激波并得到高压缩效率。后掠翼前缘附近气流流动和气流流过一个后掠圆柱产生的流动是一样的,假设来流马赫数是 Ma_1,后掠角是 Λ,则与圆柱轴相垂直的平面内气流的流动和来流以马赫数 $Ma_1 \sin \Lambda$ 流过与来流垂直的圆柱产生的流动相同。假设垂直面内前缘曲率是 S_c,则利用 Billig 关系式可以足够精确地求解激波驶离距离 Δ 和横向曲率 S_b。对于常掠角,激波前缘 $S_a = 0$,所以弯曲激波方程为

$$\begin{cases} 0 = A_2 P_2 + B_2 D_2 + G S_b \\ 0 = A_2' P_2 + B_2' D_2 + G' S_b \end{cases} \qquad (5.69)$$

式中,$G = 0$,因此后掠激波前缘波后压力梯度和流线曲率分别为

$$\begin{cases} P_2 = \dfrac{B_2 G'}{[AB]} S_b \\ D_2 = \dfrac{-A_2 G'}{[AB]} S_b \end{cases} \qquad (5.70)$$

这是一种圆锥流,因为沿前缘条件不发生改变,所以它的极流线曲率与圆锥的相同:

$$\frac{P_2}{D_2} = - \frac{B_2}{A_2} \qquad (5.71)$$

在形态学上,气流位于 S_b 负半轴。如果沿前缘后掠角发生改变,那么在任何点的横向曲率都为 S_d,如果 $S_d \ll S_c$,那么沿翼展方向气流再一次发生改变以至于沿激波脊有

$$
\begin{cases}
P_2 = \dfrac{[BC]}{[AB]}S_d + \dfrac{B_2G'}{[AB]}S_c \\[4mm]
D_2 = \dfrac{[CA]}{[AB]}S_d - \dfrac{A_2G'}{[AB]}S_c
\end{cases}
\tag{5.72}
$$

如果前缘后掠角减小,那么 $S_a > 0$,而且激波是图 4.5 中第四象限的马鞍形;如果前缘后掠角增大,那么 $S_a < 0$,激波是图 4.5 第三象限的贝壳形。

前面介绍了如何在已知来流马赫数、后掠角和两个前缘曲率的情况下求解后掠前缘激波后压力梯度和流线曲率。后掠钝头前缘处的激波是三维的,所以它有两个曲率。然而局部上,这并没有改变横向流方向的激波角以至于图 4.3 中激波轨迹 bb 垂直于来流向量。这使得弯曲激波理论可以局部应用于三维激波,流动面内激波呈脊形,同样地,弯曲激波理论可以应用于左右对称的山口形激波。弯曲激波理论可以应用于这些情况的关键是沿激波轨迹 bb 方向 $R_b = -1/S_b$ 恒为常数。

5.6 小结

本章介绍了应用弯曲激波理论来计算多种简单气动表面和特定性能激波面上弯曲激波旁的气流梯度。本章讨论的大多数内容都可以继续深入研究。下面列举一些从弯曲激波理论得到的结论。

(1)比热比 γ、来流马赫数 Ma_1、激波角 θ、来流气流角 δ_1,以及两个激波曲率 S_a、S_b 与流动性有各自独一无二的联系,它们在理想气体稳流内双曲激波来流与尾流处的梯度和流动性也有各自独一无二的联系。

(2)如果波后沿等压线 S_b 为常数,那么弯曲激波理论可以局部用于三维空间内的激波。

(3)如果气流能量守恒,那么等温线、等涡度线、等声速线和等马赫线共线。

(4)如果气流能量守恒且无旋,那么等压线、等温线、等密度线、等涡度线、等声速线和等马赫线共线。

(5)双曲激波后等斜率线和等压线与流线共线的位置是独一无二的。在这些位置,沿气流方向气流梯度为零。只有在特定的激波曲率比,这些位置才存在,与马赫数和激波角无关。

(6)平面流中等斜率(Crocco)点和等压(Thomas)点的位置与激波曲率无

关,它位于某个特定的激波角处,而这个激波角只与马赫数有关。

（7）弯曲激波理论应用于局部正激波得到了一些新奇的结论。

（8）可以估计凸激波或凹激波的激波驶离距离和亚声速区域长度。

（9）轴对称激波面后方压力梯度和流线曲率都为零,而且不能反射声音。在所有的这些情况中,波前特征线前方是均匀来流,波后特征线斜率和形状都是确定的,而且只与局部激波斜率和曲率有关。

（10）根据弯曲激波理论,可以预测轴对称流动中,对称轴附近斜激波后气流梯度会很高。

（11）弯曲激波理论预言弯曲表面上的激波后 Crocco 点附近气流梯度很高。

（12）双曲激波后声速表面方向由三个参数决定:声速条件下的比热比、波前马赫数和激波面曲率比。

（13）弯曲激波理论可以用来设计双曲表面以产生特定的双曲激波,如果给定的是双曲表面,也可以利用弯曲激波理论来求解双曲激波的形状。这使得弯曲激波理论既可以作为设计工具,也可以作为解释工具,因为对于这两个方向,分析都只是代数问题。

第6章

高阶弯曲激波理论

6.1 引言

前几章内容详细地阐述了一阶弯曲激波方程的基本理论、公式推导与工程应用情况。弯曲激波理论将波前后参数直观地联系起来,使得激波动力学中许多重要特征都能得到合理解释,相比于特征线或其他数值方法具有更广泛的应用范围,并且在 CFD 中的激波捕捉领域具有良好的应用前景。弯曲激波理论的适用性更广,普通气动教材中介绍的传统的正激波、斜激波、圆锥激波等激波类型均可看作弯曲激波的特例,并能够采用弯曲激波理论对其进行完整的计算与描述。

然而随着航空工程应用的展开和对弯曲激波及其波后流场更深入的研究,一阶弯曲激波理论的局限性显现。其中,一阶弯曲激波方程用于获取高阶物理信息或更高精度的流场信息的能力是有限的,主要体现在以下两个方面:

(1)基于 R－H 方程推导的一阶弯曲激波方程只能用于求解波后一阶参数,如波后流向压力梯度 P_2 和流线曲率 D_2,而对于更高阶参数如流向压力二阶导数等则无能为力。显然,这对于进一步给出波后流场精确解以及预测沿流向的流场参数变化情况是不利的。

(2)同样地,由于一阶弯曲激波方程仅能求解波后紧邻激波的流场参数,所以将其推广到整个波后流场,全面给出流场状态显然会产生较大的误差,即通过一阶弯曲激波方程无法求解出完整又准确的流场信息。

为解决上述问题,可以对一阶弯曲激波方程等号两边同时求导,得到更高阶的弯曲激波方程,将激波曲率梯度(或高阶梯度)与近激波区域气流参数二阶梯度(或高阶梯度)联系起来,再结合一定的假设条件,可以有效地近似求解弯曲激波后流场。与其他数学或物理定律类似,更高阶的方程往往意味着更为复杂的计算和更庞大的工作量,而现代计算机技术的发展,使得推导高阶方程和求取参数的高阶导数成为可能。

相比于一阶弯曲激波方程,将高阶弯曲激波方程及高阶参数应用于整个流场状态的求解,将大大提升求解精度,其原因如下:

从数学角度来看,以波后流线上紧邻激波一点 (x_s, y_s) 作为展开点,将该流线上点的坐标关于此点做泰勒展开:

$$y = y_s + (x - x_s) \frac{dy}{dx}\bigg|_{x=x_s} + \frac{(x - x_s)^2}{2!} \frac{d^2 y}{dx^2}\bigg|_{x=x_s} + \frac{(x - x_s)^3}{3!} \frac{d^3 y}{dx^3}\bigg|_{x=x_s} + R_n(x)$$

$$(6.1)$$

类比于该式,沿流线其他参数如压力等均可以同样方式进行泰勒展开。可以发现,理论上求取 (x_s, y_s) 点的流场参数导数的阶数越高,对于该参数沿流线变化情况的预测就越准确。

从物理角度来看,对于弯曲激波, P_2 和 D_2 代表波后流向压力梯度和流线曲率,设 P_2' 和 D_2' 是流向压力二阶梯度和流线曲率梯度。通过前面一阶弯曲激波方程以及后面即将阐述的二阶弯曲激波方程,这些参数均为波后马赫数、激波角、激波曲率的函数。沿流线计算圆锥激波(实际上对于平面和轴对称弯曲激波仍然适用)后的 P_2、D_2 及 P_2'、D_2' 并绘成图 6.1。

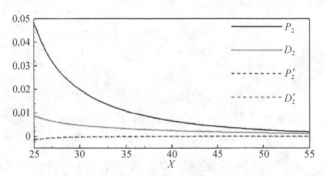

图 6.1 均匀流动中圆锥激波后沿流线的流动参数变化 ($Ma = 3$, $\theta = 30°$)

从图 6.1 可以看出,一阶量 P_2(黑色实线)、D_2(灰色实线)沿流向变化较为明显,二阶量 P_2'(黑色虚线)、D_2'(灰色虚线)沿流线则近似为常数,由此可以进行合理类推,假设存在更高阶参数,则其沿流线的变化可能更小。因此,以假设高阶量沿流线不变为基础,从而计算整个流场的状态将是更为精确的。

　　然而更高阶弯曲激波方程的推导以及更高阶参数的求取意味着更长的计算时间和更庞大的数据量,通过验证,在工程应用方面采用二阶弯曲激波方程即可求得足够精度的完整流场参数。综上,本章将在一阶弯曲激波理论基础上推导得到二阶弯曲激波方程组,将弯曲激波理论由一阶延伸至二阶。通过二阶弯曲激波理论建立激波前后二阶气动力参数与激波曲率之间的联系,并给出影响系数形式的波后压力二阶梯度以及流线曲率梯度表达式。基于二阶弯曲激波理论,分析波前二阶气动力参数变化对于波后二阶气动力参数的影响程度,并利用二阶弯曲激波理论对不同类型激波的压力气流角极曲线进行理论分析。随后又以推导二阶弯曲激波方程组的方法为基础,利用计算机简单推导三阶弯曲激波方程组。

6.2　二阶弯曲激波方程

6.2.1　二阶弯曲激波方程组的推导

　　二阶弯曲激波方程,即在一阶弯曲激波方程的基础上,对等式两边同时沿激波线求导并进行一定化简所得,具体推导细节及参数表达式见附录 D 和 E,本小节将展示该推导过程的关键步骤。

　　回忆前几章的一阶弯曲激波方程组为

$$A_1 P_1 + B_1 D_1 + E\Gamma_1 = A_2 P_2 + B_2 D_2 + CS_a + GS_b \tag{6.2}$$

$$A_1' P_1 + B_1' D_1 + E'\Gamma_1 = A_2' P_2 + B_2' D_2 + C'S_a + G'S_b \tag{6.3}$$

　　该式反映了激波两侧参数一阶梯度之间的关系,并以简单的代数方程形式给出。通过对一阶弯曲激波方程组两侧沿激波线方向对 σ 求导推导出二阶弯曲激波方程组。根据方向导数的定义,用 $s-$ 和 $n-$ 导数替代微分方程中的 $\sigma-$ 导数,所有变量相对于波前和波后距离的导数都可以用平行于流线和垂直于流线两个方向的导数来表示,如下所示:

$$\left(\frac{\partial}{\partial \sigma}\right)_1 = \left(\frac{\partial}{\partial s}\right)_1 \cos\theta + \left(\frac{\partial}{\partial n}\right)_1 \sin\theta \tag{6.4}$$

$$\left(\frac{\partial}{\partial \sigma}\right)_1 = \left(\frac{\partial}{\partial s}\right)_2 \cos(\theta - \delta) + \left(\frac{\partial}{\partial n}\right)_2 \sin(\theta - \delta) \tag{6.5}$$

根据以上思路可得

$$A_1\left(\frac{\partial P_1}{\partial s}\cos\theta + \frac{\partial P_1}{\partial n}\sin\theta\right) + B_1\left(\frac{\partial D_1}{\partial s}\cos\theta + \frac{\partial D_1}{\partial n}\sin\theta\right)$$

$$+ P_1\frac{\partial A_1}{\partial\sigma} + D_1\frac{\partial B_1}{\partial\sigma} + E_1\frac{\partial\Gamma_1}{\partial\sigma} + \Gamma_1\frac{\partial E_1}{\partial\sigma}$$

$$= A_2\left[\frac{\partial P_2}{\partial s}\cos(\theta - \delta) + \frac{\partial P_2}{\partial n}\sin(\theta - \delta)\right] + P_2\frac{\partial A_2}{\partial\sigma} \qquad (6.6)$$

$$+ B_2\left[\frac{\partial D_2}{\partial s}\cos(\theta - \delta) + \frac{\partial D_2}{\partial n}\sin(\theta - \delta)\right] + D_2\frac{\partial B_2}{\partial\sigma}$$

$$+ C\frac{\partial S_a}{\partial\sigma} + S_a\frac{\partial C}{\partial\sigma} + G\frac{\partial S_b}{\partial\sigma} + S_b\frac{\partial G}{\partial\sigma}$$

为清晰展示推导过程,定义以下变量的梯度。

标准压力二阶梯度:

$$P' = \frac{1}{\rho v^2}\frac{\partial^2 P}{\partial s^2}$$

流线曲率梯度:

$$D' = \frac{\partial D}{\partial s}$$

标准涡量梯度:

$$\Gamma' = \frac{\partial\Gamma}{\partial\sigma}$$

激波曲率梯度:

$$S_a' = \frac{\partial S_a}{\partial\sigma}$$

$$S_b' = \frac{\partial S_b}{\partial\sigma}$$

基于以上定义，用 P'、D'、Γ'、S_a'、S_b' 表示任何量对于垂直于流线距离的导数。例如，对每个方程的两边沿 n 和 s 方向求导，得出

$$
\rho_1 v_1^2 \frac{\partial P_1}{\partial n} + 2v_1 \rho_1 P_1 \frac{\partial v_1}{\partial n} + v_1^2 P_1 \frac{\partial \rho_1}{\partial n} = -\rho_1 v_1^2 \frac{\partial D_1}{\partial s} - 2v_1 \rho_1 D_1 \frac{\partial v_1}{\partial s} - v_1^2 D_1 \frac{\partial \rho_1}{\partial s}
$$

$$(6.7)$$

进而将二阶变量代入式(6.7)，得

$$
\frac{\partial P_1}{\partial n} = -D_1' + (\gamma - 1) P_1 Ma_1^2 \Gamma_1 + 2P_1 \Gamma_1 \tag{6.8}
$$

类似地，波前后流线曲率以及波后压力梯度平行 n 方向导数也可转换为含有 P'、D'、Γ'、S_a'、S_b' 的表达式：

$$
\frac{\partial D_1}{\partial n} = -P_1 \frac{\partial Ma_1^2}{\partial s} - (Ma_1^2 - 1) \frac{\partial P_1}{\partial s} + \frac{S_b D_1 \cos \delta_1}{\cos \theta_1} + \frac{S_b^2 \sin^2 \delta_1}{\cos^2 \theta_1} \tag{6.9}
$$

$$
\frac{\partial P_2}{\partial n} = -D_2' + (\gamma - 1) P_2 Ma_2^2 \Gamma_2 + 2P_2 \Gamma_2 \tag{6.10}
$$

$$
\frac{\partial D_2}{\partial n} = -P_2 \frac{\partial Ma_2^2}{\partial s} - (Ma_2^2 - 1) \frac{\partial P_2}{\partial s} + \frac{S_b D_2 \cos \delta_2}{\cos \theta_1} + \frac{S_b^2 \sin^2 \delta_2}{\cos^2 \theta_1} \tag{6.11}
$$

通过以上转换，可消除式(6.6)中 n 方向的导数。最后，利用从式(6.4)中得到的 P'、D'、Γ'、S_a'、S_b' 的表达式替换变量 P、D、Γ、S_a、S_b。经过一系列代数推导后，将该方程组简化为类似于一阶弯曲激波方程组的纯代数方程形式，产生了二阶弯曲激波方程组：

$$
A_1'' P_1' + B_1'' D_1' + E_1'' \Gamma_1' = A_2'' P_2' + B_2'' D_2' + C'' S_a' + G'' S_b' + \text{const}'' \tag{6.12}
$$

$$
A_1''' P_1' + B_1''' D_1' + E_1''' \Gamma_1' = A_2''' P_2' + B_2''' D_2' + C''' S_a' + G''' S_b' + \text{const}''' \tag{6.13}
$$

其中，

$$
A_1'' = A_1 \cos \theta - B_1 \sin \theta (Ma_1^2 - 1)
$$

$$
B_1'' = -A_1 \sin \theta + B_1 \cos \theta
$$

$$
E_1'' = E_1
$$

$$
A_2'' = A_2 \cos(\theta - \delta) - B_2 (Ma_2^2 - 1) \sin(\theta - \delta) \tag{6.14a}
$$

$$B_2'' = -A_2\sin(\theta-\delta) + B_2\cos(\theta-\delta)$$

$$C'' = C$$

$$G'' = G$$

$$
\begin{aligned}
\text{const}'' = & -A_1 P_1\left\{\left[(\gamma-1)Ma_1^2+2\right]\Gamma_1\sin\theta - P_1\cos\theta(Ma_1^2-2)\right\} \\
& + A_2 P_2\left\{\left[(\gamma-1)Ma_2^2+2\right]\Gamma_2\sin(\theta-\delta) - P_2\cos(\theta-\delta)(Ma_2^2-2)\right\} \\
& - B_1\sin\theta\left[(Ma_1^2-1)(Ma_1^2-2)P_1^2 - P_1\frac{\partial Ma_1^2}{\partial s} + \frac{S_b D_1\cos\delta_1}{\cos\theta_1} + \left(\frac{S_b\sin\delta_1}{\cos\theta_1}\right)^2\right] \\
& + B_2\sin(\theta-\delta)\left[(Ma_2^2-1)(Ma_2^2-2)P_2^2 - P_2\frac{\partial Ma_2^2}{\partial s} + \frac{S_b D_2\cos\delta_2}{\cos\theta_1} + \left(\frac{S_b\sin\delta_2}{\cos\theta_1}\right)^2\right] \\
& - P_1\frac{\partial A_1}{\partial\sigma} - D_1\frac{\partial B_1}{\partial\sigma} - \Gamma_1\frac{\partial E_1}{\partial\sigma} + P_2\frac{\partial A_2}{\partial\sigma} + D_2\frac{\partial B_2}{\partial\sigma} + S_a\frac{\partial C}{\partial\sigma} + S_b\frac{\partial G}{\partial\sigma}
\end{aligned}
$$

$$(6.14\text{b})$$

$$A_1''' = A_1'\cos\theta - B_1'\sin\theta(Ma_1^2-1)$$

$$B_1''' = -A_1'\sin\theta + B_1'\cos\theta$$

$$E_1''' = E_1'$$

$$A_2''' = A_2'\cos(\theta-\delta) - B_2'(Ma_2^2-1)\sin(\theta-\delta)$$

$$B_2''' = -A_2'\sin(\theta-\delta) + B_2'\cos(\theta-\delta)$$

$$C''' = C'$$

$$G''' = G'$$

$$(6.15\text{a})$$

$$
\begin{aligned}
\text{const}''' = & -A_1' P_1\left\{\left[(\gamma-1)Ma_1^2+2\right]\Gamma_1\sin\theta - P_1\cos\theta(Ma_1^2-2)\right\} \\
& + A_2' P_2\left\{\left[(\gamma-1)Ma_2^2+2\right]\Gamma_2\sin(\theta-\delta) - P_2\cos(\theta-\delta)(Ma_2^2-2)\right\} \\
& - B_1'\sin\theta\left[(Ma_1^2-1)(Ma_1^2-2)P_1^2 - P_1\frac{\partial Ma_1^2}{\partial s} + \frac{S_b D_1\cos\delta_1}{\cos\theta_1} + \left(\frac{S_b\sin\delta_1}{\cos\theta_1}\right)^2\right] \\
& + B_2'\sin(\theta-\delta)\left[(Ma_2^2-1)(Ma_2^2-2)P_2^2 - P_2\frac{\partial Ma_2^2}{\partial s} + \frac{S_b D_2\cos\delta_2}{\cos\theta_1} + \left(\frac{S_b\sin\delta_2}{\cos\theta_1}\right)^2\right] \\
& - P_1\frac{\partial A_1'}{\partial\sigma} - D_1\frac{\partial B_1'}{\partial\sigma} - \Gamma_1\frac{\partial E_1'}{\partial\sigma} + P_2\frac{\partial A_2'}{\partial\sigma} + D_2\frac{\partial B_2'}{\partial\sigma} + S_a\frac{\partial C'}{\partial\sigma} + S_b\frac{\partial G'}{\sigma}
\end{aligned}
$$

$$(6.15\text{b})$$

式中，D 为流线曲率；D' 为流线曲率梯度；P 为正交压力梯度；P' 为正交压力二阶梯度；Ma 为马赫数；S_a 为激波流向曲率；S'_a 为激波流向曲率梯度；S_b 为激波横向曲率；S'_b 为激波横向曲率梯度；Γ 为正交涡量；Γ' 为正交涡量梯度；γ 为比热比；δ 为气流偏转角；θ 为激波角。

通过二阶弯曲激波方程式(6.12)和式(6.13)，激波前后 P'、D'、Γ'、S'_a、S'_b 建立了联系。二阶弯曲激波方程组结合系数表达式(6.14)和式(6.15)提供了一种新的视角来分析双曲激波前后参数二阶梯度和激波曲率的联系。理论上，该方程组也可以应用于波前后非均匀的双曲激波。由于方程组系数只与来流马赫数、气流角以及激波角相关，所以当来流条件确定时，只需要给出七个未知变量 P'_1、D'_1、P'_2、D'_2、Γ'_1、S'_a、S'_b 中的五个，另两个变量即可通过联立二阶弯曲激波方程组求解。进一步，当来流水平时，波前气流角 δ_1 为零，所以气流偏转角可化简为 $\delta = \delta_2$。

如图 6.2 所示，二阶弯曲激波理论相比于一阶弯曲激波理论多出两个参数 P'_2、D'_2，用于反映参数 P_2、D_2 沿波后流线变化率。这些参数的关系可类比于运动学中的速度和加速度。之前许多学者已经提出各种形式的弯曲激波方程组，但它们并不具有一般性的二阶梯度，而这正是在平面和轴对称弯曲激波应用中必不可少的。前面已经提到，一阶弯曲激波理论的误差是由沿波后流线的 P_2、D_2 等值分布这一假设条件不成立造成的。有了二阶弯曲激波方程得到的反映其变化情况的高阶参数，即可得到更加精确的沿波后流线的 P_2、D_2 分布，从而得到更高精度的流场解。

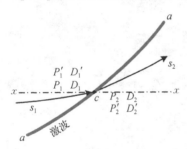

图 6.2　流动面内参数 P' 和 D' 示意图

6.2.2　影响系数形式的二阶弯曲激波方程组

对方程进行整理，二阶弯曲激波方程组可转换为如下精确表达式，用于求解波后压力二阶梯度和流线曲率梯度：

$$P'_2 = \frac{B''_2(C'''S'_a + G'''S'_b + \text{const}''' - L''') - B'''_2(C''S'_a + G''S'_b + \text{const}'' - L'')}{A''_2 B'''_2 - A'''_2 B''_2}$$

$$(6.16)$$

$$D'_2 = -\frac{A''_2(C'''S'_a + G'''S'_b + \text{const}''' - L''') - A'''_2(C''S'_a + G''S'_b + \text{const}'' - L'')}{A''_2 B'''_2 - A'''_2 B''_2}$$

$$(6.17)$$

其中，

$$L'' = A_1'' P_1' + B_1'' D_1' + E_1'' \Gamma_1' \tag{6.18}$$

$$L''' = A_1''' P_1' + B_1''' D_1' + E_1''' \Gamma_1' \tag{6.19}$$

通过以上表达式，在非均匀来流条件下，当波前来流压力二阶梯度、流线曲率梯度以及涡量梯度已知时，可以得到双曲激波后压力二阶梯度和流线曲率梯度。面向具有压力二阶梯度的非均匀上游流动，有流线曲率梯度 D_1' 和正交涡量梯度 Γ_1'，因此表达式(6.16)和式(6.17)涵盖了来流非均匀性，系数 G'' 和 G''' 包含了来流气流角，体现了激波前气流的收敛/扩散效应。

由方程(6.16)和(6.17)可以进一步推导得到带影响系数的表达式：

$$P_2' = J_p' P_1' + J_d' D_1' + J_g' \Gamma_1' + J_a' S_a' + J_b' S_b' + J_c' \text{const}'' + J_c'' \text{const}''' \tag{6.20}$$

$$D_2' = K_p' P_1' + K_d' D_1' + K_g' \Gamma_1' + K_a' S_a' + K_b' S_b' + K_c' \text{const}'' + K_c'' \text{const}''' \tag{6.21}$$

式中，

$$
\begin{aligned}
J_p' &= (A_1'' B_2''' - A_1''' B_2'')/[A''B''] & K_p' &= -(A_1'' A_2''' - A_1''' A_2'')/[A''B''] \\
J_d' &= (B_1'' B_2''' - B_1''' B_2'')/[A''B''] & K_d' &= -(B_1'' A_2''' - B_1''' A_2'')/[A''B''] \\
J_g' &= (E_1'' B_2''' - E_1''' B_2'')/[A''B''] & K_g' &= -(E_1'' A_2''' - E_1''' A_2'')/[A''B''] \\
J_a' &= (B_2'' C''' - B_2''' C'')/[A''B''] & K_a' &= -(A_2'' C''' - A_2''' C'')/[A''B''] \\
J_b' &= (B_2'' G''' - B_2''' G'')/[A''B''] & K_b' &= -(A_2'' G''' - A_2''' G'')/[A''B''] \\
J_c' &= -B_2'''/[A''B''] & K_c' &= A_2'''/[A''B''] \\
J_c'' &= B_2''/[A''B''] & K_c'' &= -A_2''/[A''B'']
\end{aligned}
\tag{6.22}
$$

其中，

$$[A''B''] = A_2'' B_2''' - A_2''' B_2''$$

在大多数情况下，波前是均匀来流，所以 $P_1' = D_1' = \Gamma_1' = \delta_1 = 0$，同时 $L'' = L''' = 0$。因此，式(6.20)和式(6.21)可简化为如下形式：

$$P_2' = J_a' S_a' + J_b' S_b' + J_c' \text{const}'' + J_c'' \text{const}''' \tag{6.23}$$

$$D_2' = K_a' S_a' + K_b' S_b' + K_c' \text{const}'' + K_c'' \text{const}''' \tag{6.24}$$

由于影响系数大小取决于激波参数,即来流马赫数和激波角,所以通过带影响系数的表达式可以直观地了解来流参数和激波曲率梯度对波后压力二阶梯度及流线曲率梯度的影响。图 6.3 展示了来流马赫数 3 情况下,锐角激波和钝角激波后压力二阶梯度的影响系数。由蓝色曲线可知,在其他参数不变的情况下,对于弱激波,波前压力二阶梯度和波后压力二阶梯度呈正相关关系,相关系数约为 25。但是对于强激波,波前后压力二阶梯度呈负相关关系,相关系数最大可达到 220。当激波角为 76°和 104°时,波前压力二阶梯度的变化不会影响波后压力二阶梯度。由绿色曲线可知,对于几乎所有弱锐角激波,波前流线曲率梯度的增大会导致波后压力二阶梯度的减小,但是对于钝角激波,影响则正好相反。而来流涡量梯度对于波后压力二阶梯度的影响,如图 6.3 红色曲线所示,与波前压力二阶梯度正好相反,但是变化趋势类似。激波流向曲率梯度,如图 6.3 中青色曲线所示,对于波后压力二阶梯度几乎没有影响。

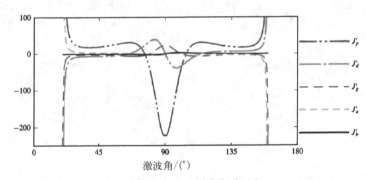

图 6.3　压力二阶梯度影响系数

图 6.4 展示了波后流线曲率梯度的影响系数和激波角的关系。蓝色曲线表明正的波前压力二阶梯度对于锐角弱激波后流线曲率梯度有正影响,但是对于

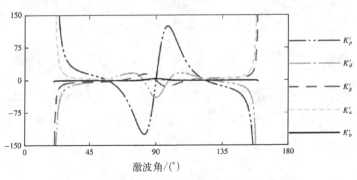

图 6.4　流线曲率梯度的影响系数和激波角的关系

强锐角激波后流线曲率梯度有负影响。对于钝角激波,影响方式正好相反。从绿色曲线可知,当激波角为 53°、81°、99° 和 127° 时,波前流线曲率梯度的变化不会造成波后流线曲率梯度的变化。同样,也存在三个激波角,使得波前涡量梯度与波后流线曲率梯度不相关。青色和黑色曲线为激波曲率梯度对波后流线曲率梯度的影响,由图 6.4 可知,对于锐角激波和钝角激波,该影响系数变化呈对称分布。

当激波从锐角向钝角过渡时,图 6.3 和图 6.4 中所有曲线都具有对称性或反对称性。这是由于默认了来流方向与对称轴平行,但是来流方向的变化仅会造成轴对称流动波前气流呈收缩或扩散趋势,对平面流则没有影响。

6.2.3　平面激波后参数二阶梯度变化规律

本小节将通过二阶弯曲激波方程组研究平面激波后参数二阶梯度变化规律。假设来流水平均匀,则二阶弯曲激波方程组等号左边全部为零。同时,对于平面激波,不存在横向曲率,所以横向曲率以及横向曲率梯度均为零。而流向曲率仅在激波弯曲时不为零,当激波为一条直线时,其流向曲率和流向曲率梯度也为零。基于以上条件,二阶弯曲激波方程组可简化为只含有激波曲率、曲率梯度以及波后压力二阶梯度和波后流向曲率梯度的表达式:

$$P_2' = J_a'S_a' + J_{pl}'S_a^2 \tag{6.25}$$

$$D_2' = K_a'S_a' + K_{pl}'S_a^2 \tag{6.26}$$

式中,系数 J_{pl}'、K_{pl}' 详见附录 E。

式(6.25)和式(6.26)表明,波后压力二阶梯度和流线曲率梯度都与激波流向曲率 S_a 的平方相关。相关程度及正负由系数 J_{pl}' 和 K_{pl}' 决定,而这些系数仅是来流马赫数和激波角的函数。因此,对于一道平面激波,当来流条件以及激波几何形状已知时,通过式(6.25)和式(6.26)可以计算得出波后参数变化趋势的快慢,进而对波后流动进行分析。

例如,来流马赫数为 3 的自由来流,穿过一道流向曲率为 −1、曲率梯度为 0 的平面凸激波,波后压力一阶及二阶梯度、流线曲率、流线曲率梯度随激波角的变化如图 6.5 所示。由图 6.5 可知,当激波角 $\theta > 104°$ 及 $90° > \theta > 77°$ 时,灰色虚线代表的流线曲率梯度为正,但在其余激波角时波后流线曲率梯度为负。黑色虚线表明,对于所有的激波角,波后压力二阶梯度始终为负。虽然在激波上的 Thomas 点和 Crocco 点 P_2、D_2 分别为零,但是 P_2' 和 D_2' 不再等于零。这对于分析弯曲激波附近区域流场至关重要。因此,二阶弯曲激波理论可以看作 Thomas 点和 Crocco 点的进一步延伸。例如,Thomas 点常被用来区分压缩流场和膨胀流场,借助 P_2' 的信息,可以进一步确定流场压缩或膨胀的强度。此外,P_2' 的大小直接决定了 Thomas 点能不能沿流线发展成 Thomas 线。而 Crocco 点则是确定流动趋势的重要指标。通过 D_2' 可以进一步分析流动趋势变化的快慢,从而确定波后流线是直线还是曲线。

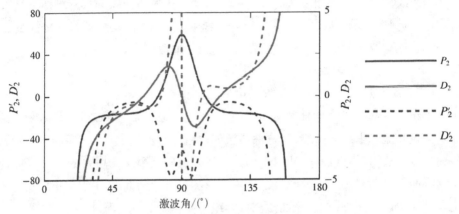

图 6.5　波前均匀的平面激波后压力二阶梯度和流线曲率梯度 ($Ma_1 = 3$, $S_a = -1$)

6.2.4　平面激波压力气流角极曲线

压力和气流偏转角是激波反射现象中两个重要变量。以马赫反射为例,滑移线上任一点两侧的压力和流动方向需要一致,但其他参数可以不同。因此,压力气流角极曲线被广泛应用于激波反射的分析。

理论上,气体动力学中描述激波性质的公式为斜激波关系式:

$$\frac{p_2}{p_1} = \frac{2\gamma}{\gamma + 1} Ma_1^2 \sin^2\beta - \frac{\gamma - 1}{\gamma + 1}$$

$$\tan\theta = 2\cot\beta \frac{Ma_1^2 \sin^2\beta - 1}{Ma_1^2 [\gamma + \cos(2\beta)] + 2}$$

所以,在超声速 Ma_1 给定的条件下,气流经过激波偏转角 θ 和激波前后压比 p_2/p_1 有着确定的关系,将所有可能的 p_2/p_1 随 θ 的解用 p-θ 图表示,就得到能够清楚反映激波性质的激波极曲线图。

图 6.6 展示了带有极流线及其梯度的压力气流偏转角极曲线。横坐标是气

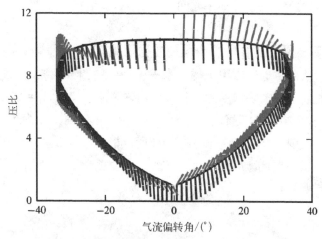

图 6.6　均匀来流中平面激波极曲线和极流线（$Ma_1 = 3$，$S_a = -1$）

流偏转角，纵坐标是压比。对于弯曲激波，激波上每一点都对应一组 P_2' 和 D_2'。因此，极流线的梯度计算公式为

$$l'_{pl} = \frac{\dfrac{1}{\rho v^2 Ma_1^2}\dfrac{\partial^2 p}{\partial s^2}}{\dfrac{\partial^2 \delta}{\partial s^2}} = \frac{1}{\rho v^2 Ma_1^2}\frac{\partial^2 p}{\partial \delta^2} = \frac{P'}{Ma_1^2 D^2} \tag{6.27}$$

　　图 6.6 中黑色曲线表示激波极曲线，红色曲线表示平面激波后的流线斜率，而蓝色曲线则代表流动方向梯度，用变量 l'_{pl} 表示。图 6.6 右半部分代表锐角激波，波后流动偏转角为正，左半部分表示钝角激波，波后流动偏转角为负。由图 6.6 可知，对于弱锐角激波，l'_{pl} 为负，与流线的斜率相反。在 Crocco 点（±34°），流线斜率趋向±∞，而流动方向梯度同样趋向±∞。在 Thomas 点（±31°）附近，流线斜率发生符号变化，但流动方向梯度仍然保持相同正负性。对于锐角激波，波后极流线斜率和流动方向梯度正负性相反；对于钝角激波，二者的正负性则是相同的。在平面流动中，极流线斜率与激波曲率无关，但是流动方向梯度与激波曲率有关。基于此，极坐标图可以用于分析激波反射。以常规反射为例，入射激波后参数需要与反射激波前参数匹配。因此，在入射激波后和反射激波前区域，除了 P/D 的比值需要一致，P'/D' 的比值也需要匹配。基于以上特性，可以建立入射激波曲率和反射激波曲率之间的联系。对于马赫波，根据 von Neumann 准则，滑移线上任一点两侧的 $Ma_1^2 P'/D^2$ 比值应保持相同。所以，通过二阶弯曲激波方程组可以建立入射激波

曲率、反射激波曲率和马赫波曲率之间的关系。

6.2.5　圆锥激波后参数二阶梯度变化规律

当二阶弯曲激波理论应用于均匀水平流动中的圆锥激波时,通过推导可得用于求解激波后参数二阶梯度的表达式。均匀来流意味着 $P_1' = D_1' = \Gamma_1' = 0$。而圆锥激波由于不存在流向曲率,所以 $S_a = 0$,激波横向曲率则为 $S_b = -1/R_b = -\cos q_1/y$。因为来流与 x 轴平行,$\delta_1 = 0$,所以根据系数表达式可知 $G'' = 0$。基于以上条件,二阶弯曲激波方程组简化为

$$P_2' = J_b'S_b' + J_{cs}'S_b^2 \tag{6.28}$$

$$D_2' = K_b'S_b' + K_{cs}'S_b^2 \tag{6.29}$$

式中,系数 J_{cs}' 和 K_{cs}' 在附录 E 中给出。

图 6.7 展示了来流马赫数 3,距离对称轴单位距离的圆锥激波后压力二阶梯度和流线曲率梯度。该图的左半部分为锐角圆锥激波,右半部分为钝角圆锥激波。对于锐角圆锥激波,P_2' 和 D_2' 都为负值,说明在锐角圆锥激波后流动中,压力和气流偏转角沿流线增加幅度逐渐趋缓。这些现象早已在零攻角圆锥流动研究中得到证明。但是,对于研究尚少的钝角圆锥激波,虽然波后流线曲率梯度为正,但是压力二阶梯度为负,所以沿流线压力下降幅度趋缓,但气流偏转角沿流线增加得越来越快。

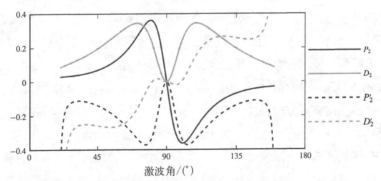

图 6.7　波前均匀的圆锥激波后压力二阶梯度和流线曲率梯度 ($Ma_1 = 3$, $y = 1$)

6.2.6　圆锥激波压力气流角极曲线

将式(6.28)和式(6.29)应用于锥形流动,可得波后流动方向梯度表达式为

$$l'_{cs} = \frac{\dfrac{1}{\rho v^2 Ma_1^2}\dfrac{\partial^2 p}{\partial s^2}}{\dfrac{\partial^2 \delta}{\partial s^2}} = \frac{1}{\rho v^2 Ma_1^2}\frac{\partial^2 p}{\partial \delta^2} = \frac{P'}{Ma_1^2 D^2} \qquad (6.30)$$

在图 6.8 中,红色线表示圆锥流的流线斜率,而蓝色线表示流动方向梯度,这里用 l'_{cs} 表示,对应于平面流下的式(6.26)。对于 P'_2、P_2、D_2 性质的检查表面,(p, δ) 平面中的流动方向梯度是自由流马赫数、激波角和激波曲率 S_b 的函数。对于大多数锐角激波,斜率和流动方向梯度是相反的符号,除了部分弱锐角激波。在圆锥流中,与平面流类似,极流线斜率与激波曲率无关,而流动方向梯度与激波曲率有关。与平面流不同的是,Crocco 点或 Thomas 点不可能出现在圆锥激波中,因此圆锥激波后斜率不为零,但是流线曲率梯度为零的点确实存在。

不仅是平面激波反射领域,二阶弯曲激波方程组也可以应用于轴对称激波反射的研究。通过轴对称压力气流角极曲线图,同样可以建立入射激波、反射激波和马赫波之间曲率的联系。由于激波曲率表征着激波形状,二阶弯曲激波方程组提供了一种新的视角研究激波反射问题,如马赫盘的形状。

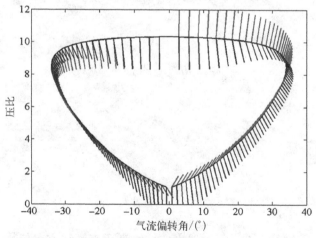

图 6.8　均匀流动中圆锥激波后的激波极性和极性流线($Ma_1 = 3$, $y = 1$)

6.2.7　改进的欧拉方程

欧拉方程是无黏流体力学中最重要的基本方程之一,通过忽略 N-S 方程中的黏性项得到,对于波后任意一点无条件成立。由于欧拉方程中含有平行流线方向导数和垂直流线方向导数,所以对于完整波后流场的求解,可将改进的欧拉方程与弯曲激波理论求得的波后参数一阶导数相结合。具体计算方法以及计算结果验证见本书第 7 章关于弯曲激波理论的反设计法的讨论,本小节将给出改进的欧拉方程及其应用。

在推导一阶弯曲激波方程组时需要对典型欧拉方程进行一定转换,推导出改进的欧拉方程。

质量:

$$\frac{\partial \delta}{\partial n} = - (Ma^2 - 1)P - j \frac{\sin \delta}{y} \tag{6.31}$$

平行流向动量:

$$\frac{1}{v} \frac{\partial v}{\partial s} = - \frac{1}{\rho v^2} \frac{\partial p}{\partial s} = - P \tag{6.32}$$

垂直流向动量:

$$\frac{1}{\rho v^2} \frac{\partial p}{\partial n} = - \frac{\partial \delta}{\partial s} = - D \tag{6.33}$$

能量:

$$\frac{1}{\rho} \frac{\partial \rho}{\partial n} = - Ma^2 [D + (\gamma - 1)\Gamma] \tag{6.34}$$

$$\frac{1}{\rho} \frac{\partial \rho}{\partial s} = Ma^2 P \tag{6.35}$$

涡量:

$$\frac{1}{v} \frac{\partial v}{\partial n} = D - \Gamma \tag{6.36}$$

改进的欧拉方程含有平行流线方向导数和垂直流线方向导数,且对于波后任意一点无条件成立,可以用于求解波后流场,具体实施的步骤如下:

(1) 给定激波形状 $y = f(x)$,沿激波方向等间距地将激波分段、取点,其间距大小决定网格密度。

(2) 根据给定的激波曲线方程,求解其上每点的曲率及激波角。

(3) 若激波上划分的分段点足够多,则每小段可假设为直线,利用斜激波关系式的 R－H 方程求解每点波后零阶梯度参数,如静压、马赫数、气流角、密度等。

（4）根据弯曲激波理论及其相应方程,求解波后每点的一阶和二阶梯度参数,如 P_2、D_2、P_2'、D_2'。

（5）单元过程,如图 6.9 所示,根据激波上 1 点气流角绘出垂直于过 1 点流线的垂线 1－3,与过 2 点的流线交于 3 点(假设每一小段微元的流线与垂流线为直线)。根据 1 点与 2 点的坐标可求解出 3 点的坐标,并得到 2－3 和 1－3 的距离。

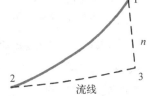

图 6.9　单元过程

（6）根据 1－3 段流量守恒,利用式(6.31)求解 3 点气流角,由于 2－3 为等熵流动,所以采用普朗特-迈耶流动关系式求解 3 点马赫角,进而由总压守恒求解 3 点静压、马赫数、密度等参数。

（7）重复该单元过程直到求解出整个流场。

6.3　三阶弯曲激波方程

6.3.1　三阶弯曲激波方程的推导

前面给出二阶弯曲激波方程组的推导过程以及公式分析。在工程应用领域,二阶弯曲激波方程组求取的流场已经可以达到足够的精度,其计算速度也比传统的 MOC 等数值模拟方法有所提高。为向感兴趣的读者提供更高阶公式推导的方法参考,本小节给出推导三阶弯曲激波方程组的方法,读者可通过了解该方法以加深对弯曲激波理论的认识,并自行推导更高阶的弯曲激波方程组。

一阶弯曲激波方程组以及二阶弯曲激波方程组的推导过程都很复杂。由此可知,推导更高阶弯曲激波方程组仅依靠手动必然代价极高,同时,检验方程组的正确性也是一个问题。因此,有必要寻找一种既能节省时间,又可以保证求解准确性的方法。

随着计算机数值计算能力逐渐提高,各种数值软件兴起,它们既有高计算效率,又可以保证精度。考虑以上情况,本小节将以数值软件 MATLAB 代替手动推导,给出三阶弯曲激波方程组的完整表达式。

推导三阶弯曲激波方程组涉及大量函数求导,MATLAB 自带的求导命令"diff"可以轻松地对形如 $Z = f(x, y)$ 的复合函数求偏导,但是程序默认 y 与 x 无关。例如,$Z = y^2 + x^2$,使用"diff"命令求解 $\partial Z/\partial x$,结果是 $\partial Z/\partial x = 2x$。而本节推导过程中需要求偏导的大部分变量都与自变量有关，即 y 是 x 的函数，求偏导结果应为 $\partial Z/\partial x = 2yy' + 2x$。因此，无法单靠"diff"命令实现三阶弯曲激波方程组的推导，但结合"subs"指令可以实现三阶弯曲激波方程组的推导。MATLAB 指令"subs"是一种通用的置换指令，功能是在符号表达式和矩阵中进行符号替换/置换操作。此外，它还可以将符号计算转换为数值计算。指令"subs"具体使用方式：$g = \text{subs}(f, a, b)$，即用 b 置换表达式 f 中的 a，然后将置换完的表达式赋给 g。因此，编程思想为：① 先假设 $y = y'x$；② 输入 $Z = f(x, y)$；③ 使用命令"diff"求解 $\partial Z/\partial x$；④ 利用指令"subs"将结果中的 $y'x$ 项用 y 替换。

举例说明，由一阶、二阶弯曲激波方程组推导过程可知，来流马赫数平方沿流线方向的偏导数为

$$\frac{\partial Ma_1^2}{\partial s} = Ma_1^2\left[(1 - \gamma)Ma_1^2 - 2\right]$$

为了推导三阶弯曲激波方程组，需要将 $\partial Ma_1^2/\partial s$ 沿激波方向求偏导，具体程序如下：

（1）$Ma12 = \mathrm{d}Ma12 \times \text{sigma}$。$Ma12$ 表示来流马赫数的平方，sigma 为自变量 σ，$\mathrm{d}Ma12$ 表示 $\partial Ma_1^2/\partial \sigma$，是已知量。这行程序用于定义 Ma_1^2 和 σ 的表达式。

（2）$\mathrm{d}Ma12s = Ma12 * ((1 - \gamma) * Ma12 - 2)$。$\mathrm{d}Ma12s$ 表示 $\partial Ma_1^2/\partial s$。这行程序意为输入需要计算偏导数的表达式。

（3）$\mathrm{dd}Ma12s1 = \text{diff}(\mathrm{d}Ma12s, \text{sigma})$。使用命令"diff"将函数 $\partial Ma_1^2/\partial s$ 对 σ 求偏导，并将结果赋给变量 $\mathrm{dd}Ma12s1$。

运行程序，结果为 $\mathrm{dd}Ma12s1 = -\mathrm{d}Ma12 * (\mathrm{d}Ma12 * \text{sigma} * (\gamma - 1) + 2 - \mathrm{d}Ma12^2 * \text{sigma} * (\gamma - 1))$。但是表达式含有自变量 σ，这不利于之后使用三阶弯曲激波方程组，需要将表达式中 σ 消去，使表达式只含有已知量。

（4）$\mathrm{dd}Ma12s = \text{subs}(\mathrm{dd}Ma12s1, \mathrm{d}Ma12 * \text{sigma}, \text{sys}('Ma12'))$；将变量 $\mathrm{dd}Ma12s1$ 中的 $\mathrm{d}Ma12 * \text{sigma}$ 用符号变量 $Ma12$ 代替，并将结果赋给 $\mathrm{dd}Ma12s$。

运行程序，结果为 $\mathrm{dd}Ma12s = -\mathrm{d}Ma12 * (Ma12 * (\gamma - 1) + 2) - Ma12 * \mathrm{d}Ma12 * (\gamma - 1)$，此时表达式中变量均为已知变量。

根据这种编程思想，可编写相关 MATLAB 求解程序，其中二阶弯曲激波方程组占据大量代码。结合计算机计算速率优势，依靠数值软件 MATLAB 推导三阶弯曲激波方程组的效率远远高于手动推导。鉴于求偏导全过程由 MATLAB 数值软件完成，因此检验输入函数的正确性就等同于检验方程组的正确性。

类似二阶方程,定义标准变量 $D_1'' = \partial^2 D_1/\partial s^2$、$P_1'' = \partial^2 P_1/\partial s^2$、$D_2'' = \partial^2 D_2/\partial s^2$、$P_2'' = \partial^2 P_2/\partial s^2$、$\Gamma_1'' = \partial^2 \Gamma/\partial s^2$、$S_a'' = \partial^2 S_a/\partial \sigma^2$、$S_b'' = \partial^2 S_b/\partial \sigma^2$,依靠数值软件 MATLAB 推导得到三阶弯曲激波方程组,化简后表达式如下:

$$A_{31}P_1'' + B_{31}D_1'' + E_{31}\Gamma_1'' = A_{32}P_2'' + B_{32}D_2'' + C_3 S_a'' + G_3 S_b'' + \mathrm{const}_1 \quad (6.37)$$

$$A_{31}'P_1'' + B_{31}'D_1'' + E_{31}'\Gamma_1'' = A_{32}'P_2'' + B_{32}'D_2'' + C_3' S_a'' + G_3' S_b'' + \mathrm{const}_2 \quad (6.38)$$

式中,系数 A_{31}、B_{31}、E_{31}、A_{32}、B_{32}、C_3、G_3、A_{31}'、B_{31}'、E_{31}'、A_{32}'、B_{32}'、C_3'、G_3' 和常数项都是关于来流马赫数、波后马赫数、气流角和激波角等已知量的函数表达式,完整表达式展示于附录 F 中。

6.3.2　三阶弯曲激波方程的分析与运用

三阶弯曲激波方程组结构与二阶相同,均为简化后的代数形式方程。三阶弯曲激波方程组包含两个等式,每个等式除了系数和常数项,各有七个变量:P_1''、D_1''、Γ_1''、P_2''、D_2''、S_a''、S_b'',其中 P_1''、D_1''、Γ_1'' 表示激波前流场参数 P_1'、D_1'、Γ_1' 的变化率,根据来流条件可以确定;S_a''、S_b'' 表示激波曲率变化率 S_a'、S_b' 的变化率,可以由指定的激波形状求解;P_2''、D_2'' 表示波后流场参数 P_2'、D_2' 的变化率,是未知量,通过求解三阶弯曲激波方程组得到。

如图 6.10 所示,求解弯曲激波方程组得到波后特征参数 P_2、D_2、P_2'、D_2' 和 P_2''、D_2''。根据图 6.10 结果,一阶参数随流动方向有较大变化,二阶参数基本不随流线变化,因此可进行合理类推,更高阶(三阶)参数随流动方向变化更小,因此可以假设波后 P_2''、D_2'' 保持不变,求解得到流场参数 P_2'、D_2',进而求解波后流场参数 P_2 和 D_2,最终实现波后全流场的解。

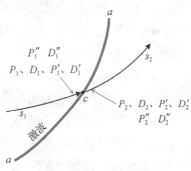

图 6.10　方程组参数示意图

具体实施步骤如下:

(1)给定激波形状 $y = f(x)$,沿激波方向等间距地将激波分段、取点,间距大小决定了网格密度。

(2)根据激波曲线 $y = f(x)$ 求解激波上每一点的激波曲率及激波角。

(3)假设每一小段激波为直线,利用 R-H 方程以及来流条件求解激波上每一点的波后参数,如静压、马赫数、密度、气流角等。

（4）根据弯曲激波方程组以及来流条件求解激波上每一点的波后特征参数：P_2、D_2、P_2'、D_2' 和 P_2''、D_2''。

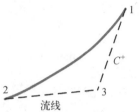

（5）单元过程示意图如图 6.11 所示，根据激波上 1 点波后马赫数与气流角绘出过 1 点的 C^+ 特征线（马赫线），与过 2 点的流线交于 3 点（该单元过程假设每一小段微元内流线和特征线为直线）。已知 1 点与 2 点的坐标，求解得到 3 点的坐标，并根据两点距离公式得到 2－3 和 1－3 之间的距离。

图 6.11　单元过程示意图

（6）假设沿 2－3 流线，P_2''、D_2'' 保持不变，根据 2－3 段微元距离，利用中心差分方法近似求解 3 点的 P_3'、D_3'、P_3、D_3，进而利用压力梯度与流线曲率定义式求解 3 点的静压、马赫数、气流角等参数。

（7）重复单元过程求解整个波后流场。

通过研究发现，三阶弯曲激波方程组虽然具有理论意义，但是工程意义不大。因为在实际工程运用中，并不知道几阶导数才能符合波后流场。如果实际是六阶导数，而使用三阶弯曲激波方程组求解，可能会产生较大误差；如果二阶弯曲激波方程组就满足要求，使用高阶弯曲激波方程组求解，则性价比太低：一是推导三阶以上的高阶弯曲激波方程组计算量大；二是使用高阶弯曲激波方程组求解精度高。因此，将上述利用三阶弯曲激波方程组的流场求解方法进行适当改进，应用于二阶弯曲激波方程组即可得到较为满意的结果，该方法总结并命名为弯曲流线特征线法（method of curved-shock characteristic，MOCC），将在本书第 7 章进行详细阐述。

参考二阶弯曲激波方程组和三阶弯曲激波方程组的推导方法，理论上可将方程两边继续同时沿激波线求导以得到更高阶弯曲激波方程组。

根据式（6.1）进行合理推测可知，随着更高阶导数的求取，对于同一条流线上点的坐标以及状态将表达得更准确，即对于整个流场的描述将更为完整精确。然而更高阶的方程意味着计算难度与计算量的大幅增加，但是在应用于工程的流场计算上，其计算精度较二阶或三阶弯曲激波方程组并没有明显的提升。因此，高阶弯曲激波方程组仅具有理论意义，本书未加以推导。

6.4　小结

关于激波的基础研究已经发展了近两个世纪，直线激波理论已经非常完善并且可以得到精确的激波及其流场。但是由于弯曲激波与直线激波截然不同的流动特性,即使关于弯曲激波的研究已经进行了近100年,该领域仍然处于发展阶段。针对弯曲激波前后高阶气动参数等激波机理问题进行了理论拓展,发展了可用于精确求解弯曲激波前后高阶气动力参数的二阶弯曲激波方程组及影响系数形式的表达式,解决了用高阶气动力参数阐述流体运动趋势快慢以及弯曲激波高阶物理特性等问题。二阶弯曲激波理论将激波曲率梯度和气流激波夹角与压力、涡度和流线曲率的二阶梯度联系起来。理论研究表明:该二阶弯曲激波方程组为了解激波物理特性提供了一种新的视角,并有效地分析了波前参数对于波后高阶气动力参数的影响程度,填补了弯曲激波理论在高阶物理特性方面的研究空白。

通过一阶弯曲激波方程组对两边同时沿激波线求导并进行一定化简,得到二阶弯曲激波方程式(6.12)和式(6.13)。

$$A_1'' P_1' + B_1'' D_1' + E_1'' \Gamma_1' = A_2'' P_2' + B_2'' D_2' + C'' S_a' + G'' S_b' + \text{const}'' \quad (6.39)$$

$$A_1''' P_1' + B_1''' D_1' + E_1''' \Gamma_1' = A_2''' P_2' + B_2''' D_2' + C''' S_a' + G''' S_b' + \text{const}''' \quad (6.40)$$

该方程组系数只与来流条件有关,即来流条件确定时,只需要给出七个位置变量 P_1'、D_1'、P_2'、D_2'、Γ_1'、S_a'、S_b' 中的五个,另两个变量即可通过联立方程组求解。结合通过 R－H 方程求得波后零阶参数、一阶弯曲激波方程组求得的一阶参数,可较为全面系统地描述弯曲激波(直线激波属于弯曲激波特例)性质,进而为下一步求解整个波后流场做准备。

针对内外流基本流场主流反设计方法等 MOC 计算复杂、稳定性差的问题,本章基于上述二阶/高阶弯曲激波方程组,发展了一种快速基本流场反设计方法——MOCC,该方法通过在激波附近应用弯曲激波方程组,波后区域使用 MOCC 快速有效地完成了基本流场反设计,提升了计算效率以及计算稳定性,精度也较 MOC 有所提高。对于该方法的详细介绍见第 7 章。另外,弯曲激波理论也被用于平面流和轴对称流中的激波捕捉,而这些用于描述激波几何形状的高阶变量使得该理论成为解决 CFD 算法中该类问题的良好备选方案。

相对地,三阶以及高阶弯曲激波方程组也可以通过现代计算机软件获得。然而与二阶弯曲激波方程组相比,得到的公式复杂程度显著提高,而其结果并没有很大改进。

然而二阶弯曲激波方程组仍存在一定不足。通过参数 S_a'、S_b' 可详细描述激波曲面形状,但仍限制于二维或准三维。在任意形状激波的全三维流场中,除了考虑波后流平面以及垂流面内的流动特性外,其横向流动以及横向梯度也是必须考虑的因素之一。因此,将二阶弯曲激波方程拓展到三维领域仍存在一定困难,相关全三维弯曲激波理论有待进一步发展。

第 7 章

高阶弯曲激波理论的基本应用

7.1 基于二阶弯曲激波理论的泰勒展开法

由于弯曲激波方程是基于 R - H 方程推导而来的,所以弯曲激波方程只适用于激波附近,可以精确求解紧邻波前后区域的气动力参数导数。但是基准流场设计需要求解整个波后流场,因此本书进一步发展了弯曲激波理论用于求解波后流场。弯曲激波理论的核心在于气动力参数的高阶导数,而高阶导数描绘了参数的变化方向及趋势。基于泰勒展开法,在已知气动力参数在激波点沿流线的各阶导数值的情况下,可以用高阶导数值作为系数构建一个多项式来近似求解该流线的参数分布。图 7.1 绘制了圆锥激波后沿流线气动力参数的导数变化。由图 7.1 可知,虽然压力梯度(黑色实线)和流线曲率(灰色实线)沿流线变化很大,但是压力二阶梯度(黑色虚线)以及流线曲率梯度(灰色虚线)沿流线几

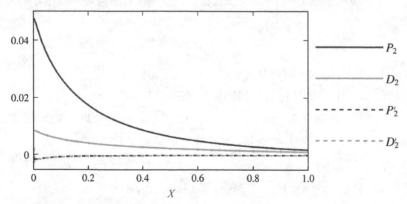

图 7.1 均匀流动中圆锥激波后沿流线气动力参数的导数变化 ($Ma = 3$, $\theta = 30°$)

乎没有改变。因此,基于泰勒展开,弯曲激波理论可用于近似求解弯曲激波后流场。根据泰勒展开定义,弯曲激波后流线可以用如下泰勒展开式近似:

$$y = y_s + (x - x_s)\tan\delta + \frac{(x - x_s)^2}{2}\frac{\mathrm{d}^2 y}{\mathrm{d}x^2} + \frac{(x - x_s)^3}{6}\frac{\mathrm{d}^3 y}{\mathrm{d}x^3} + K$$

$$\frac{\mathrm{d}^2 y}{\mathrm{d}x^2} = \frac{D_2}{\cos^3\delta}, \quad \frac{\mathrm{d}^3 y}{\mathrm{d}x^3} = \frac{3D_2^2\tan\delta + D_2'}{\cos^4\delta}$$

有趣的是,这种变化趋势不仅适用于圆锥激波,也适用于平面激波和轴对称弯曲激波。为了证实该近似方法的可行性,分别使用一阶和二阶弯曲激波理论求解三个典型弯曲激波后流场,并与 MOC 的结果进行对比。MOC 的几何方程和相容方程如下:

$$\left(\frac{\mathrm{d}y}{\mathrm{d}x}\right)_0 = \frac{v_y}{v_x}$$

$$\left(\frac{\mathrm{d}y}{\mathrm{d}x}\right)_\pm = \tan\left[\delta_2 \pm \arcsin\left(\frac{1}{Ma}\right)\right]$$

$$\rho v d_0 v + d_0 p = 0$$

$$d_0 p - v_{\mathrm{sonic}}^2 d_0 \rho = 0$$

$$d_\pm \delta_2 \pm \frac{\sqrt{Ma^2 - 1}}{\rho v^2} d_\pm p + \frac{j\sin\delta_2 d_\pm x}{yMa\cos\left[\delta_2 \pm \arcsin\left(\frac{1}{Ma}\right)\right]} = 0$$

式中,下标 0 表示流线方向;下标±表示特征线方向;平面流动 $j = 0$,轴对称流动 $j = 1$。

7.1.1 圆锥激波 ($S_a = 0$, $S_b \neq 0$)

图 7.2 展示了来流马赫数 6 的圆锥激波后流场参数分布。圆锥激波几何形状方程为 $y/L_1 = 0.3x/L_1$。参考长度 $L_1 = 50$ 用于无量纲处理。MOC、一阶弯曲激波方程组和二阶弯曲激波方程组得到的波后流场分别如图 7.2(a)~(c)所示。由图可知,三个流场具有相似的流动特征。但是,泰勒展开的截断误差使得一阶弯曲激波方程组求出的压比大于 MOC 得到的压比,误差沿流线逐渐累积,导致远离激波的区域误差较大。通过对比可见,使用二阶导数进行泰勒展开可以更

好地匹配 MOC 的结果。这是因为相较于压力梯度和流线曲率,压力二阶梯度和流线曲率梯度沿流线几乎保持不变,因此降低了截断误差。综上所述,二阶弯曲激波理论可以显著提高波后流场精度。

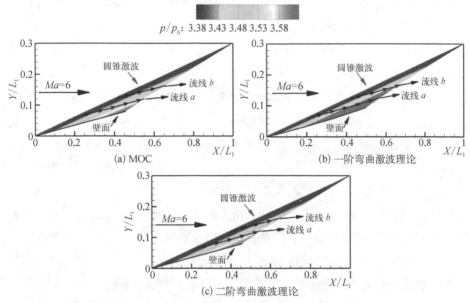

图 7.2　圆锥激波后压力分布 ($y/L_1 = 0.3x/L_1$, $S_a = 0$, $S_b \neq 0$, $Ma = 6$, $L_1 = 50$)

在定性分析的基础上,对结果进行了定量分析,提取了三个流场中激波点 $x/L_1 = 0.2$ 和 0.4 对应的波后流线并进行对比,结果如图 7.3 所示。对比黑色虚线与黑色实线可知,在使用一阶弯曲激波方程组计算压比时,截断误差沿流线逐

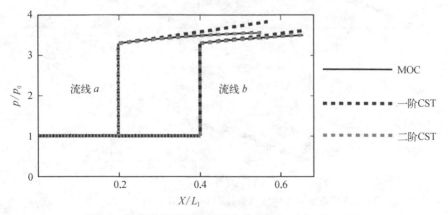

图 7.3　圆锥激波后沿流线压力分布 ($S_a = 0$, $S_b \neq 0$)

渐累积,在流线末端达到最大,为 6.8%。但是使用二阶弯曲激波方程组后,精度会显著提高,如灰色虚线所示,灰色虚线和黑色实线不仅在激波附近吻合良好,在远离激波区域也具有较高的精度,这展现了二阶弯曲激波方程组在波后流场求解领域的精度优势。与一阶弯曲激波方程组相比,使用二阶弯曲激波方程组得到的压比最大误差降低至 0.8%。

7.1.2 轴对称弯曲激波 ($S_a \neq 0$, $S_b \neq 0$)

对于轴对称弯曲激波,图 7.4 给出了来流马赫数 6 的波后流场压力分布。弯曲激波形状控制方程为 $y/L_2 = 0.025(x/L_2)^2 + 0.35x/L_2$,其中,$L_2 = 50$ 是用于无量纲处理的参考长度。值得注意的是,轴对称弯曲激波的横截面是圆形,所以在流动法向平面中横向曲率非零。如图 7.4 所示,分别通过 MOC、一阶弯曲激波方程组和二阶弯曲激波方程组获得了轴对称弯曲激波后流场。总的来说,使用一阶弯曲激波方程组和二阶弯曲激波方程组求解的波后流场具有类似于 MOC 结果的流动特性。但是其细节仍有不同之处,由一阶弯曲激波方程组计算得到的压比较 MOC 获得的压比沿流线增加得更快,具有较大误差,而二阶弯曲激波方程组求解得到的波后流场与 MOC 结果匹配得更好。

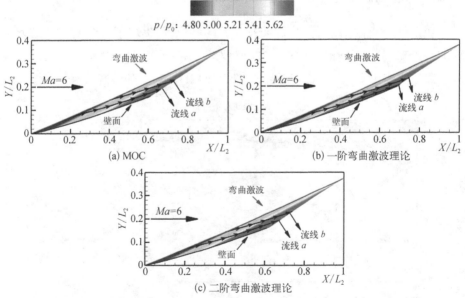

图 7.4 轴对称弯曲激波后流场压力分布 ($y/L_2 = 0.025(x/L_2)^2 + 0.35x/L_2$, $S_a \neq 0$, $S_b \neq 0$, $Ma = 6$, $L_2 = 50$)

进一步从三个流场中提取激波点 $x/L_1 = 0.2$ 和 0.4 处的波后流线压力分布用于定量分析,结果绘制于图 7.5 中。与 MOC(黑色实线)相比,泰勒展开的截断误差,使用一阶弯曲激波方程组(黑色虚线)计算得到的压比误差沿着流线显著增加。最大误差出现在流线末端,达到 19.8%。相比之下,二阶弯曲激波方程组(灰色虚线)的结果与 MOC 的结果更加接近,压比误差沿流线仅略微增加,最大误差为 2.4%。通过增加弯曲激波方程的阶数,精度显著提高了 17.4%,这意味着二阶弯曲激波方程组可用于更精确地求解轴对称波后流场。

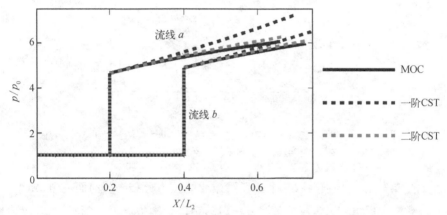

图 7.5　轴对称弯曲激波后沿流线压力分布 ($S_a \neq 0$, $S_b \neq 0$)

7.1.3　二维弯曲激波 ($S_a \neq 0$, $S_b = 0$)

该方法也可用于近似求解平面波后流场,图 7.6 展示了来流马赫数为 6 的平面弯曲激波后流场的流动特征。激波形状由方程 $y/L_3 = 0.05(x/L_3)^2 + 0.3x/L_3$ 绘制。其中,$L_3 = 100$ 是用于无量纲处理的参考长度。MOC、一阶弯曲激波方程组和二阶弯曲激波方程组获得的结果分别展示于图 7.6(a)~(c)中。三个波后流场显示出相同的流动趋势,压比均沿着流线增加,然而,由于泰勒展开存在截断误差,所以由一阶弯曲激波方程组得到的压比大于 MOC 的压比,尤其是在远离激波的区域。从图 7.6 可知,由于气动力参数阶数的增加,二阶弯曲激波方程组的结果与 MOC 之间存在更好的一致性。与 MOC 相比,一阶弯曲激波方程组的压比误差沿流线逐渐增加,当流线向下游发展时,压比误差变得更大,这也存在于二阶弯曲激波方程组的结果中。但是随着弯曲激波方程的阶数增大,压比的最大误差会随之减小。

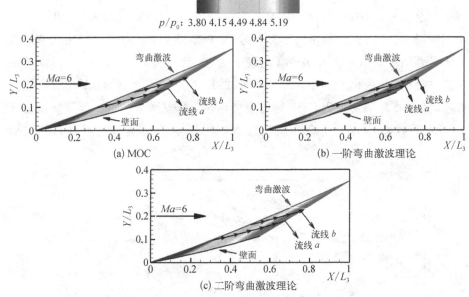

图 7.6　平面弯曲激波后压力分布（$y/L_3 = 0.05(x/L_3)^2 + 0.3x/L_3$，$S_a \neq 0$，$S_b = 0$，$Ma = 6$，$L_3 = 100$）

如图 7.7 所示，分别提取三个流场沿流线的压力分布。与前面一致，MOC、一阶弯曲激波方程组和二阶弯曲激波方程组的结果分别由黑色实线、黑色虚线和灰色虚线表示。由一阶弯曲激波方程组（黑色虚线）计算得到的压比再次沿流线显著增加，导致与 MOC（黑色实线）的结果存在较大误差，并在流线末端达到峰值，为 17.0%。而二阶弯曲激波方程组（灰色虚线）的结果仍然接近于 MOC 的结果，对于

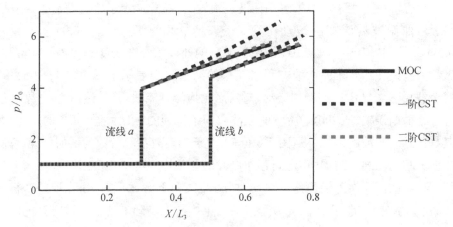

图 7.7　平面弯曲激波后沿流线压力分布（$S_a \neq 0$，$S_b = 0$）

整个波后流场,误差能够控制在一个较小的范围内,最大值仅为 1.2%。因此,二阶弯曲激波方程组同样能够以良好的精度近似计算平面弯曲激波后流场。

综上所述,二阶弯曲激波方程组已被证明能够近似计算平面和轴对称弯曲激波后流场,并且比一阶弯曲激波方程组更加精确。但是与 MOC 的结果相比仍然存在差异,主要原因是泰勒展开的截断误差。尽管从图 7.1 可知,压力二阶梯度和流线曲率梯度沿流线近乎保持稳定,但仍然存在变化。因此,随着计算推进,误差会逐渐累积。此外可以看出,激波曲率和来流参数对压力二阶梯度和流线曲率梯度都有影响,意味着误差大小取决于激波形状和来流参数。幸运的是,对于大多数弯曲激波,波后参数最大误差都低于 5%。因此,二阶弯曲激波方程组仍然可以被认作近似求解波后流场的一种快速方法。

7.2　基于二阶弯曲激波理论的弯曲流线特征线法

虽然基于二阶弯曲激波理论的泰勒展开法可以快速求解弯曲激波后流场,理论上在气动力参数不发生振荡的情况下,通过推导更高阶的弯曲激波方程组可以提高流场求解的精度,但是对于三阶以上的弯曲激波方程组,其推导极其复杂且容易出现参数振荡现象。因此,有必要在现有的一阶弯曲激波方程组以及二阶弯曲激波方程组的基础上,发展一种更精确的波后流场求解方法,用于指导基本流场的设计。

7.2.1　公式推导

弯曲激波方程组建立了激波曲率和波前后气动力参数导数之间的联系。换言之,当来流条件已知,通过弯曲激波理论可以求解弯曲激波后气动力参数及其梯度,但是弯曲激波理论作为高阶的 R－H 激波理论仅适用于激波附近区域。因此,本节发展 MOCC 来扩展弯曲激波理论的应用范围。由于超声速流场求解域由特征线决定,所以 MOCC 采用流线-特征线坐标系。

尽管弯曲激波方程组仅适用于激波附近,欧拉方程却可适用于整个基准流场。因此,通过整理合并可以得到沿流线的动量方程:

$$\rho v \frac{\partial v}{\partial s} + \frac{\partial p}{\partial s} = 0 \tag{7.1}$$

类似地,可以得到沿流线的能量方程:

$$\frac{\partial p}{\partial s} - \frac{\gamma p}{\rho} \frac{\partial \rho}{\partial s} = 0 \tag{7.2}$$

进一步地,沿特征线方向对压力以及气流角求导得到沿特征线方向的动量方程以及流量方程。之后,将微分守恒方程中沿特征线的导数分解为平行流线方向导数和垂直流线方向导数,具体分解方程如下所示:

$$\left(\frac{\partial}{\partial l}\right)_{\pm} = \left(\frac{\partial}{\partial s}\right)\cos\mu \pm \left(\frac{\partial}{\partial n}\right)\sin\mu \tag{7.3}$$

式中,μ 为流线和特征线的夹角;下标±用于区分左行特征线(+)和右行特征线(−)。运算符号±和∓的选择根据方程应用于左行特征线或者右行特征线确定。对于压力,分解方程为

$$\left(\frac{\partial p}{\partial l}\right)_{\pm} = \left(\frac{\partial p}{\partial s}\right)\cos\mu \pm \left(\frac{\partial p}{\partial n}\right)\sin\mu \tag{7.4}$$

将定义代入方程(7.4)中得到沿特征线方向的动量方程:

$$\left(\frac{\partial p}{\partial l}\right)_{\pm} = \rho v^2 P\cos\mu \mp \rho v^2 D\sin\mu \tag{7.5}$$

$$= \rho v^2 (P\cos\mu \mp D\sin\mu)$$

而流线−特征线坐标系内流量方程可由气流角沿特征线方向求导得到

$$\left(\frac{\partial \delta}{\partial l}\right)_{\pm} = \left(\frac{\partial \delta}{\partial s}\right)\cos\mu \pm \left(\frac{\partial \delta}{\partial n}\right)\sin\mu \tag{7.6}$$

与特征线方向动量方程推导相同,将定义代入方程之后整理可得如下形式流量方程:

$$\left(\frac{\partial \delta}{\partial l}\right)_{\pm} = D\cos\mu \mp \left(\frac{P}{\tan^2\mu} + j\frac{\sin\delta}{y}\right)\sin\mu \tag{7.7}$$

$$= \frac{D\sin\mu \mp P\cos\mu}{\tan\mu} \mp j\frac{\sin\delta\sin\mu}{y}$$

式(7.1)、式(7.2)、式(7.5)、式(7.7)及压力梯度和流线曲率的定义,$P = (\partial p/\partial s)/(\rho v^2)$ 和 $D = \partial\delta/\partial s$,共同组成了 MOCC 的偏微分方程。

由全微分关系式可知,任意两点之间参数的变化可以分解成平行于流向的变化和垂直于流向的变化。以压力为例,波后任意两点压力变化可以由如下形式计算:

$$dp = \left(\frac{\partial p}{\partial s}\right) ds + \left(\frac{\partial p}{\partial n}\right) dn \qquad (7.8)$$

当这两点位于同一条流线时, dn 等于 0。进而,式(7.8)可以简化为 $dp/ds =$ $\partial p/\partial s$。 以此类推,该关系式也适用于其他变量。因此,气动力参数沿流线或特征线的偏微分等价于该参数沿流线或特征线的全微分。基于此,MOCC 的偏微分控制方程可以转换为如下形式的全微分方程:

$$\begin{cases} \dfrac{dp}{dl_{\pm}} - \rho v^2 (P\cos\mu \mp D\sin\mu) = 0 \\[3mm] \dfrac{d\delta}{dl_{\pm}} - \dfrac{D\sin\mu \mp P\cos\mu}{\tan\mu} \pm j\,\dfrac{\sin\delta\sin\mu}{y} = 0 \\[3mm] \dfrac{dp}{ds} - \rho v^2 P = 0 \\[3mm] \dfrac{d\delta}{ds} - D = 0 \\[3mm] \rho v\,\dfrac{dv}{ds} + \dfrac{dp}{ds} = 0 \\[3mm] \dfrac{dp}{ds} - \dfrac{\gamma p}{\rho}\,\dfrac{d\rho}{ds} = 0 \end{cases} \qquad (7.9)$$

由常微分方程组(7.9)可知,对于含有一条流线和一条特征线的单元过程,六个方程中存在六个未知数,分别为 p、δ、ρ、v、P 和 D。 因此,结合 MOCC,弯曲激波理论可以应用于弯曲激波后全流场的求解。不同于特征线法需要一条流线和两条特征线迭代求解相容方程,MOCC 仅需要一条流线和一条特征线迭代求解控制方程。具体地说,由于超声速外流或者内流流场求解域分别取决于左行特征线和右行特征线,所以对于超声速外流流动,通过求解沿左行特征线和流线的控制方程实现弯曲激波后流场的求解。而对于超声速内流流动,需要使用沿右行特征线和流线的控制方程完成弯曲激波后流场的求解。因此,MOCC 不仅易于理解,而且计算效率高。此外,MOCC 建立了压力梯度、流线曲率与气动力参数的直接联系。因此,MOCC 不仅可以获得全流场的气动力参数,还可以得到气动力参数的导数。气动力参数的导数,如压力梯度和流线曲率是流动分析领域中的重要变量,因为相关导数描绘了气动变量的变化方向。同时,合理地利用高阶变量可以减少离散网格数量,提高计算效率。进一步地,高阶导数还可以用来研究相关物理现象,如激波反射。以马赫反射为例,基于 von Neumann 准则,滑移线上任意一点两侧需满足关系式 Ma^2P/D 相等。因此,全流场的高阶变量为研究滑移线物理特性提供了新的视角。

7.2.2 算法

平面流场和轴对称流场是无黏基准流场设计中使用最广泛的两类流场。基准流场的设计离不开波后流场的求解。CFD 是一种常见的获取波后流场的手段,但是受限于边界条件,CFD 只能用于给定壁面的正设计。然而,实际应用中,给定激波的基准流场反设计也存在着大量需求。MOC 是一种完善的求解波后流场的数值算法,核心是通过求解两条特征线和一条流线上的特征方程以及相容方程获得无黏基准流场。MOC 既可以应用于正设计领域,也可以应用于反设计领域。但是由于需要两条特征线和一条流线进行迭代求解,MOC 编程实现复杂,迭代次数多,而且效率不高。而 MOCC 仅需要一条流线和一条特征线就可以求解全场流动特征,所以 MOCC 可以大量减少迭代次数,简化迭代过程,进而节省计算资源。本小节将具体展示 MOCC 在反设计、正设计和逆设计应用中的算法。

1. 已知激波

由于弯曲激波理论建立了弯曲激波前后气动力参数之间的联系,所以首先介绍已知外流激波的反设计算法。二阶中心差分形式的外流流动常微分控制方程如下所示:

$$
\begin{cases}
\dfrac{\Delta p}{\Delta l} - \bar{\rho}\bar{v}^2(\bar{P}\cos\bar{\mu} - \bar{D}\sin\bar{\mu}) = 0 \\[3mm]
\dfrac{\Delta \delta}{\Delta l} + \dfrac{\bar{P}\cos\bar{\mu} - \bar{D}\sin\bar{\mu}}{\tan\bar{\mu}} + j\,\dfrac{\sin\bar{\delta}\sin\bar{\mu}}{\bar{y}} = 0 \\[3mm]
\dfrac{\Delta p}{\Delta s} - \bar{\rho}\bar{v}^2\bar{P} = 0 \\[3mm]
\dfrac{\Delta \delta}{\Delta s} - \bar{D} = 0 \\[3mm]
\bar{\rho}\bar{v}\,\dfrac{\Delta v}{\Delta s} + \dfrac{\Delta p}{\Delta s} = 0 \\[3mm]
\dfrac{\Delta p}{\Delta s} - \dfrac{\gamma\bar{p}}{\bar{\rho}}\dfrac{\Delta\rho}{\Delta s} = 0
\end{cases}
\tag{7.10}
$$

式中,上标"-"代表离散点气动力参数的平均值。图 7.8(a)给出了内点单元过程。图 7.8(b)展示了 MOCC 求解内点单元的流程图。当来流条件以及激波形状已知时,利用 R-H 方程可以求解单元点 1 和 2 波后如压力和气流角等气动力参数。进而,基于求解得到的气动力参数以及激波曲率,结合弯曲激波方程组,可以获得单元点 1 和 2 波后气动力参数的导数。当单元点 1 和 2 的物理特征确定之后,待求的单元点 3 的位置可根据如式(7.11)所示的几何方程求解:

$$
\begin{cases}
x_{p3} = \dfrac{y_{p2} - \tan\delta_{p2}x_{p2} - y_{p1} + \tan(\delta_{p1} + \mu_{p1})x_{p1}}{\tan(\delta_{p1} + \mu_{p1}) - \tan\delta_{p2}} \\[2mm]
y_{p3} = \tan\delta_{p2}x_{p3} + y_{p2} - \tan\delta_{p2}x_{p2}
\end{cases}
\tag{7.11}
$$

式中,下标 $p1$、$p2$、$p3$ 分别代表单元过程内单元点 1、单元点 2 和单元点 3。一旦单元点 3 的位置确定,相关气动力参数初值可以通过在单元点 2 进行泰勒展开求解,具体展开式如式(7.12)所示:

$$
\begin{cases}
\delta_{p3} = \delta_{p2} + (s_{p3} - s_{p2})D_{p2} \\[2mm]
p_{p3} = p_{p2} + (s_{p3} - s_{p2})\rho_{p2}V_{p2}^2 P_{p2}
\end{cases}
\tag{7.12}
$$

之后,利用单元点 1、2、3 的气动力参数求解二阶中心差分方程组(7.10),更新单元点 3 的气动力参数。如果单元点 3 的新旧气动力参数差值大于设定残差,则单元点 3 的位置以及气动力参数将根据离散点之间的平均值迭代求解,直到新旧气动力参数误差小于设定残差。经过几轮迭代,单元点 3 的气动力参数及其导数将逐渐收敛至真实值附近。

弯曲激波后全流场求解则是如图 7.8 所示单元过程的不断重复。给定的激波将会被离散成激波段。对于每个激波段,都会不断重复单元过程来获得收敛值。进而,沿流向不断推进直到获得整个波后流场。从计算过程可知,相较于 MOC,MOCC 赋予了单元点 3 一个更接近真实值的初值。而一个更接近真实值的初值往往意味着更少的迭代次数。因此,MOCC 不仅计算效率高,而且精度高。

2. 已知壁面条件

由于外流算法和内流算法唯一的区别在于特征线方程的选择,所以本小节

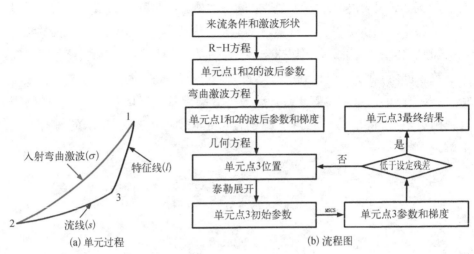

图 7.8　内点单元过程以及流程图

仅对内流流场正设计算法进行阐述。对于内流,二阶中心差分形式的微分控制
方程如下所示:

$$
\begin{cases}
\dfrac{\Delta p}{\Delta l} - \bar{\rho}\bar{v}^2(\bar{P}\cos\bar{\mu} + \bar{D}\sin\bar{\mu}) = 0 \\[3mm]
\dfrac{\Delta \delta}{\Delta l} - \dfrac{\bar{P}\cos\bar{\mu} - \bar{D}\sin\bar{\mu}}{\tan\bar{\mu}} - j\dfrac{\sin\bar{\delta}\sin\bar{\mu}}{\bar{y}} = 0 \\[3mm]
\dfrac{\Delta p}{\Delta s} - \bar{\rho}\bar{v}^2\bar{P} = 0 \\[3mm]
\dfrac{\Delta \delta}{\Delta s} - \bar{D} = 0 \\[3mm]
\bar{\rho}\bar{v}\dfrac{\Delta v}{\Delta s} + \dfrac{\Delta p}{\Delta s} = 0 \\[3mm]
\dfrac{\Delta p}{\Delta s} - \dfrac{\gamma\bar{p}}{\bar{\rho}}\dfrac{\Delta \rho}{\Delta s} = 0
\end{cases}
\tag{7.13}
$$

式中,上标"–"表示离散点气动力参数的平均值。

　　图 7.9(a)展示了已知壁面条件,利用 MOCC 求解平面流场以及轴对称基准
流场的单元过程。图 7.9(b)为单元过程对应的流程图。当来流条件以及壁面
形状已知时,利用 R–H 方程可以求解单元点 1 处的波后压力梯度和气流角等
气动力参数。同时,根据壁面形状可获得单元点 1 的流线曲率 D 及激波横向曲

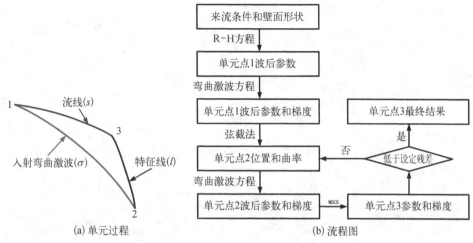

图 7.9 壁面点/参数分布单元过程以及流程图

率 S_b。之后,基于以上信息,结合弯曲激波方程可以求解单元点 1 处的波后压力梯度 P 及激波流向曲率 S_a。当单元点 1 的物理参数确定时,根据弦截法可以得到单元点 2 的位置及曲率。结合来流条件,单元点 2 的波后参数及其导数可由弯曲激波方程组求解。单元点 3 的几何位置由式(7.14)所示的几何方程确定:

$$\begin{cases} x_{p3} = \dfrac{y_{p1} - \tan(\delta_{p1})x_{p1} - y_{p2} + \tan(\delta_{p2} + \mu_{p2})x_{p2}}{\tan(\delta_{p2} + \mu_{p2}) - \tan(\delta_{p1})} \\ y_{p3} = \tan(\delta_{p1})x_{p3} + y_{p1} - \tan(\delta_{p1})x_{p1} \end{cases} \tag{7.14}$$

式中,下标 $p1$、$p2$、$p3$ 分别代表单元过程内单元点 1、2 和 3。在确定单元点 3 几何位置后,在单元点 1 利用泰勒展开式(7.12)获得单元点 3 处的初始气动力参数。进而利用单元点 1、2、3 的气动力参数求解二阶中心差分形式的控制方程式(7.13),更新单元点 3 处的气动力参数。当求解值与真实值之间误差大于设定残差时,单元点 2 的位置以及曲率将根据弦截法更新,直到误差小于设定残差。几轮迭代之后,相应的气动力参数及其导数将逐渐收敛至真实值附近。

与外流只包含入射激波不同,内流涉及激波反射现象。当入射激波行进至中心体时,会由气流的偏转导致激波反射。因此,内流基本流场一般分为两个区域:入射弯曲激波区域以及反射弯曲激波区域。反射弯曲激波区域的求解涉及反射弯曲激波单元过程,相应的二阶中心差分形式微分控制方程如下

所示:

$$
\begin{cases}
\dfrac{\Delta p}{\Delta \sigma} - \bar{\rho}\bar{v}^2(\bar{P}\cos\bar{\theta} - \bar{D}\sin\bar{\theta}) = 0 \\[4mm]
\dfrac{\Delta \delta}{\Delta \sigma} + \dfrac{\bar{P}\sin\bar{\theta}}{\tan^2\bar{\mu}} - \bar{D}\cos\bar{\theta} + j\dfrac{\sin\bar{\delta}\sin\bar{\theta}}{\bar{y}} = 0 \\[4mm]
\dfrac{\Delta p}{\Delta s} - \bar{\rho}\bar{v}^2\bar{P} = 0 \\[4mm]
\dfrac{\Delta \delta}{\Delta s} - \bar{D} = 0 \\[4mm]
\bar{\rho}\bar{v}\dfrac{\Delta v}{\Delta s} + \dfrac{\Delta p}{\Delta s} = 0 \\[4mm]
\dfrac{\Delta p}{\Delta s} - \dfrac{\gamma\bar{p}}{\bar{\rho}}\dfrac{\Delta \rho}{\Delta s} = 0
\end{cases}
\tag{7.15}
$$

式中,上标"‒"表示离散点气动力参数的平均值。

图 7.10(a)展示了利用 MOCC 求解反射弯曲激波区域的单元过程。尽管单元点 1 和单元点 2 的气动力参数及其导数已经在求解入射弯曲激波区域过程中获得,但反射弯曲激波单元过程仍然需要一个额外的条件来完成流场的求解。该条件需要与反射弯曲激波相关,如反射弯曲激波形状或者激波后参数等。考虑到实际应用,大部分基准流场都要求出口气流水平。因此,本节以反射弯曲激波出口气流水平为额外边界条件介绍单元过程。需要注意的是,其他与反射弯曲激波相关的边界条件也可以作为相应已知条件。单元过程的具体细节也会因为边界条件的不同有些许差异,但是整体的过程是类似的。图 7.10(b)展示了反射弯曲激波区域单元过程的流程图。由于在入射弯曲激波区域求解过程中已经获得了单元点 1 和 2 处的物理信息,所以反射弯曲激波区域单元过程首先需要确定单元点 3 的位置和曲率。通过弦截法可以获得单元点 3 的激波角,进而利用如式(7.16)所示的几何方程可以确定单元点 3 的位置:

$$
\begin{cases}
x_{p3} = \dfrac{y_{p2} - \tan\delta_{p2}x_{p2} - y_{p1} + \tan\theta_{p1}x_{p1}}{\tan\theta_{p1} - \tan\delta_{p2}} \\[4mm]
y_{p3} = \tan\delta_{p2}x_{p3} + y_{p2} - \tan\delta_{p2}x_{p2}
\end{cases}
\tag{7.16}
$$

式中,下标 $p1$、$p2$、$p3$ 分别代表单元过程内单元点 1、单元点 2 和单元点 3。在确定位置后,利用 R－H 方程结合反射激波已知的物理信息可以得到单元点 3 处的初始气动力参数。下一步,利用单元点 1、2、3 的气动力参数求解二阶中心差分形式的控制方程式(7.15),更新单元点 3 处的气动力参数。单元点 3 的气动力参数将会不断迭代更新直到残差小于设定值。几轮迭代之后,相应的气动力参数及其导数将逐渐收敛至真实值附近。

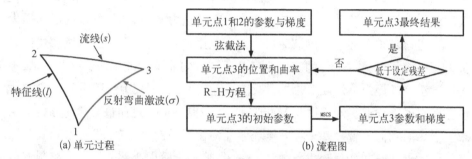

图 7.10　反射弯曲激波单元过程以及流程图

如上所述,内流基本流场设计分为入射弯曲激波区域和反射弯曲激波区域两部分。入射弯曲激波区域将会首先被求解,并将结果作为边界条件用于反射弯曲激波区域流动的求解。上述入射弯曲激波区域单元过程和反射弯曲激波区域单元过程在内流基准流场设计中都有应用,而外流基准流场设计则仅使用了入射弯曲激波区域单元过程。与已知激波条件相同,已知壁面条件的算法也是按照流向逐渐推进的。但是已知壁面条件的算法无法在开始阶段就确定求解域大小,需要根据反射弯曲激波和壁面的交点来确定求解域,因此网格数量无法预先设置。此外,为了壁面激波反射点附近发生马赫反射而设置的中心体也会影响求解域的范围。

3. 已知参数分布

由于壁面形状可以看作气流角分布,所以已知参数分布的基本流场设计与已知壁面条件的基本流场设计基本类似。但是其中细节仍存在差异,最明显的差异就是已知参数分布的基本流场设计无法使用 CFD 完成。因此,已知参数分布的波后流场算法为基本流场设计以及流动分析提供了一个新的视角。

由于算法的相似性,图 7.9 展示的单元过程及流程图也可以用于介绍已知参数分布的波后流场算法。其所用的气动力参数都可以作为边界条件用于基准流场设计,这是因为根据等熵法则,气动力参数之间可以相互转换,具体转换公式如下所示：

$$\begin{cases} p\left(1 + \dfrac{\gamma - 1}{2}Ma^2\right)^{\frac{\gamma}{\gamma-1}} = \text{const} \\ \dfrac{p}{\rho^\gamma} = \text{const} \end{cases} \qquad (7.17)$$

因此,本小节将沿流线压力分布作为已知边界条件来阐述单元过程。首先需要利用 R-H 方程求解单元点 1 处的波后气动力参数。同时,根据已知压力分布还可以获得单元点 1 的波后压力梯度及激波横向曲率。之后,利用弯曲激波方程组获得单元点 1 处的流线曲率及激波流向曲率。进而基于以上信息,根据弦截法可以得到单元点 2 的位置及曲率。类似地,利用 R-H 方程和弯曲激波方程组可以分别获得单元点 2 的波后参数及其导数。进而根据几何方程确定单元点 3 的几何位置。基于单元点 3 的几何位置,在单元点 1 进行泰勒展开以获得单元点 3 的初始气动力参数。下一步,求解二阶中心差分形式的控制方程式(7.13),更新单元点 3 处的气动力参数。单元点 3 的气动力参数将会不断迭代更新直到误差小于设定残差。一般来说,经过几次迭代之后,相应的气动力参数及其导数就会收敛至真实值附近。

与已知壁面条件相同,已知压力分布的内流基本流场设计也分为入射弯曲激波区域和反射弯曲激波区域两部分。除了收敛判定条件等一些细节的差异,已知压力分布的反射弯曲激波区域算法与已知壁面条件基本相同。已知压力分布的基本流场设计也是按流向推进的,虽然压力分布与流线长度相关,但是求解域的大小无法预先判断,也是由反射弯曲激波和壁面交点来终止算法的。中心体的高度也会通过影响反射弯曲激波位置间接改变求解域的范围。

7.2.3 算法验证

弯曲激波理论应用的最大限制是只适用于激波附近区域。然而,MOCC 通过构建高阶控制方程,搭配弯曲激波方程组,可用于高精度求解平面和轴对称基本流场,扩大了弯曲激波理论的应用范围。本小节展示了三类典型基准流场设计(正设计、反设计以及逆设计)用于彰显 MOCC 的优势。对于每一种设计,都将利用 MOCC 分别求解两类流场:平面和轴对称基本流场。MOC 以及 CFD 仿真结果将用于对比验证流线-特征线的精度。

1. 正设计：二维弯曲激波（$S_a \neq 0$，$S_b = 0$）

1）均匀来流已知激波边界

为了验证该方法的优势，假设在流场自适应加密过程中仅已知激波段两端的信息，分别利用 MOC 及 MOCC 计算流场。作为对比，给定弯曲激波方程为 $y = (e^x - 1)/2$。进而利用 MOC 求解给定整条弯曲激波后流场用于校验精度。当仅已知激波段两端信息时，为了求解流场，需要对激波进行拟合。由于 MOC 使用 R–H 方程计算激波后参数，所以仅能得到激波角参数，结合激波段两端位置，单元流场内激波最高可用三次方程进行拟合：$y = 0.141\,5x^3 + 0.217x^2 + 0.500\,6x$。当使用 MOCC 时，除了激波角还可以获得激波曲率，利用激波角及激波曲率可获得激波形状的高阶导数。因此，基于 MOCC 拟合得到的弯曲激波方程为 $y = 0.007x^5 + 0.017\,6x^4 + 0.084\,5x^3 + 0.250\,0x^2 + 0.5x$。在获得拟合激波后，将激波离散，进而分别利用 MOC 与 MOCC 求解波后流场。

图 7.11 展示了当已知激波段两端点信息时，分别利用两种方法获得的平面流场。为了便于阐述，在已知整个激波曲线情况下，利用 MOC 求解得到的单元流场称为原始流场，并用云图和黑色实线表示。图 7.11 中的红色虚线代表仅已知激波段两端点信息时，使用 MOC 和 MOCC 获得的单元流场。对于平面流动，弯曲激波的横截面形状是一条直线，意味着激波的周向曲率为零。从图中可以看出，用 MOCC 得到的流场具有与原始流场相似的流动特性。与MOC 相比，MOCC 的等参数线与原始流场的等参数线具有更高的一致性，这表明 MOCC 具有节点少、精度高的优点。此外，通过求解梯度，MOCC 相较于 MOC能提供更多的流场信息。由于梯度描述了气动力参数变化的方向，所以 MOCC求解得到的梯度信息可用于提高结果及流场分析的准确性，这是 MOC 不具备的优势。

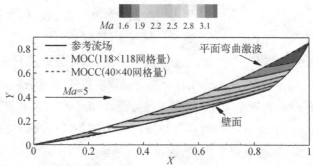

图 7.11　均匀来流平面流场 MOC 和 MOCC 结果对比 $[y = (e^x - 1)/2]$

　　进一步地,对两种方法计算得到的波后流场结果进行定量分析,流场内所有离散点的回归分析结果展示于表 7.1 中。其中,残差平方和(residual sum of squares, RSS)是表示方程与数据拟合接近程度的变量,由预测值与原始数据之间偏差的平方和计算。MOC 已经被多项研究证明是一种高精度的数值离散方法,因此 MOC 的结果被定义为本回归分析中的原始数据。此外,拟合优度 R^2 是描述拟合曲线和原始曲线之间拟合程度的统计变量,取值为 0~1, R^2 越大表明拟合结果越接近真实值。从表 7.1 可以看出,在平面流动中,使用 MOCC 可将MOC 的最大马赫数误差从 0.020 6 降低至 0.000 2。MOC 使用 118×118 网格量的残差平方和为 0.052 0,而 MOCC 将残差平方和降低了 4 个数量级,意味着精度大幅提高。当由 MOC 变为 MOCC 时,拟合优度值由 0.999 5 上升到 1.000 0,证实了 MOCC 求解得到的平面流场与原始流场更为相似。从统计学来看,由MOCC 获得了与原始流场相同的平面流场。因此,与 MOC 相比,MOCC 在平面流场计算中具有更高的精度。

表 7.1   均匀来流激波边界 MOCC 回归分析

方法	网格量	最大马赫数误差	RSS	R^2	迭代次数	CPU 时间/s
MOC	118×118	0.020 6	0.052 0	0.999 5	41 418	0.906
MOCC	40×40	0.000 2	0.000 01	1.000 0	780	0.107

　　除了高精度优势,MOCC 也具有较高的计算效率。表 7.1 展示了 MOC 和MOCC 分别计算平面外流流场需要的迭代次数及计算时间。对于平面流动,MOC 利用了 118×118 的网格量经过 41 418 次迭代,共耗时 0.906 s 计算得到了波后流场。作为对比,MOCC 仅使用 40×40 的网格量,耗时 0.107 s 就获得了与参考流场相同的结果。迭代次数也下降至 780 次。因此,利用 MOCC 可以有效地减少求解平面流场的计算时间及迭代次数。MOCC 之所以具有高计算效率,有两个原因: 首先,由于气动力参数的导数代表流动的变化方向,所以利用气动力参数的导数可以获得一个更接近真实值的初值,而初值的选择直接决定了求解方程的迭代次数;其次,MOCC 在每个单元过程内仅使用一条特征线和一条流线来求解微分方程,相较于 MOC 需要两条特征线和一条流线求解微分方程,大大简化了计算方法。由于已知两点参数仅能确定三条特征线中的两条,所以第三条特征线的确定需要大量的迭代,这也直接导致了 MOC 的复杂性及大量的迭代计算。当然,方法的简化意味着方程数量的增加,因此 MOCC 每次迭代耗费

的时间更长。通过比较可知,在相同精度下,MOCC 可以节省约 90%的计算时间。对于同样数量的网格节点,MOCC 可以用更短的时间获得更精确的平面流场。虽然,对于单一流场,节省的实际计算时间不到 1 s,但其相对量的变化更值得关注。这是因为对于优化问题,往往需要求解数万个流场,消耗数天时间。

　　2）均匀来流已知参数分布边界

　　同样地,将 MOCC 应用于已知壁面参数分布的均匀内收缩流动,并将 MOC 和 MOCC 求解的流场与 CFD 的数值结果进行了比较。由于 CFD 在正设计中具有广泛的应用,并已被证实是一种精确的方法,所以本节利用 CFD 模拟了已知参数分布对应壁面的内收缩流动,以验证 MOCC 的精度。由于在基本流场设计中忽略了黏性,所以 CFD 计算中选择了无黏模型。其中,无黏通量利用 Roe averaged flux difference splitting, Roe - FDS 算法计算。控制方程采用完全隐式形式的二阶迎风离散法求解。网格结构和边界条件如图 7.12 所示。全计算域共计 80 000 网格量,网格分辨率足以获得收敛结果。入口采用压力远场边界条件,出口采用压力出口边界条件,来流设置为理想气体,壁面采用滑移边界条件。收敛标准是每一个监控变量残差至少下降 3 个数量级,以及出口流量守恒。

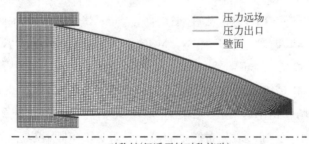

对称轴(仅适于轴对称流动)

图 7.12　网格结构和边界条件

　　图 7.13 显示了已知壁面参数分布计算得到的平面流场流动特性,来流马赫数为 6,壁面压力分布采用等式 $p/p_0 = x^2 + 3x + 4$ 绘制的二次曲线。黑色实线代表 CFD 结果的等参数线和激波,而 MOC 和 MOCC 计算得到的等参数线与激波则分别用灰色及红色虚线表示。求解得到的壁面用蓝色虚线绘制。从图 7.13 中可以看出,相较于 MOC 的结果,使用 MOCC 获得的流场与 CFD 结果具有极其相似的流动特征。因此,MOCC 具有足够高的精度求解已知参数分布边界条件的平面超声速流场。

　　表 7.2 展示了流场中所有离散点的回归分析结果。MOC 和 MOCC 分别用

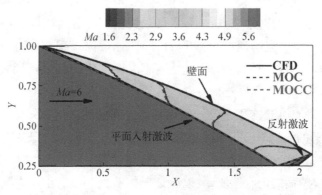

图 7.13 均匀来流已知参数分布的平面内收缩
流场求解 ($p/p_0 = x^2 + 3x + 4$)

50×324 网格量和 25×49 网格量计算平面流场,提取与 MOCC 流场内离散点对应
的 CFD 结果作为对比基准。从表 7.2 中可以看出,对于平面流动,MOC 和
MOCC 计算得到的平面流场中的最大马赫数误差分别为 0.011 1 和 0.010 2。
MOC 的 RSS 和 R^2 分别为 0.005 3 和 0.999 9,而 MOCC 的 RSS 和 R^2 分别为
0.003 2 和 0.999 9。这些变量表明,平均而言,MOCC 计算得到的平面流场中每
个网格节点的马赫数误差小于 MOC。MOCC 计算得到的平面流场与 CFD 结果
的相似度达到 99.99%,与 MOC 一致。从统计学角度,MOCC 使用了较少的网格
量就得到了与 MOC 相同的结果。除了高精度,MOCC 只耗费 0.584 s 就得到了
相应的平面流场。相比之下,MOC 则耗费 12.30 s,约是 MOCC 的 21 倍。因此,
相较于 MOC,对于已知参数分布的平面流场计算,MOCC 不仅具有高精度,同时
具有高效率。至于 CFD,由于方法本身数学特性所限,CFD 计算当前流场共耗费
了 145 s,使用了 6 核并行计算,所以 CFD 方法实际使用的 CPU 时间为 6×145 s,
比 MOCC 高 3 个数量级。虽然 CFD 具有通用性强的优势,即使是复杂的超声速
和亚声速共存的流场也可以用 CFD 来求解,但在某些情况下,通用性强意味着
在特定应用领域效率低。受限于其自身的数学原理,CFD 需要足够密集的网格
量以捕捉激波,从而获得高精度的流场结果,而高分辨率网格意味着高计算资
源。因此,在超声速流场的反设计中,CFD 高计算资源的缺点被放大,尤其在涉
及优化问题时。MOCC 的通用性虽然不如 CFD,只能应用于超声速流动,但是凭
借在已知参数分布的超声速流场反设计领域中高精度和高效率的优势,MOCC
不失为一种更好的选择。

表 7.2　平面流场已知参数分布边界 MOCC 回归分析结果

方法	网格量	最大马赫数误差	RSS	R^2	迭代次数	CPU 时间/s
CFD	80 000	—	—	—	—	6×145
MOC	50×324	0.011 1	0.005 3	0.999 9	46 296	12.30
MOCC	25×49	0.010 2	0.003 2	0.999 9	2 139	0.584

3）非均匀来流已知激波/参数分布边界

进一步地，将 MOCC 应用于非均匀来流。其中，已知激波/参数分布边界的平面流场如图 7.14 所示。入射激波由方程 $y = -0.1x^2 - 0.3x + 1$ 给出。反射激波角沿 x 方向的梯度为 -0.2，反射激波后气流水平。对于参数分布边界，沿壁面的压力分布为二次曲线 $p/p_0 = x^2 + 3x + 4$。来流马赫数非均匀，具体分布由方程 $Ma = 7 - y$ 给出。首先由 MOCC 计算平面超声速流场，再提取流场内壁面几何参数，然后用 CFD 模拟提取壁面对应的超声速流场。边界条件和网格结构采取与

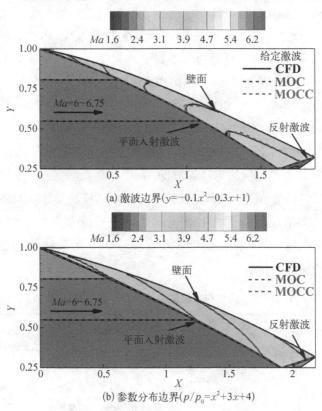

(a) 激波边界($y=-0.1x^2-0.3x+1$)

(b) 参数分布边界($p/p_0=x^2+3x+4$)

图 **7.14**　非均匀来流平面内收缩流场求解

图 7.13 相同的设置,不同方法计算结果比较形式与前面相同。从图 7.14(a)可以看出,在已知激波边界的平面流场中,黑色实线和红色虚线具有高度的一致性,说明 MOCC 在非均匀流动计算中具有较高的精度。在图 7.14(b)中,由于黑色实线与 CFD 平面流场中的红色虚线几乎吻合,所以 MOCC 可以胜任压力分布边界的平面流场计算。因此,MOCC 求解的平面流场具有足够高的精度用于流场分析。

   对流场中所有离散点进行回归分析,结果如表 7.3 所示。通过提取相应网格节点对应的 CFD 结果来进行定量分析。从表 7.3 可知,在已知激波边界的平面流场中,MOCC 对应的最大马赫数误差为 0.036 5,小于 MOC 的最大马赫数误差 0.037 2。R^2 也从 MOC 的 0.998 3 上升到 MOCC 的 0.998 4。这些统计数据表明,MOCC 的精度略高于 MOC。但是 MOCC 只使用 50×99 网格量来获得相应的平面流场。此外,MOCC 仅使用 7 784 次迭代就得到了相应的平面流场,约为 MOC 迭代次数的 1/10。MOCC 效率高,仅需 0.579 s 就可获得与 MOC 相同精度的平面流场。相反,MOC 的 CPU 时间则为 5.545 s。在已知参数分布边界的非均匀流场计算中,MOCC 同样具有较高的效率和精度。虽然两种方法对应的最大马赫数误差很接近,但 RSS 却从 MOC 的 0.009 4 下降到 MOCC 的 0.002 7。这说明,用 MOCC 计算平面流场总残差下降了约 71%。此外,MOCC 可以在不牺牲效率的前提下获得较高的精度。其中 MOCC 使用 0.877 s 获得了已知参数分布边界的平面流场,用时仅为 MOC 的约十五分之一。对比结果表明,MOCC 能够精确、高效地求解非均匀来流平面流场。至于 CFD 方法则分别使用了 6×151 s 和 6×155 s(CPU 时间)计算得到了已知激波及已知参数分布边界的非均匀流场。由于 CFD 是先绘制网格再计算流场,所以 CFD 算法需要一个远场区域来捕捉激波。该远场区域所需的计算时间降低了超声速流场设计的效率。虽然采用欧拉解的 CFD 具有较高的通用性,但 CFD 高计算资源的劣势不适合超声速流场设计领域。考虑到 MOCC 的高精度和高效率,MOCC 是一种更好的非均匀流平面超声速流场反设计方法。

表 7.3   非均匀来流平面流场 MOCC 回归分析

类型	方法	网格量	最大马赫数误差	RSS	R^2	迭代次数	CPU 时间/s
已知激波边界	CFD	80 000	—	—	—	—	6×151
	MOC	100×199	0.037 2	0.199 2	0.998 3	78 194	5.545
	MOCC	50×99	0.036 5	0.186 2	0.998 4	7 784	0.579

（续表）

类型	方法	网格量	最大马赫数误差	RSS	R^2	迭代次数	CPU时间/s
已知参数分布边界	CFD	80 000	—	—	—	—	6×155
	MOC	50×335	0.009 7	0.009 4	0.999 8	48 393	12.90
	MOCC	25×49	0.007 5	0.002 7	0.999 9	2 769	0.877

2. 反设计：二维弯曲激波（$S_a \neq 0$，$S_b \neq 0$）

1）均匀来流已知激波边界

对于已知激波边界条件的轴对称均匀外流，边界条件与相应的平面外流流场相同。轴对称弯曲激波形式方程为 $y = (e^x - 1)/2$。当仅已知激波段两端点信息时，MOC 轴对称流场内激波由三次方程拟合：$y = 0.141\,5x^3 + 0.217x^2 + 0.500\,6x$。相应地，利用 MOCC 拟合得到的弯曲激波几何形状方程为 $y = 0.007x^5 + 0.017\,6x^4 + 0.084\,5x^3 + 0.250\,0x^2 + 0.5x$。在获得拟合激波后，激波被离散成段，进而分别利用 MOC 与 MOCC 求解波后流场。图 7.15 展示了当已知激波段两端点信息时，分别利用两种方法获得的轴对称流场。为了便于阐述，已知整段激波曲线情况下利用 MOC 求解得到的轴对称流场称为参考流场，并用云图和黑色实线表示。对于轴对称流场，弯曲激波的横向截面为圆形，激波的周向曲率不为零。因此，在相同的激波边界，轴对称流场与平面流场具有不同的流动特征。从图 7.15 中可以看出，MOCC 的流场与参考流场有很高的一致性。尽管网格量从 118×118 减少到 40×40，但与 MOC 相比，MOCC 的等参数线与参考流场的等参数线仍有较好的一致性，说明 MOCC 具有较高的精度。此外，MOCC 求解得到的梯度信息不仅有利于提高求解精度，而且可用于流动分析。

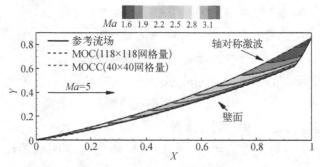

图 7.15　均匀轴对称外流 MOC 和 MCCC 流场对比 $[y = (e^x - 1)/2]$

对 MOC 和 MOCC 结果进行定量分析,回归分析的结果如表 7.4 所示。从表 7.4 中可以看出,当使用 MOCC 替换 MOC 求解轴对称流场时,最大马赫数误差从 0.020 5 减小到 0.018 4。RSS 从 0.052 1(MOC)下降到 0.000 4(MOCC),R^2 值从 0.999 4(MOC)上升到 1.000 0(MOCC)。统计变量的变化意味着使用 MOCC 可以提高求解流场的精度。从统计学角度看,MOCC 得到的流场可以认为与参考流场具有相同的流动特征。因此,与 MOC 相比,MOCC 求解激波边界条件下的超声速流场具有更高的精度。除了精度高的优势,MOCC 还具有较高的计算效率。MOC 利用 118×118 网格量、耗时 1.192 s 求解得到流场,总计迭代次数是 67 827 次。相比之下,MOCC 只需 0.126 s 就可以得到相同精度的流场,迭代次数减少了 98.4%。因此,通过比较可知,在轴对称流动中使用梯度信息可以大大减少计算时间和迭代次数。简单的算法和接近真实值的初始值是 MOCC 计算效率高的两个关键因素。另外,比较平面流动和轴对称流动可知,相较于平面流场的求解,轴对称流场的计算时间和迭代次数均略有增加。这是因为当流动方式从平面变为轴对称时,因子 j 由 0 变为 1。因子 j 的变化使得控制方程更加复杂,从而增加了计算时间和迭代次数。

表 7.4　均匀来流激波边界 MOCC 回归分析

方法	网格量	最大马赫数误差	RSS	R^2	迭代次数	CPU 时间/s
MOC	118×118	0.020 5	0.052 1	0.999 4	67 827	1.192
MOCC	40×40	0.018 4	0.000 4	1.000 0	1 098	0.126

2) 均匀来流已知参数分布边界

进一步地,将 MOCC 应用于已知参数分布边界内收缩流场的求解。图 7.16 展示了来流马赫数为 6 时,已知壁面压力分布的轴对称流场流动特性。与平面流场相同,沿壁面压力分布由方程 $p/p_0 = x^2 + 3x + 4$ 给出。此外,在轴对称内收缩流场中,为了避免马赫反射,常在流场内部设置中心体。中心体由与内收缩流场共轴线的旋转体构成,在本流场中,中心体的高度为 0.25。对比平面和轴对称内收缩流动可知,即使边界条件相同,由于周向激波曲率的存在,平面流动和轴对称流动特性也不同。在相同的压力分布边界情况下,平面压缩壁面比轴对称压缩壁面更弯曲且更短,而轴对称入射激波比平面激波更弯曲。因此,轴对称内收缩流场内激波反射发生得更早。与平面流动相同,MOCC 的计算结果也与 CFD 的计算结果吻合良好,说明 MOCC 在已知参数分布边界的轴对称内收缩流

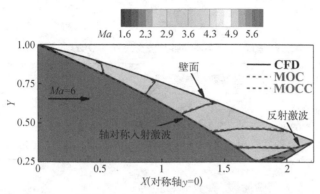

图 7.16 均匀来流已知参数分布边界轴对称内收缩流场
求解 ($p/p_0 = x^2 + 3x + 4$)

场求解中也具有较高的精度。

针对 MOCC 的回归分析结果如表 7.5 所示。其中,MOC 和 MOCC 分别用 50×308 和 25×49 网格量计算得到轴对称超声速流场。提取 CFD 结果作为基准数据,从表 7.5 中可以看出,MOC 和 MOCC 流场内最大马赫数误差分别为 0.014 3 和 0.010 0。使用 MOCC,RSS 为 0.003 2,下降了 50%。同时,MOCC 流场的 R^2 为 0.999 9,接近 1。从统计学角度看,MOCC 求解的轴对称流场与 CFD 结果基本一致,说明即使是在粗网格情况下使用 MOCC,仍可以获得精确的流场。此外,凭借梯度信息和低网格量,MOCC 的计算资源使用量明显低于 MOC。MOCC 只需 0.626 s、迭代 2 504 次即可获得轴对称流场。相比之下,MOC 耗费 13.78 s 和 50 064 次迭代来求解得到相同的流场。这表明 MOCC 具有足够高的精度和计算效率来求解已知参数分布边界的超声速流场。MOCC 的高计算效率优势在优化区域上可以进一步放大。此外,MOCC 求解得到的梯度信息对流动分析具有重要意义,例如,在没有中心体的平面内收缩流场中可以发生规则反射,但在没有中心体的轴对称内收缩流动中,只会出现不规则反射,正是梯度导致了平面流场和轴对称流场中不同的流动现象。因此,MOCC 得到的梯度信息提供了一个新的视角,用于分析激波结构。至于 CFD 方法,计算给定压力分布的轴对称流场共消耗 6×175 s,长于对应的平面流场。由表 7.5 可知,相较于平面流场,三种方法在计算轴对称流场时均耗费了更长的计算时间,这是由于三种方法计算轴对称流场的控制方程都更复杂。与平面流场类似,CFD 求解给定压力分布的轴对称流场同样比 MOCC 需要更多的计算资源。虽然 CFD 具有更广泛的通用性,但

MOCC 凭借精度高、效率高等优点,仍然是轴对称超声速流场反设计的较好选择。

表 7.5　轴对称流场已知参数分布边界 MOCC 回归分析

方法	网格量	最大马赫数误差	RSS	R^2	迭代次数	CPU 时间/s
CFD	80 000	—	—	—	—	6×175
MOC	50×308	0.014 3	0.006 4	0.999 9	50 064	13.78
MOCC	25×49	0.010 0	0.003 2	0.999 9	2 504	0.626

3) 非均匀来流已知激波/参数分布边界

对于非均匀轴对称内收缩流场,应用 MOCC 计算已知激波/参数分布边界的超声速流场,流动特性如图 7.17 所示。轴对称入射激波由方程 $y = -0.1x^2 - 0.3x + 1$ 设定,沿壁面的压力分布由方程 $p/p_0 = x^2 + 3x + 4$ 给出。来流马赫数非

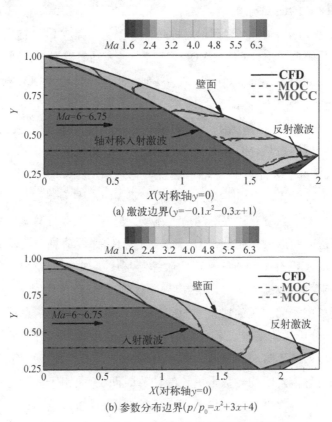

(a) 激波边界($y = -0.1x^2 - 0.3x + 1$)

(b) 参数分布边界($p/p_0 = x^2 + 3x + 4$)

图 7.17　非均匀来流轴对称内收缩流场求解

均匀,分布方程为 $Ma = 7 - y$。 对比已知激波边界的平面流场和轴对称流场可知,对于相同的入射激波,平面流场和轴对称流场内激波反射发生在同一位置。但是平面和轴对称波后流场特征却有明显差异。轴对称等参数线与 x 轴近乎平行,而平面等参数线在偏转后与壁面近乎平行。因此,在轴对称反射激波前,参数呈近似均匀分布。从图 7.17(b) 和图 7.17(b) 的比较可以看出,在壁面压力分布相同的情况下,轴对称压缩壁面比平面压缩壁面弯曲程度小,但长度更长。这种现象并不会因为来流不均匀而改变。同样,轴对称入射激波的偏转程度比平面入射激波大。因此,轴对称入射激波更早发生反射。与已知激波边界的流场类似,在已知参数分布边界的流场中,轴对称反射激波前参数也近似均匀分布。这种反射激波前参数分布均匀性在平面流动中并未出现。在精度方面,两类边界条件对应的非均匀流动中黑色实线与红色虚线均高度吻合,说明 MOCC 可以胜任已知激波/参数分布边界的超声速流场计算。此外,MOCC 不仅能精确求解入射激波与反射激波之间的流动特征,在反射激波后区域内同样具有较高的精度。

　　MOCC 的定量分析结果如表 7.6 所示。对于已知激波边界的流场,MOC 和 MOCC 分别使用 100×199 网格量和 50×99 网格量计算超声速内收缩流场。对于已知参数分布边界的情况,MOC 和 MOCC 的计算网格量分别包含 50×314 和 25×49 个网格节点。两类边界条件流场均以 CFD 结果作为基准数据。首先分析已知激波边界的统计结果,由表 7.6 可知,当使用 MOCC 时,最大马赫数误差和 RSS 都略有降低。而象征拟合优劣的 R^2 则从 MOC 的 0.998 0 增大到 MOCC 的 0.999 2。统计变量表明,MOCC 求解超声速流场的精度比 MOC 高,而且 MOCC 使用较少的网格量便可获得更精确的超声速流场。使用 MOCC 求解已知激波边界的超声速流场,总迭代次数减少了约 91%,计算时间仅为 0.588 s。在已知参数分布边界的流场计算中,MOCC 同样具有较高的精度和效率。MOCC 仅使用 25×49 网格量就可以获得 99.99%高相似度的超声速流场。计算时间相较于 MOC 的 13.22 s 缩短到 0.939 s,效率提高约 92%。对于具有 100 万个样本的优化问题,使用 MOCC 可以节省将近 3 411 小时的 CPU 时间,并保持较高的精度。CFD 算法在计算已知激波边界和压力分布边界的轴对称流场时,分别耗费了 6×177 s 和 6×179 s。由此可见,对于轴对称非均匀流场,因为 MOCC 网格量较少,方法简单,所以用 MOCC 代替 CFD 可以节省大量的计算资源。虽然 CFD 具有广泛的通用性,但由于 MOCC 在非均匀超声速流场反设计领域的高精度和高效率,所以 MOCC 更适用于非均匀流动反设计领域。

表 7.6　非均匀来流轴对称流场 MOCC 回归分析

类型	方法	网格量	最大马赫数误差	RSS	R^2	迭代次数	CPU时间/s
已知激波边界	CFD	80 000	—	—	—	—	6×177
	MOC	100×199	0.040 2	0.320 0	0.998 0	84 608	6.334
	MOCC	50×99	0.032 6	0.128 8	0.999 2	7 735	0.588
已知参数分布边界	CFD	80 000	—	—	—	—	6×179
	MOC	50×314	0.018 9	0.008 9	0.999 8	48 696	13.22
	MOCC	25×49	0.014 1	0.005 0	0.999 9	2 999	0.939

7.2.4　算法应用

激波反射是超声速基本流场设计中常见的现象。本小节对已知入射激波和反射激波条件的基本流场反设计中的激波反射问题进行研究。马赫反射中马赫波后产生亚声速区域,进而降低了基本流场的气动性能。所以,基准流场中设置了中心体以避免出现马赫反射。此外,为了获得出口高均匀性,实际设计中往往限制反射激波后出口气流水平。本小节采用 MOCC 实现基本流场反设计,进而基于设计结果研究弯曲激波反射问题。

1）流场分析

图 7.18 展示了用 MOCC 求解得到的均匀流动中已知激波条件的平面流场和轴对称流场。平面和轴对称入射激波的形状由二次方程 $y = -0.1x^2 - 0.3x + 1$ 给出。反射激波角沿 x 轴的变化率为 $d\theta/dx = -0.2$。 中心体高度为 0.25,限制反射激波后气流水平。从图 7.18 中可以看出,虽然两类流场存在差异,但整体的流动特征是相似的。由于平面和轴对称基准流场均是内压缩流动,所以马赫数沿流线逐渐减小。入射激波与中心体在坐标(1.622 5, 0.25)处相交,由气流偏转而导致激波反射。入射激波和反射激波将基准流场分为三个部分:来流区域、主流区域和尾流区域。在已知条件相同情况下,除了来流区域外,平面流场和轴对称流场的其他两个区域流动特征存在明显的区别。显然,轴对称流场的求解域比平面流场更大。流动方式的不同是造成这种有趣现象的根本原因。从 R-H 方程出发,当入射激波和来流条件相同时,平面流场和轴对称流场的入射激波后气动力参数是一致的。然而,对于平面流动,激波不存在横向曲率,但在轴对称流动中,激波在垂流面内的曲率是非零的。基于弯曲激波理论,激波后流

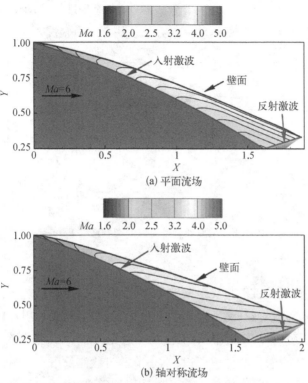

图 7.18　均匀内流中给定激波的平面流场和轴对称流场求解 ($y = -0.1x^2 - 0.3x + 1$)

线曲率和压力梯度与激波曲率有关：$D_2 = K_a S_a + K_b S_b$ 和 $P_2 = J_a S_a + J_b S_b$。系数 K_a、K_b、J_a 和 J_b 是激波前后气动力参数的函数。由于平面流场和轴对称流场的入射激波形状与波后参数相同，所以两类流场的影响系数 K_a、K_b 及流向曲率 S_a 也相同。因此，横向曲率 S_b 是导致两类流场内流线曲率不同的决定性因素。图 7.19 展示了来流马赫数为 6 时波后流线曲率和压力梯度的影响系数的变化规律，黑色实线和黑色虚线分别代表影响系数 K_a 和 K_b。另外，两个影响系数 J_a 和 J_b 分别用灰色实线和灰色虚线表示。由图 7.19 明显可知，对于来流马赫数为 6 的内流，影响系数 K_b 为正。根据横向曲率定义 $S_b = -\cos\theta_1/y$，轴对称内流的横向曲率 S_b 为正。因此，基于弯曲激波理论关系式，轴对称流场的流线曲率比平面流场的流线曲率大。但当流线曲率和气流偏转角为负时，流线曲率越大，气流偏转角变化越慢。由 MOCC 控制方程可知，入射激波为凹激波的轴对称流动中不仅在激波附近有较大的负流线曲率，在下游区域也有较大的负流线曲率，综合影响导致了轴对称流场的求解域范围大于平面流场求解域范围。虽然平面流场和轴对称流场的求解域大小会随着激波形状、来流条件和流动类型变化而不同，但以上基于弯曲激波理论的流动分析方法适用于所有情况。

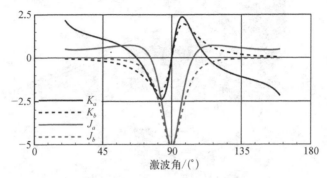

图 7.19 压力梯度和流线曲率的影响系数（$Ma = 6$）

2）反射点分析

由于基准流场的性能与反射激波结构密切相关，所以反射类型对基准流场的设计至关重要。虽然马赫反射比常规反射稳定，但马赫反射后的亚声速区域会降低基准流场整体气动性能。因此，为了避免马赫反射，基准流场设计过程中会在对称轴上方设置中心体。所以，本小节通过绘制反射点区域极曲线来研究中心体与激波反射之间的关系。首先，利用 MOCC 求解了一系列不同中心体高度的基准流场，并分析流场特征。平面流场和轴对称流场的极流线图分别如图 7.20(a)和(b)所示。其中，水平坐标为气流偏转角，纵向坐标为压比，偏向中心体的流动角度被视为正值，来流压力作为无量纲处理的参考值。在两幅图中，红色实线代表入射激波，而红色虚线代表反射激波。蓝色实线代表激波后压力沿气流偏转角的导数，也称为极流线。极流线的表达式为 $\mathrm{d}[\ln(p/p_0)]/\mathrm{d}\delta = (\gamma Ma^2 P)/D$，使用该形式的表达式有利于确定反射结构。由于滑移线上任一点两侧的压力和流动方向相同，所以同一点的压力及气流角的梯度也应保持一致。因此，滑移线任一点两侧极流线的斜率（压力及其梯度和流线曲率的函数）也必须吻合。进而，基于上述规律，可以利用反射激波极流线图内极流线斜率来求解马赫波后的气动力参数及其梯度。当已知条件为马赫波后的气动力参数时，算法则正好相反。

反射点周围的流动结构可在 $\delta - p$ 坐标系内进行阐释。图 7.20 中点 1 代表来流状态。之后，气流经过入射激波偏转到点 2，进一步，由于壁面出口条件限制，气流经过反射激波继续偏转至水平状态。对于入射弯曲激波，点 2 的

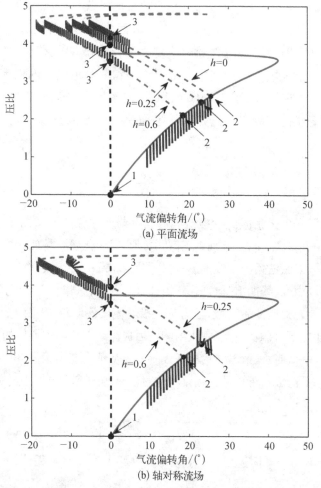

(a) 平面流场

(b) 轴对称流场

图 7.20　平面流场和轴对称流场中激波极曲线以及极流线（$Ma = 6$）

位置随着中心体高度的不同而变化。当中心体高度发生变化时,结尾入射激波角也会随之变化,从而导致波后气流角不同。由一系列变中心体基准流场结果可知,当中心体高度降低时,点 2 沿着红色实线向右上方移动。对于不同高度的中心体,反射点区域的入射激波后马赫数与之一一对应。反射激波极曲线是基于入射激波后反射点处的马赫数绘制的。对于规则反射,反射激波后的流动状态如图 7.20 中点 3 所示。

　　通过对平面流场和轴对称流场的对比可知,无论是对于平面流场还是轴对称流场,图 7.20 中的红色实线和红色虚线都是完全相同的。这是因为激波极曲线是激波角和波前来流条件的函数。对于两类流场,激波角和波前来流条件是相同的。因此,当中心体高度一致时,两类流场中入射激波和反射激波的极曲线相同。然而,这并不意味着平面流场内反射点附近的气动结构与轴对称流场相同。因为气动力参数只决定某一点的流动状态,气动力参数的梯度才决定了一个区域的流动结构。平面流场和轴对称流场的极流线有明显差异。对于平面入射激波,图7.20(a)表明入射激波后极流线为负,并且几乎不随中心体高度变化而改变。这是由于平面流场中激波只存在流向曲率,所以入射激波后极流线的斜率简化为如下形式:

$$\frac{d\left[\ln(p/p_0)\right]}{d\delta} = \frac{\gamma Ma^2 P}{D} = \frac{\gamma Ma^2 J_a}{K_a}$$

由表达式可知,入射激波后极流线的斜率与曲率无关。从图7.19可知,平面内收缩流动中变量 J_a 和 K_a 分别为正值和负值,但变化趋势类似。因此,当中心体高度升高时,入射激波后极流线的斜率几乎保持在一个有限的负值不变。具体来说,在平面流场中,流线曲率是负值,压力梯度是正值,意味着无论激波反射发生位置是否不同,在入射激波后区域,压力都是沿着流线逐渐增大,而流线则逐渐偏向中心体。相比之下,轴对称流场中入射激波后极流线斜率随中心体的高度而变化,当中心体高度降低时,入射激波后极流线斜率先从负值变为正值,再变为负值。而激波横向曲率是造成这种现象的因素。轴对称流场的极流线表达式如下:

$$\frac{d\left[\ln(p/p_0)\right]}{d\delta} = \frac{\gamma Ma^2 P}{D} = \gamma Ma^2 \frac{J_a S_a + J_b S_b}{K_a S_a + K_b S_b}$$

很明显,不同于平面流场,轴对称流场中等式右边曲率无法消除。因此,轴对称入射激波后极流线的斜率与激波曲率和来流条件直接相关。由该公式可知,入射激波后极流线斜率由负值向正值的第一次转变发生在曲率为零的Crocco点（$h = 0.37$）,而第二次由正值向负值的转变则发生在压力梯度为零的Thomas点。此外,当中心体高度接近零时,横向曲率趋于无穷大,从而产生无穷大的压力梯度和流线曲率。在这种情况下,规则反射是不可能发生的,但会在此区域产生马赫反射,使得波后气流水平。尽管中心体高度为零的轴对称流场中反射激波极曲线与平面反射激波极曲线相同,并且与直线 $x = 0$ 存在交点,但是此时的常规反射点并非物理解,因此在中心体高度为零的轴对称流场中,只能存在非常规反射。而当中心体高度不为零时,马赫反射能否形成取决于中心体高度的高低。基于Von Neumann准则,当反射激波极曲线与入射激波极曲线只有一个交点时,无法形成马赫反射。例如,图7.20中绘制了中心体高度为0.6时平面流场和轴对称流场反射激波极流线,由图可知,入射激波和反射激波之间只有一个交点。因此,在中心体高度为 0.6 的平面流场和轴对称流场中只可能发生常规反射。当中心体高度小于 0.45 时,常规反射和非常规反射都有可能出现。因此,基于以上分析,为了完全避免在平面流场或轴对称流场中形成马赫反射,基准流场中心体高度应大于 0.45。值得注意的是,用于区分常规反射和马赫反射的中心体高度随激波形状和来流条件的不同而变化。

接下来,将重点聚焦于反射激波极曲线(红色虚线)。反射激波极曲线也可以看作波前条件相同时反射激波后压力与气流偏转角之间的关系曲线。以中心体高度为 0.25 的平面流场为例。当反射激波后气流角与 x 坐标的夹角从零开始减小时,反射激波强度会逐渐增强以增大偏转角,使其满足出口参数限制。因此,波后压力也会随之上升,以匹配更强的反射激波。然而,与入射激波极流线的斜率不同的是,由于激波曲率的影响,反射激波极流线斜率随气流偏转角的变化而变化。如上所述,平面入射激波极流线的斜率表达式中激波流向曲率可以消除,平面入射激波极流线的斜率与入射激波曲率无关,而对于平面反射激波,激波后压力梯度和流线曲率都与反射及入射激波曲率有关。因此,当气流偏转角减小时,反射激波极流线的斜率由正值变为负值,符号变化发生在反射激波 Crocco 点。此外,随着中心体高度的升高,反射激波 Crocco 点的气流偏转角逐渐减小。对于轴对称流场,由于反射激波前气动力参数与平面流场相同,所以当中心体高度一致时,轴对称反射激波极曲线与平面反射激波极曲线完全吻合。与平面流场类似,轴对称流场中反射激波极流线的斜率也与入射和反射激波曲率有关。但不同于平面常规反射,轴对称常规反射中不仅可以存在 Crocco 点,也可以存在 Thomas 点。但是,在轴对称流场中,反射激波上是否存在 Thomas 点取决于中心体的高度。例如,在中心体高度为 0.25 的轴对称内收缩流场中,反射激波上出现了 Thomas 点,但是在中心体高度为 0.6 的轴对称内收缩流场中,反射激波却无法出现 Thomas 点。

7.3　基于二阶弯曲激波理论的激波装配法

除了用于波后流场求解领域,弯曲激波理论凭借在激波附近具有高精度的优势,还可应用于激波捕捉领域。目前,R-H 方程已广泛应用于激波捕捉。但是,由 R-H 方程捕捉的信息是有限的。而从弯曲激波理论可获得描述激波几何形状的高阶变量,因此弯曲激波理论有潜力高精度地捕捉激波。弯曲激波理论在激波装配领域的应用核心是通过一阶弯曲激波方程组和二阶弯曲激波方程组(已知波前和波后参数)求解激波曲率及其梯度。图7.21展示了利用弯曲激波理论装配激波的具体流程。以单元网格为例,网格边界和激波分别用黑色线和灰色线表示。激波在网格离散过程中被分成若干段,每一段激波可看作一条独立曲线,激波段与网格的交点看作该段激波的两个端点。经过数值计算可获得激波段端点处的气动力参数及其导数。利用端点处的信息,结合一阶弯曲激波方程组和二阶弯曲激波方程组可以计算激波曲率及其导数。在得到激波曲率后,可通过式(7.18)得到激波曲线二阶导数 y'':

$$S_a = \frac{y''}{\left[1 + (y')^2\right]^{1.5}} \tag{7.18}$$

进一步地,可以从式(7.19)中求解激波曲线三阶导数 y''':

$$S_a' = \frac{\mathrm{d}S_a}{\mathrm{d}\sigma} = \frac{y'''\left[1 + (y')^2\right] - 3y'(y'')^2}{\left[1 + (y')^2\right]^3} \tag{7.19}$$

结合高阶导数,可得到高阶多项式来拟合激波曲线。为了验证高阶弯曲激波理论激波装配的精度,本节利用弯曲激波理论对两类典型激波——平面弯曲激波和轴对称弯曲激波,分别进行了激波装配。两类激波均采用三种方法装配,分别为 R－H 方程、一阶弯曲激波理论和二阶弯曲激波理论。

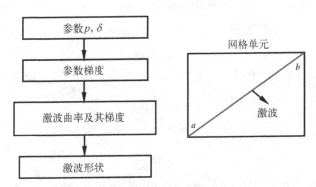

图7.21 激波装配具体流程

7.3.1 二维弯曲激波（$S_a \neq 0$, $S_b = 0$）

1. 在已知两个网格节点气动力参数时装配激波

在实际应用中,激波装配需要预先求解上下游参数,进而通过激波理论进行装配。然而对于定量分析,本小节预先设定了弯曲激波形状,利用上下游参数装配激波,并与设定激波进行比较。平面弯曲激波几何形状函数为 $y = (e^x - 1)/2, 0 < x < 1$。根据激波形状及波前来流马赫数为 6 可知,激波曲线两端点压比分别为 8.233 5 和 27.082 3。进一步地,利用气动力参数,结合一阶弯曲激波方程组和二阶弯曲激波方程组可求解激波曲率及其梯度。在仅已知两个网格节点(激波段端点)参数时,基于 R-H 方程计算得到激波角,通过最小二乘法可得激波角方程 $y' = \tan\theta = 0.859\,1x + 0.500\,0$。由于激波角与激波斜率相关,对方程 $y' = \tan\theta = 0.859\,1x + 0.500\,0$ 积分,可得该段激波的装配方程 $y = 0.429\,6x^2 + 0.500\,0x$。类似地,利用一阶弯曲激波方程组得到的激波曲率 S_a,结合等式 (7.18)计算得到激波点二阶导数 y'',进而采用最小二乘法得到二阶导数 y'' 和 x 之间的拟合方程 $y'' = 0.859\,1x + 0.500\,0$,两次积分之后,获得激波装配方程 $y = 0.143\,2x^3 + 0.250\,0x^2 + 0.429\,6x$。对于二阶弯曲激波理论,可利用等式(7.19)得到激波点三阶导数 y'''。同样地,利用最小二乘法获得三阶导数拟合方程 $y''' = 0.865\,8x + 0.501\,4$,三次积分之后,得到激波装配方程 $y = 0.036\,1x^4 + 0.083\,6x^3 + 0.212\,4x^2 + 0.539\,3x$。

图 7.22 绘制了利用三种方法在已知两个网格节点气动力参数情况下装配的激波曲线。原始激波由黑色实线表示。红色、蓝色和绿色虚线分别代表使用 R-H 方程、一阶弯曲激波理论和二阶弯曲激波理论装配的激波。由图 7.22 显而易见,随着方程阶数的增加,装配激波和原始激波之间的差异减小。其中,绿色虚线是最接近黑色实线的,而红色虚线偏离最大,意味着二阶弯曲激波理论在装配激波领域具有高精度的优点。

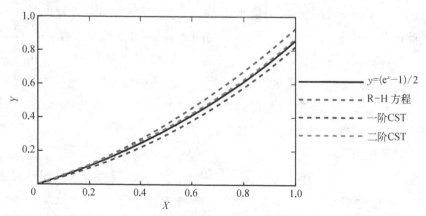

图 7.22　已知两个网格节点气动力参数时平面激波装配结果对比 ($S_a \neq 0$, $S_b = 0$, $Ma = 6$)

进一步地,对不同方法装配的激波进行了定量分析,回归分析结果展示于表 7.7 中。其中,RSS 是表示方程与数据拟合接近程度的变量,由预测值与原始数据之间偏差的平方和计算。总平方和被定义为因变量及其平均值的平方差总和。此外,拟合优度 R^2 是描述拟合曲线和原始曲线之间拟合程度的统计变量,值为 0~1。R^2 越大表明拟合曲线越接近原始曲线。从表 7.7 可以看出,当装配方法从 R-H 方程变为一阶弯曲激波理论时,装配激波与原始激波最大马赫数误差从 0.070 4 减小到 0.036 4,当使用二阶弯曲激波理论时,最大马赫数误差进一步减小到 0.012 2。就 RSS 而言,R-H 方程装配的激波与原始激波之间的 RSS 为 0.178 6,大约是一阶弯曲激波理论的 2 倍,而当使用二阶弯曲激波理论时,RSS 进一步显著下降,意味着精度进一步提高。当方法从 R-H 方程变为一阶弯曲激波理论时,R^2 值从 0.971 4 上升到 0.987 7,当使用二阶弯曲激波理论时,该值又上升到 0.998 4,进一步证实了拟合曲线与原始曲线极度相似,但不能否认,在仅已知两个网格节点气动力参数时,装配仍然存在一定偏差。

表 7.7　两个网格节点气动力参数已知的平面弯曲激波的激波装配回归分析

方法	最大马赫数误差	RSS	R^2
R-H 方程	0.070 4	0.178 6	0.971 4
一阶弯曲激波理论	0.036 4	0.076 7	0.987 7
二阶弯曲激波理论	0.012 2	0.010 1	0.998 4

2. 在已知三个网格节点气动力参数时装配激波

为了提高精度,本小节进一步尝试了在已知三个网格节点气动力参数时装配激波。为了进行合理比较,仍使用最小二乘法对 R-H 方程计算的激波角进行线性拟合。因此,基于激波角和斜率之间的关系,对激波角方程 $y' = \tan \theta = 0.859\ 1x + 0.464\ 9$ 积分可得激波装配方程 $y = 0.429\ 6x^2 + 0.464\ 9x$。由于激波曲率与激波几何形状二阶导数 y'' 相关,所以对激波曲率方程积分两次可得一阶弯曲激波理论装配的激波曲线方程 $y = 0.143\ 2x^3 + 0.232\ 5x^2 + 0.484\ 5x$。而对于二阶弯曲激波理论,三次积分后可得激波装配方程 $y = 0.036\ 1x^4 + 0.077\ 6x^3 + 0.241\ 7x^2 + 0.506\ 4x$。

图 7.23 中用不同颜色绘制了对应的激波装配曲线:原始激波由黑色实线显示,而红色、蓝色和绿色虚线分别表示由 R-H 方程、一阶弯曲激波理论和二阶弯曲激波理论装配的激波。为了直观地进行比较,对 $0.45 < X < 0.55$ 的部分进

行了放大。通过对比可知,随着弯曲激波理论阶数的增加,装配激波更接近原始激波,即使在放大区域,二阶弯曲激波理论装配的激波仍然与原始激波几乎保持一致。相反,尽管红色和蓝色虚线显示出与黑色实线类似的形状,但依然存在明显的偏差。

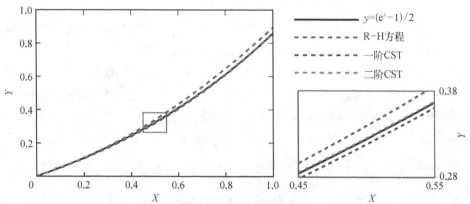

图 7.23　已知三个网格节点气动力参数时平面激波装配结果对比 ($S_a \neq 0$, $S_b = 0$, $Ma = 6$)

　　表 7.8 给出了已知三个网格节点气动力参数的激波装配回归分析结果。由表 7.8 可知,R - H 方程装配的激波与原始激波最大马赫数误差为 0.036 7,对于一阶弯曲激波理论,最大马赫数误差下降到 0.006 1,而二阶弯曲激波理论装配的激波与原始激波最大马赫数误差最小,仅为 0.002 6。进一步地,比较残差平方和,R - H 方程激波装配结果的 RSS 为 0.048 9,大约是一阶弯曲激波理论结果的 29 倍。当弯曲激波理论的阶数增加,即使用二阶弯曲激波理论装配激波时,精度进一步显著提高,相较于一阶弯曲激波理论,二阶弯曲激波理论的 RSS 减小了一个数量级,为 0.000 2。当使用一阶弯曲激波理论代替 R - H 方程装配激波时,拟合优度从 0.992 2 增大到 0.999 7,而当使用二阶弯曲激波理论装配激波时,拟合优度增大到 1.000 0,意味着装配激波显示出与原始激波的良好匹配。总而言之,当已知更多网格节点气动力参数时,三种激波装配方法的准确度都有所提

表 7.8　三个网格节点气动力参数已知的平面弯曲激波的激波装配回归分析

方法	最大马赫数误差	RSS	R^2
R - H 方程	0.036 7	0.048 9	0.992 2
一阶弯曲激波理论	0.006 1	0.001 7	0.999 7
二阶弯曲激波理论	0.002 6	0.000 2	1.000 0

高。在仅已知三个网格节点气动力参数时,二阶弯曲激波理论能够更加准确地装配平面弯曲激波。

7.3.2　轴对称弯曲激波 ($S_a \neq 0$, $S_b \neq 0$)

1. 在已知两个网格节点气动力参数时装配激波

与平面弯曲激波类似,轴对称弯曲激波的几何形状由方程 $y = (3^x - 1)/2$ 给出, $0 < x < 1$。中心体高度设为 0.1,来流马赫数为 6,波后参数可通过数值方法计算。当仅已知激波段端点处的信息时,利用最小二乘法线性拟合 R - H 方程计算的激波角,可得方程 $y' = \tan \theta = 1.098\,6x + 0.549\,3$,对其积分后得到激波装配方程 $y = 0.549\,3x^2 + 0.549\,3x + 0.1$。利用激波曲率 S_a 与激波曲线二阶导数之间的关系,一阶弯曲激波理论的激波装配方程为 $y = 0.201\,2x^3 + 0.301\,7x^2 + 0.441\,0x + 0.1$。对于二阶弯曲激波理论,激波装配方程为 $y = 0.056\,7x^4 + 0.111\,0x^3 + 0.231\,8x^2 + 0.624\,3x + 0.1$。

三种装配方法装配的激波及原始激波绘制于图 7.24 中。与前面相同,黑色实线代表原始激波,红色、蓝色和绿色虚线分别代表 R - H 方程、一阶弯曲激波理论和二阶弯曲激波理论装配的激波。显而易见,绿色虚线和黑色实线之间的偏差最小,而红色虚线与黑色实线之间的偏差最大,意味着当弯曲激波理论的阶数增加时,装配激波更接近原始激波。因此,二阶弯曲激波理论在三种装配方法中依然具有最高精度。

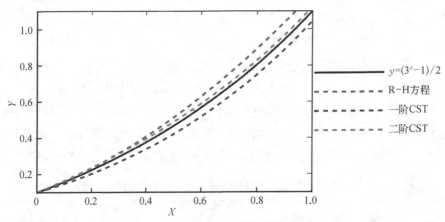

图 7.24　已知两个网格节点气动力参数时轴对称激波装配结果对比 ($S_a \neq 0$, $S_b \neq 0$)

表 7.9 给出了已知两个网格节点气动力参数时轴对称弯曲激波装配回归分析结果。首先,由表 7.9 可知,R - H 方程装配的激波和原始激波最大马赫数误差是

0.098 6,大约是一阶弯曲激波理论最大马赫数误差的 2 倍,而利用二阶弯曲激波理论装配的激波,最大马赫数误差在三种装配方法中最低,为 0.023 9。其次,R - H方程装配方法的 RSS 为 0.348 5,约是一阶弯曲激波理论的 2 倍。二阶弯曲激波理论装配方法在一阶弯曲激波理论装配结果的基础上进一步将 RSS 减小了一个数量级,为 0.038 3,显著提高了激波装配的准确性。最后,当装配方法从 R - H 方程更换为一阶弯曲激波理论时,拟合优度 R^2 从 0.958 7 上升到了 0.978 4,对于二阶弯曲激波理论装配法,拟合优度 R^2 进一步上升到 0.995 5。因此,利用二阶弯曲激波理论装配的激波曲线与原始激波曲线吻合良好,但仍存在些许偏差。

表 7.9　两个网格节点气动力参数已知的轴对称弯曲激波的激波装配回归分析

方法	最大马赫数误差	RSS	R^2
R - H 方程	0.098 6	0.348 5	0.958 7
一阶弯曲激波理论	0.056 1	0.182 3	0.978 4
二阶弯曲激波理论	0.023 9	0.038 3	0.995 5

2. 在已知三个网格节点气动力参数时装配激波

为了获得更好的装配效果,将已知网格节点气动力参数的数量增加到三个。如前所述,同样通过最小二乘法拟合激波角,得到线性方程 $y' = \tan\theta = 1.098\,6x + 0.500\,2$,对其积分之后,得到 R - H 方程激波装配方程 $y = 0.549\,3x^2 + 0.500\,2x + 0.1$。类似地,通过一阶弯曲激波理论装配的激波曲线方程为 $y = 0.201\,2x^3 + 0.274\,8x^2 + 0.525\,8x + 0.1$,通过二阶弯曲激波理论装配的激波曲线方程为 $y = 0.056\,7x^4 + 0.100\,3x^3 + 0.287\,1x^2 + 0.560\,8x + 0.1$。

将三种装配激波绘制在图 7.25 中,并放大 $0.45 < X < 0.55$ 的区域以便于更清晰地对比装配结果。由图 7.25 可知,当已知更多气动力参数时,装配激波更接近原始激波。但是值得注意的是,红色虚线和黑色实线之间仍然存在明显的差异,表明 R - H 方程装配的激波和原始激波仍有差距。而代表一阶弯曲激波理论和二阶弯曲激波理论结果的蓝色虚线和绿色虚线显示出了与黑色实线更好的匹配结果。在放大区域,可以明显看出绿色虚线和黑色实线之间的偏差最小,而蓝色虚线和黑色实线之间存在较大的偏差。综上所述,相比于其他两种装配方法,二阶弯曲激波理论在激波装配方面具有明显的优势。

表 7.10 给出了不同装配方法得到的轴对称弯曲激波回归分析结果。通过比较可知,当已知网格节点增加时,装配激波与原始激波最大马赫数误差显著减

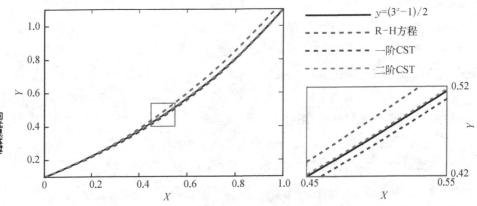

图 7.25 已知三个网格节点气动力参数时轴对称激波装配结果对比 ($S_a \neq 0$, $S_b \neq 0$)

小。R－H 方程装配方法的最大马赫数误差降低至 0.051 4,但仍然是三种装配方法中最大的。对于一阶弯曲激波理论和二阶弯曲激波理论,装配最大马赫数误差分别为 0.009 3 和 0.004 9,约为已知两个网格节点信息结果的 1/5。R－H 方程装配方法的 RSS 为 0.095 3,约为已知两个网格节点信息结果的 1/3,然而仍然比一阶弯曲激波理论装配方法的 RSS 大得多,而后者相比于二阶弯曲激波理论装配方法的残差平方和 0.000 6 仍高出 1 个数量级。至于描述拟合曲线和原始曲线之间的拟合优度 R^2,随着装配方法从 R－H 方程向一阶弯曲激波理论和二阶弯曲激波理论的转变,从 0.988 7 上升到 0.999 5,再上升至 0.999 9。这种变化趋势表明,装配的激波曲线与原始曲线吻合程度逐渐上升。综上所述,在已知三个网格节点气动力参数时,二阶弯曲激波理论能够精确地装配轴对称弯曲激波。

表 7.10   三个网格节点气动力参数已知的轴对称弯曲激波的激波装配回归分析

方法	最大马赫数误差	RSS	R^2
R－H 方程	0.051 4	0.095 3	0.988 7
一阶弯曲激波理论	0.009 3	0.004 0	0.999 5
二阶弯曲激波理论	0.004 9	0.000 6	0.999 9

7.4   小结

本章对二阶弯曲激波理论的反设计应用领域开展了研究,基于二阶弯曲激

波理论分别提出了近似解析法,激波装配法及 MOCC,得出结论如下:

(1)在沿流线波后梯度不变的假设下,发展了基于一阶弯曲激波方程组和二阶弯曲激波方程组的近似解析法,并应用于平面流场和轴对称流场的快速求解。结果表明,与一阶弯曲激波方程组相比,二阶弯曲激波方程组将结果精度提高了 10% 以上。

(2)推导了全差分形式的 MOCC 控制方程。基于一阶弯曲激波理论和二阶弯曲激波理论的梯度边界条件,MOCC 通过求解超声速流场中的梯度信息,可快速精确获得平面/轴对称、外流/内流、均匀/非均匀流动中的超声速流场流动特征。结果表明,凭借梯度信息,MOCC 可以在有限的网格量下精确求解超声速流场,与 MOC 相比,MOCC 不仅精度高,而且节省了 80% 左右的计算资源。象征流动变化趋势的梯度信息使得 MOCC 成为超声速流场分析和反设计领域的良好候选者。

(3)弯曲激波理论也被用于平面流场和轴对称流场中的激波装配。回归分析表明,二阶弯曲激波理论的激波残差平方和比 R - H 和一阶弯曲激波理论低一个数量级。此外,平面流场和轴对称流场中二阶弯曲激波理论的拟合优度几乎达到 1,这意味着凭借高阶变量信息,二阶弯曲激波理论可以在有限数量的给定条件下明确地捕捉平面和轴对称弯曲激波。这些用于描述激波几何形状的高阶变量使得该理论成为解决 CFD 方法中激波装配问题的良好候选者。

本章的研究工作主要着眼于二阶弯曲激波理论的反设计应用,并针对不同应用领域发展了相应的反设计方法。在后续的章节中将结合本章结论,探索弯曲激波理论的初步工程应用。

第 8 章

弯曲激波理论的初步工程应用

8.1 引言

在过去的几十年里,乘波体由于其高升阻特性被认为是高超声速飞行器的最佳候选者之一。通常在无黏流中定义,乘波者产生的激波附着在其锋利的前缘型线上,使飞行器看起来像是骑乘在激波上方。这种设计理念通过有效地捕捉飞行器底部的高压气流区域,为乘波飞行器提供了高升阻比特性。本章将运用前面推导的弯曲激波理论进行乘波体设计,并进行工程应用的初步尝试。

现有的乘波体设计方法可分为楔导法、锥导法和吻切法。前两种方法相对简单,因为楔形流场或锥形流场可以用斜激波方程或 Taylor‐Maccoll 方程求解。但是,必须首先指定相应激波发生器(楔面或圆锥面),这给进气道流场的设计留下了较少的选择余地。一般的吻切法包括吻切锥、吻切轴对称和吻切流场法。吻切法直接从特定激波定义流场,允许直接选择入口流场,同时提供良好的容积和空气动力性能。然而,所有的紧密连接方法都存在一个基本问题:假设紧密窗格之间的横向流动最小,并且可以忽略方位角压力梯度。这一假设大大简化了吻切法,使流动可以在每个吻切平面内独立求解。然而,有证据表明,方位角压力梯度的影响是不可忽略的,因此吻切法不是精确的方法。吻切乘波体不能准确地恢复预定的激波和原始流场,尤其是在处理非恒定强度激波时。当将高超声速进气道与吻切乘波体集成时,这种差异变得至关重要。另外,由于考虑了可忽略的方位角压力梯度假设,吻切法的激波被限制为一种扫掠面,激波波形的内在约束在一定程度上仍然存在。

另外,乘波体通常被设计成在给定马赫数的激波上骑乘,提供良好的空气动力学性能。但是,基于乘波体的高超声速飞行器必须在广泛的自由流马赫数范围内运行,而不仅是在设计阶段。激波的非设计位置会严重影响性能、传热和推进一体化。当自由流马赫数大于设计值时,激波位于前缘平面上方,形成一个复杂的交叉激波系统。这将导致非常复杂的激波/边界层相互作用,并可能导致高升温速率。相比之下,当自由流马赫数小于设计值时,激波从乘波体的前缘分离,并出现流动溢出,导致空气动力性能下降。因此,需要研究宽速度范围飞行的乘波体设计方法。本章将分别从这两方面进行基于高阶弯曲激波理论的乘波体工程设计。

8.2　基于高阶弯曲激波理论的局部偏转吻切乘波设计方法

针对任意的三维激波曲面,一些学者尝试使用三维特征线法进行逆向求解,但是由于特征线法需要不断迭代及三维求解过程中特征线容易相交等问题,直接逆向求解是较为复杂且耗时的。一种合理的替代方式是像吻切理论那样对整个求解过程进行降维处理,将三维的求解过程简化为一系列二维求解过程。然而,吻切理论在简化的过程中仅在横向上对三维激波进行离散,其在流向上限定对应气流仅在吻切平面内流动,忽略吻切平面间的横向流动,这种处理无疑会为激波的求解带来不可避免的误差,特别是在求解变强度激波时。从上述分析不难看出,考虑三维激波点当地激波曲率的方向对于三维流动求解有着重要的作用。因此,本书提出了考虑横向流动的局部偏转吻切方法(local-turning osculating cones method,LTOCs)。该方法首先将三维曲面激波在横向上进行离散,随后结合当地激波点的曲率沿流向进一步离散,在各微元面内进行二维求解以实现三维流动的简化。由于考虑了波后流场中的横向流动,所以各微元面会随着流向不断发生偏转,这一方法也因此特点而得名。

从上述描述可知,局部偏转吻切方法采用了与吻切理论一样的降维方式,将三维流动沿横向离散成若干切片,仅需求解各切片内的二维流场便可组合求得整个三维流动。其不同之处在于:吻切理论的切片是单一的平面,忽略了切片间的横向流动,难以实现三维复杂激波的精确求解。而局部偏转吻切方法中的切片则完整包含当地流线,该切片是一种曲面,本质上是一张流面。所以,局部偏转吻切方法中各切片内的求解方式将明显有别于常规吻切理论。在局部偏转吻切方法中,各流面内流动的求解过程大致分为三步:首先,运用微元吻切平面的概念离散给定的三维激波曲面,求得各流面内的激波曲线;然后,将各离散激

波线绕 X 轴旋转至同一虚拟子午面内,利用前面所述高阶弯曲激波理论进行求解;最后,根据 Cross-Marching 方法将该虚拟子午面内求得的二维流场参数转换至三维笛卡儿直角坐标系内,而激波后完整的三维流动则由这些流面内的流动组合而成。接下来,本节将详细介绍基于弯曲激波理论的局部偏转吻切方法求解流面内流动的详细步骤。

8.2.1　沿流面离散三维激波曲面

激波作为超声速流场具有的最为显著的特征在很大程度上影响着飞行器及其推进系统的气动性能。在 LTOCs 中,三维激波面由精确的数学表达式来定义,因此可以精确求得该表面所有点处的局部曲率。需要特别指出的是,必须采取一定的措施以确保激波面在物理上是正确的。如前所述,LTOCs 实际上是一种流面方法。每个流面的激波曲线不是一条直线,而是多条直线的组合。很明显,波后速度就是自由流速度加上激波法向上速度的变化,并且自由流速度矢量应包含在激波点的局部吻切平面中。因此,与离散激波点相对应的局部吻切平面是由自由流矢量和局部法向矢量组成的。图 8.1 显示了确定流面内激波曲线的示意图。第一个局部吻切平面 P_1 是由自由流矢量及 A_n 点处的法线矢量确定的;下一个离散激波点 A_1 是通过激波面和局部吻切平面 P_1 相交获得的;然后,第二个局部吻切平面 P_2 由自由流矢量和点 A_1 处的法向矢量确定;下一个离散激波点 A_2 是由激波面和局部吻切平面 P_2 相交得出的。逐步重复此过程以离散整个三维自由激波面。

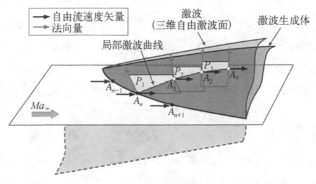

图 8.1　确定流面内激波曲线的示意图

图 8.2 进一步给出了求解激波面与局部吻切平面交点的过程,其中,向量 $\bar{n}$ 表示当地的法向矢量,v_∞ 是自由流速度。如图 8.2 所示,法向矢量 $\bar{n}$ 是通过求解

激波面方程 $[F(X, Y, Z)]$ 的梯度所得到的。通过取 $\bar{n}$ 和 v_∞ 的叉积来求得向量 $\bar{C}$。$\bar{n}$ 和 v_∞ 都包含在局部吻切平面中,因此 $\bar{C}$ 必然是垂直于该局部吻切平面的。由于 $\bar{n}$ 和 $\bar{C}$ 是正交的,所以该向量 $\bar{C}$ 必然在激波面上。向量 $\bar{D}$ 是通过求向量 $\bar{C}$ 和 $\bar{n}$ 的叉积得到的。由于它垂直于 $\bar{C}$,所以可以判定向量 $\bar{D}$ 必然是在局部吻切平面上,并且由于 $\bar{n}$ 和 $\bar{D}$ 是正交的,所以向量 $\bar{D}$ 也必须在激波面上。因此,$\bar{D}$ 实际上就是局部吻切平面与激波面的交线。

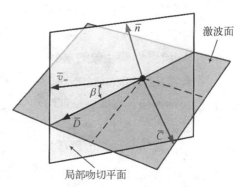

图 8.2　局部吻切平面与激波面求交线示意图

从上述的向量分析中便可得到激波面与局部吻切平面的交线方程,如下所示:

$$dY = \frac{Z_X Z_Y}{1 + Z_Y^2} dX \tag{8.1}$$

式中,Z_X 和 Z_Y 分别为变量 Z 对 X 和 Y 的偏导。本书利用四阶龙格-库塔法对上述微分方程进行离散,可得

$$Y_{n+1} = Y_n + \frac{Z_X Z_Y}{1 + Z_Y^2} \Delta X \tag{8.2}$$

式中,n 为离散激波点的指针数。具体的过程如下:指定增量变化 ΔX,令 $X_{n+1} = X_n + \Delta X$,随后根据式(8.2),便可计算新的 Y 坐标。已经知道激波面的数学表达式,便可轻松确定新的 Z 坐标。

随着流面内激波曲线的确定,激波后气体参数的计算是一个相对简单的过程。根据 R - H 方程,激波后的气体参数仅是自由来流马赫数 Ma_∞、比热比 γ 和激波角 β 的函数。如图 8.2 所示,激波角 β 实际上就是表面法向矢量 $\bar{n}$ 和自由流速度向量 v_∞ 之间的夹角,而两者都是已知的。因此,便可根据点积的定义来计算向量 $\bar{n}$ 与 v_∞ 之间的角度,得出激波角的方程为

$$\beta = \frac{\pi}{2} - \arccos \frac{v_\infty n}{|v_\infty| n} \tag{8.3}$$

此外,激波角 β 在不同的局部吻切平面中不同,在已知激波角的情况下,通过 R－H 方程可获得整个流面内离散激波点后的流动参数。

8.2.2 流面内波后参数求解

根据激波曲线和激波后条件,下一步是计算流面的波后流场。如前所述,在流面内的流动不包含在同一局部吻切平面内(图 8.1)。直接在三维笛卡儿坐标系中计算波后流场是很困难。受吻切理论的启发,LTOCs 将所有离散的激波点旋转到一个虚拟子午面上进行计算,如图 8.3 所示。需要注意的是,该虚拟子午面中任何一点的轴向坐标都等于三维笛卡儿坐标系下的 X 轴坐标。可以看到,随着流动从前缘向基平面推进,不同横向平面中的当地激波点的曲率半径变得越来越大。相应地,在该虚拟子午面内,局部激波的轴心也逐渐偏离 X 轴变成非共轴流动。此时,常规的二维特征线法便不再适用,这是因为虚拟子午面内的波后流场不是标准的轴对称流场,而前面所述的高阶弯曲激波理论则考虑局部激波点曲率半径的变化,能够完美地解决这一问题。高阶弯曲激波理论的具体控制方程在此不再赘述,本小节仅简单描述整个求解过程。

如图 8.3 所示,该虚拟子午面内的整个求解过程被离散化,内部点的所有参数都在小三角形区域中计算。例如,在三角形 $A_1A_2C_2$ 中计算内部点 C_2,并且在三角形 $D_1C_2D_2$ 中计算内部点 D_2。在确定内部点 C_2 的过程中,将激波点 A_1 的局部半径,即 A_1O_2 的长度作为输入。然后利用前面所述基于高阶弯曲激波理论的弯曲流线特征线法,令过点 A_1 的流线与通过点 A_2 的左行马赫线相交,获得虚拟子午面内的内部点 $C_2(x, y)$ 的位置信息及该点处的流动参数(p、ρ 和 V)。对于

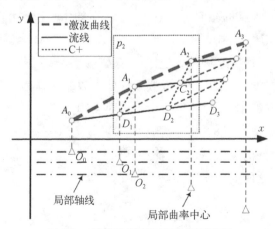

图 8.3　计算虚拟子午面内波后流场

内部点D_2的计算,应以内部点D_1在横向上的局部半径为输入。然而,与激波点不同,由于同一横向平面内部点之间的关系是未知的,所以难以获得内部点的局部半径。幸运的是,激波的形状及其相应的生成体之间是非常相似的。因此,可以合理地假设,在同一轴向位置上,内部点的局部轴心与激波点的局部轴心相同,也就是说,内部点D_1的局部轴心是在相同轴向位置处的激波点的局部轴心O_1。此过程中的局部半径等于D_1O_1的长度。计算内部点D_2的其余步骤与求解内部点C_2的步骤相同。通过不断重复上述内部点过程,便可以确定整个虚拟子午面中的流场参数。

8.2.3 激波后流场的三维重构

在前面的步骤中,已经求得了内部点的流动参数(x、y、V、p和ρ),但是,这些内部点是位于虚拟子午面上的。下一步是将虚拟子午面中的流场转换为三维笛卡儿坐标系中的实际流场。如前所述,内部点属于不同的局部吻切平面。因此,该转换过程的关键是确定内部点所处的局部吻切平面。本小节在虚拟子午面内的三角形区域中定义了一个新的局部正交坐标系(i和j),如图 8.4 所示。在图示i-j局部坐标系中,用于确定内部点的真实三维笛卡儿坐标系的表达式可重新整理为

$$Y_j = \frac{v(X_i^2 + Z_i^2) - uX_iY_i - wY_iZ_i}{u(Y_i^2 + Z_i^2) - vX_iY_i - wX_iZ_i}X_j \tag{8.4}$$

$$Z_j = \frac{-(X_iX_j + Y_iY_j)}{Z_i} \tag{8.5}$$

式中,X_i、Y_i、Z_i、X_j、Y_j和Z_j分别为局部点的三维笛卡儿坐标在i、j方向上的梯度。

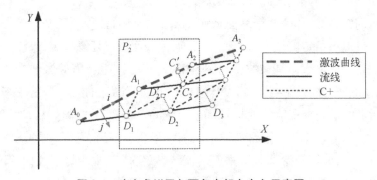

图 8.4 确定虚拟子午面各内部点方向示意图

详细的坐标转换过程在图 8.4 中得到了进一步的说明。所有内部点的笛卡儿坐标转换也在不同的三角形区域中进行计算。例如,内部点 C_2 的笛卡儿坐标在三角形 $A_1A_2C_2$ 中求解。在该单元中,创建了一条穿过内部点 C_2 的直线,该直线垂直于激波线 A_1A_2,并在点 C_2' 处相交,可以通过线性插值获得包括笛卡儿坐标在内的激波点 C_2' 的所有性能参数。因此,在这一单元中的坐标转换过程如下: X 坐标在 i 方向上的梯度 $X_i = X_{A_2} - X_{A_1} = x_{A_2} - x_{A_1}$、梯度 $Y_i = Y_{A_2} - Y_{A_1}$、梯度 $Z_i = Z_{A_2} - Z_{A_1}$ 和梯度 $X_j = X_{C_2} - X_{C_2'} = x_{C_2} - x_{C_2'}$。$u$、$v$ 和 w 则是点 C_2' 处三维笛卡儿坐标系下的速度分量。随后,从方程(8.4)中便可导出梯度 Y_j,通过表达式 $Y_{C_2} = Y_j + Y_{C_2'}$ 获得内部点 C_2 的 Y 坐标。最后,从方程(8.5)中解出梯度 Z_j,并且内部点 C_2 的 Z 坐标由以下表达式确定: $Z_{C_2} = Z_j + Z_{C_2'}$。然后,根据内部点间的几何关系,将内部点 C_2 的合成速度 V 分解为三个笛卡儿速度分量(u、v 和 w)。通过重复此单元过程,确定该流面中所有内部点的笛卡儿坐标和笛卡儿速度分量。三维自由激波面后的整个流场是通过将所有流面内流场在对应于不同前缘点的不同流面内积分而构造的。通过这种方式,可以生成具有复杂激波的乘波前体,并与推进系统进行匹配,有利于高超声速飞行器的一体化设计。

8.3 基于局部偏转吻切方法的定马赫数乘波体设计

本节将通过导出两个典型的使用现有乘波体设计方法不容易获得的定马赫数乘波体来评估局部偏转吻切方法的应用。同时,本节还将无黏气动性能的求解模块集成到基于 LTOCs 的定马赫数乘波体设计程序中。本节在接下来的内容中进行大量的无黏 CFD 仿真,以验证 LTOCs 在定马赫数乘波体设计中的适用性及气动力性能预测的准确性。

众所周知,乘波体的两个表面是独立设计的,并且需要使用不同的方法。其下表面通过追踪给定流场内的流线生成,而上表面可以任意指定,以满足性能和内部体积要求。下表面是乘波体的关键部分,用于产生所需的激波和流场。图 8.5 展示了基于 LTOCs 的乘波器设计过程。下表面设计的第一步是在基准平面上指定所需的激波面和流量捕捉管(flow capture tube, FCT)。然后,通过将 FCT 投影到激波面上来得到位于激波面上的前缘型线。随后,基于 LTOCs 确定激波流场,并整合从前缘开始到基准平面的流线,以生成乘波体的下表面。因此,在设计条件下,穿过激波的高压气流被限制在激波和下表面之间,从而最大限度地

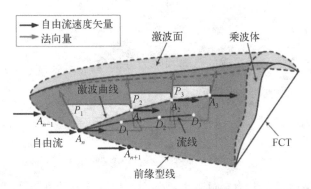

图 8.5　基于 LTOCs 的定马赫数乘波体设计示意图

利用了压缩过程。

　　在下表面受到保持所需激波严格限制的同时,上表面则给设计者留下了更多的选择权,但在设计时要考虑到两个微妙的平衡因素,即空气动力学性能和内部容积分布。上表面可以构造为自由流面(与自由来流方向对齐)、膨胀面、压缩面,也可以构造为同时具有上述表面特性的混合表面。为方便起见,本节通过将 FCT 向前水平投影(图 8.5)将乘波体的上表面定义为自由流面。

　　如前所述,下表面是乘波体的基本部分,因此以下工作将着重于下表面的验证,本节中的乘波体仅指下表面。图 8.6 展示了基于 LTOCs 进行无黏空气动力学性能的预测过程。通过积分每个四边形表面微元上的压力,可以预测乘波体的无黏空气动力学性能。例如,四边形元素 $ABCD$ 的浸润面积 A_w 是根据其边界向量的向量积计算的:

$$A_w = |\ n\ | = |\ AC \times DB\ | \tag{8.6}$$

然后,根据四个角处的压力平均值计算作用在该四边形单元上的力,如下所示:

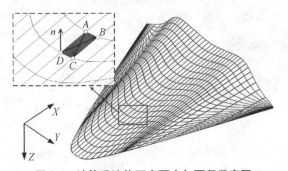

图 8.6　计算乘波体下表面力与面积示意图

$$P_{\text{avg}} = \frac{P_A + P_B + P_C + P_D}{4} \tag{8.7}$$

随后,由四边形微元生成的升力和阻力分别为

$$\begin{cases} L = P_{\text{avg}} A_w \dfrac{n_z}{\mid n \mid} \\[3mm] D = P_{\text{avg}} A_w \dfrac{n_x}{\mid n \mid} \end{cases} \tag{8.8}$$

因此,乘波体的总升力和总阻力是每个四边形微元的升力及阻力之和,将升力和阻力系数定义为

$$\begin{cases} C_L = \dfrac{L}{\dfrac{1}{2}\rho_\infty A v_\infty^2} \\[5mm] C_D = \dfrac{D}{\dfrac{1}{2}\rho_\infty A v_\infty^2} \end{cases} \tag{8.9}$$

式中,A 为乘波体的总浸润面积。

8.3.1　定马赫数椭圆锥乘波体

针对图 8.7 所示的椭圆偏心率 a/b 等于的标准椭圆锥面,本小节在来流马赫数为 6,来流静压为 1 880 Pa,来流温度为 223.54 K 的条件下设计了一个定马赫数椭圆锥乘波体。该椭圆锥乘波体激波面由直纹激波面定义,其形式如下:

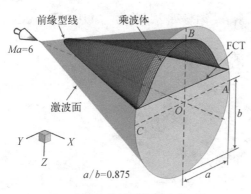

$$S(m, n) = \begin{cases} X = 1.7n \\ Y = 0.59n\cos m \\ Z = 0.68n\sin m \end{cases} \tag{8.10}$$

常规的锥导乘波体可直接从设计基准平面上的激波曲线(shock wave profile curve, SWPC)出发进行逆向设计。该 SWPC 的本质是三维激波面与设计基准平面的交线,并

图 8.7　定马赫数椭圆锥乘波体示意图

且由于其可能应用于进气道唇口设计,所以该曲线又称为进气道唇口捕获曲线(inlet capture curve,ICC)。由于常规吻切法所作的假设,即每条从前缘离散点出发的流线都约束在同一吻切平面内,所以并不允许 SWPC 在基准平面上的曲率中心出现在 SWPC 和 FCT 之间,否则吻切法将不再适用。为了证明本节提出的基于高阶弯曲激波理论的 LTOCs 的优越性,本小节在一部分曲率中心下方定义了定马赫数椭圆锥乘波体的 FCT 曲线,如图 8.8 所示。FCT 在设计基准平面上的详细表达式为

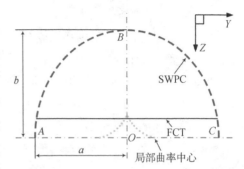

图 8.8　设计界面激波轮廓线 SWPC 示意图

$$Z = 0.12 \qquad (8.11)$$

图 8.9 给出了定马赫数椭圆锥乘波体在设计马赫数时的压比云图对比,其中,红色虚线代表预先设定激波形状。图 8.9(a)为通过 LTOCs 获得的无量纲压比云图与无黏 CFD 模拟的结果在 $Y = 0$ 平面内的比较结果,而图 8.9(b)比较了 $X = 1.68$ 平面上两者的压比云图。可以发现,在两个平面内,CFD 求得的激波形状与预先设定激波形状吻合极好。该结果表明,在无黏流动的情况下,该乘波体可以在设计条件下较为精准地实现激波封口特性。此外,可以看到利用 LTOCs 得出的压比云图与通过无黏 CFD 仿真获得的压比云图基本一致,而且通过

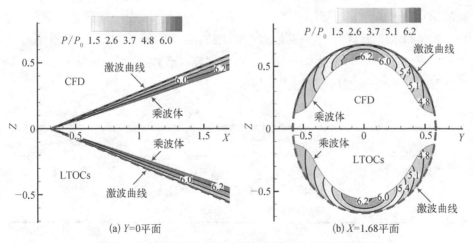

图 8.9　定马赫数椭圆锥乘波体不同截面内压比云图对比

LTOCs 得到的压比云图比 CFD 结果更为平滑。

图 8.10 进一步提供了沿不同方向上的定马赫数椭圆锥乘波体的详细壁面压比分布。由于该乘波体构型的对称性,该图仅展示了乘波体 Y 轴正半轴上的数据。图 8.10(a)展示出该乘波体在三个流向平面($Y=0$、$Y=0.1$ 和 $Y=0.2$)上的无量纲壁面压比分布。在这些流向平面中,通过 LTOCs 得出的压比与通过无黏 CFD 模拟获得的压比之间没有显著的误差。最大误差出现在 $Y=0.2$ 平面上,约为 1.94%。图 8.10(b)则比较了在其他三个横向平面($X=0.8$、$X=1.2$ 和 $X=0.6$)上乘波体的无量纲壁面压比分布。在这些横向平面中,CFD 计算得到的压比与 LTOCs 的结果非常吻合,最大误差约为 1.79%。

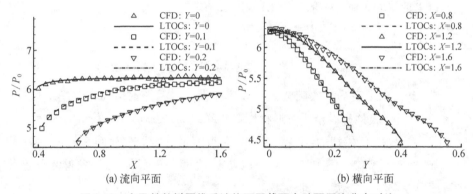

(a)流向平面　　　　　　　　(b)横向平面

图 8.10　定马赫数椭圆锥乘波体不同截面内壁面压比分布对比

同时,本节通过比较 LTOCs 求得的气动力参数和无黏 CFD 仿真获得的气动力参数,研究了该定马赫数椭圆锥乘波体的无黏气动力参数。表 8.1 给出了该乘波体在设计条件下的具体气动力参数对比。从表 8.1 中的数据可以看出,两种方法求得的升力系数、阻力系数和升阻比的误差均小于 0.2%。该结果证明了本节提出的 LTOCs 与无黏 CFD 仿真之间的高度一致性。此外,该结果还证实了先前观察到的两种方法求得的流场分布的一致性。

表 8.1　定马赫数椭圆锥乘波体气动力参数对比

计算方法	C_L	C_D	L/D
LTOCs	0.220 5	0.075 0	2.937 8
CFD	0.220 1	0.074 9	2.937 7
误差/%	0.165 4	0.162 6	0.002 8

总的来说,本小节中的所有结果表明,LTOCs 能够成功生成某些曲率中心在

FCT 之下的乘波体,这是使用先前的吻切法无法获得的,该乘波体可以在设计条件下成功地复现预先设定的激波面。同时,可以以不超过 2% 的误差精确复现原始流场。此外,通过 LTOCs 计算得到的无黏空气动力学性能与无黏 CFD 仿真之间的一致性非常好,误差小于 0.2%。这些发现都证明了 LTOCs 的高度准确性和灵活性。

8.3.2　定马赫数变椭圆锥乘波体

图 8.11 给出了利用 LTOCs 设计的定马赫数变椭圆锥乘波体设计示意图,其设计状态是高度 27 km、马赫数为 7 的自由来流。该乘波体对应的预先设定的激波面是可变椭圆锥的一部分,其椭圆偏心率沿 X 轴变化。如图 8.11 所示,上游横截面内的椭圆形偏心率为 1.5,而在设计基准平面上偏心率约为 0.813。

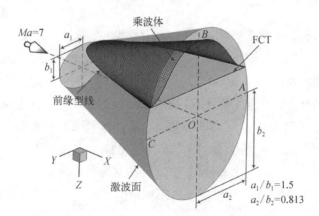

图 8.11　定马赫数变椭圆锥乘波体设计示意图

该变椭圆锥激波面的数学表达式如下所示:

$$S(m,n) = \begin{cases} X = 0.1 + 1.4n \\ Y = (0.3 + 0.35n)\cos m \\ Z = (0.2 + 0.6n)\sin m \end{cases} \qquad (8.12)$$

而其对应的 FCT 曲线则被指定为设计基准平面上的一条直线,其形式如下:

$$Z = 0.25 \qquad (8.13)$$

图 8.12 给出马赫数为 7 条件下该乘波体在对称面内的压比云图对比结果,其中,红色虚线代表预先设定的激波位置。由图 8.12 可以发现,CFD 预测的激波形状与预先设定的激波形状之间的一致性非常好。无论是在无量纲压力的数

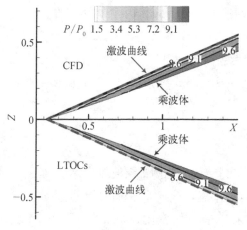

图 8.12　定马赫数变椭圆锥乘波体对称面内压比云图对比

值上还是分布规律上,利用 LTOCs 得到的流场与通过无黏 CFD 仿真获得的流场几乎完全相同。这些发现表明,该变椭圆锥乘波体可以在设计条件下准确地复现预先设定的激波及原始流场。

图 8.13 提取两个横向平面内的流场以验证 LTOCs 的准确性,并揭示预先设定激波的可变几何特征,因为其椭圆形偏心率沿 X 轴逐渐减小。图 8.13(a) 展示出了在 $X = 0.66$ 平面内的比较结果,其椭圆形偏心率等于

1。也就是说,在该平面上的激波曲线是图示的标准圆形。可以看出,在设计条件下,CFD 仿真求得的激波能够完全覆盖预先设定的圆形激波。此外,利用 LTOCs 得出的流场与 CFD 仿真结果几乎完全相同。图 8.13(b) 比较了 $X = 1.48$ 平面上的流场分布。在此平面上,椭圆偏心距 $a/b \approx 0.815$,这意味着此时激波曲线是焦点在 Z 轴上的标准椭圆。如图 8.13(b) 所示,该乘波体可以精确地再现预先设定的激波形状,并且通过 LTOCs 获得的流场与无黏 CFD 仿真之间没有显著差异。可以注意到一个有趣的现象是,与椭圆偏心率的变化相对应的乘波体的横截面形状也发生了变化,并且在不同横向平面中相应的流场也有所不同。

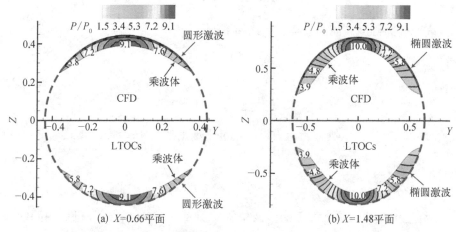

(a) $X=0.66$ 平面　　　　(b) $X=1.48$ 平面

图 8.13　定马赫数变椭圆锥乘波体不同横向截面内压比云图对比

此特征很明显,因此建议对当前主题进行进一步研究。

图 8.14 进一步对比了沿不同流向和横向平面内的壁面压比分布。由于乘波体的对称性,该图仅显示了 Y 轴正半轴上的数据。图 8.14(a)显示了三个流向平面($Y = 0$、$Y = 0.1$ 和 $Y = 0.2$)上的无量纲壁面压比分布,而另外三个横向平面($X = 0.6$、$X = 1$ 和 $X = 1.4$)上的无量纲压比分布在图 8.14(b)中给出。在流向平面内,利用 LTOCs 得出的壁面压与通过无黏 CFD 仿真获得的壁面压比几乎相同,其最大误差出现在 $Y = 0.2$ 平面上,约为 1.58%。为了在图 8.14(b)中更清楚地显示两者的对比结果,将 $X = 0.6$ 平面内的结果沿 Y 轴的负方向偏置 0.05,将 $X = 1.4$ 平面上的结果沿 Y 轴的正方向偏置 0.05。如图 8.14 所示,利用 LTOCs 得出的壁面压比与 CFD 结果基本重合,最大偏差约为 1.39%。

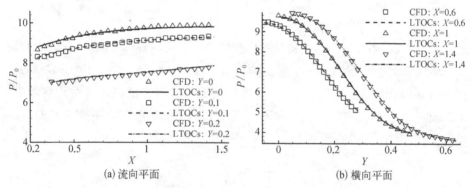

图 8.14　定马赫数变椭圆锥乘波体壁面压比分布对比

表 8.2 给出了 $Ma = 7$ 条件下定马赫数变椭圆锥乘波体的无黏气动力参数的比较。从该表中可以看到,通过 LTOCs 求得的气动力参数与无黏 CFD 计算求得的结果之间的一致性非常好。升力系数的误差为 0.481 2%,阻力系数的误差为 0.450 7%,升阻比的误差为 0.030 3%。这些结果都证明了,用于乘波体设计的 LTOCs 具有很高的准确性。

表 8.2　定马赫数变椭圆锥乘波体气动力参数对比

计算方法	C_L	C_D	L/D
LTOCs	0.203 4	0.064 8	3.139 5
CFD	0.202 4	0.064 5	3.138 6
误差/%	0.481 2	0.450 7	0.030 3

综上所述,本小节中的所有结果都表明 LTOCs 能够成功生成一个乘波体,

它可以在设计条件下准确地再现预先设定的可变椭圆锥激波面。原始流场可以精确得到复现,最大误差小于 2%。通过 LTOCs 获得的无黏空气动力学性能与无黏 CFD 仿真之间的一致性非常好,误差小于 0.5%。

8.4　基于局部偏转吻切方法的变马赫数乘波体设计

8.4.1　变马赫数乘波体设计方法

本节基于 LTOCs,提出了变马赫数乘波体的设计方法,与以往的乘波体设计方法类似,本小节提出的变马赫数乘波体设计方法也是一种基于流跟踪技术的逆向设计方法,具体设计步骤如下。

1. 确定乘波体所骑乘三维激波面

如前所述,LTOCs 能够直接从三维激波中确定流场,从而提高了乘波体的设计灵活性。本小节利用 Bezier 曲面产生激波面,改进了三维激波的定义形式。在介绍 Bezier 曲面的概念之前,首先要给出 Bezier 曲线的原理。在几何学中,Bezier 曲线由一组控制点 (P_i) 定义,它是由函数 $B(n)$ 跟踪的路径,n 是曲线的参数,取值为 0~1。Bezier 曲线的数学表达式定义为

$$B(n) = \sum_{i=0}^{t} \binom{t}{i} (1-n)^{t-i} n^i P_i \tag{8.14}$$

式中,$\binom{t}{i}$ 为二次项式;$(1-n)^{t-i} n^i$ 是 Bernstein 多项式。

张量积形式的曲面是通过在空间中移动曲线,同时允许曲线变形而形成的。这可以被认作允许每个控制点 P_i 在空间中扫描曲线。如果用 Bernstein 多项式表示该曲面,则形成 Bezier 曲面。由 $(h+1) \times (t+1)$ 个控制点 (P_{ij}) 定义的 Bezier 曲面的方程如下所示:

$$\begin{cases} S_B(m, n) = \sum_{i=0}^{h} \sum_{j=0}^{t} B_i^h(m) B_j^t(n) P_{ij} \\ B_i^h(m) = \binom{h}{i} m^i (1-m)^{h-i} = C_h^i m^i (1-m)^{h-i} \\ B_j^t(n) = \binom{t}{j} n^j (1-n)^{t-j} = C_t^j n^j (1-n)^{t-j} \end{cases} \tag{8.15}$$

式中，m 和 n 为两个独立参数，它们都包含在 $0 \sim 1$。因此，Bezier 曲面实际上是两条 Bezier 曲线的张量积，在实际应用中，h、t 值不应大于 4。

图 8.15 表示出了由 9 个点控制的 Bezier 曲面的示例，其中蓝色圆圈代表控制点。如图 8.15 所示，控制点（P_{ij}）形成矩形网格，称为控制网（请参见蓝色虚线）。控制网格中边缘控制点用于定义该 Bezier 曲面边缘曲线形状，而控制网格内部点则用于控制该 Bezier 曲面内部的形状。Bezier 曲面也可以用矩阵公式表示，如下所示：

$$
\begin{cases}
S_B(m,\ n) = MM_1 P_{ij} N_1^{\mathrm{T}} N^{\mathrm{T}} \\[4pt]
M = \begin{bmatrix} m^h & m^{h-1} & \cdots & 1 \end{bmatrix} \\[4pt]
N = \begin{bmatrix} n^t & n^{t-1} & \cdots & 1 \end{bmatrix} \\[4pt]
P_{ij} = \begin{bmatrix} P_{00} & \cdots & P_{0t} \\ \vdots & & \vdots \\ P_{h0} & \cdots & P_{ht} \end{bmatrix}
\end{cases}
\tag{8.16}
$$

式中，M_1 和 N_1 分别为向量 M 和 N 的对应系数矩阵。由于该公式的简单性，在本小节中，将使用式（8.16）来指定激波面。必须注意的是，需要确保激波面的物理正确性，以便利用 LTOCs 获得激波后流场。

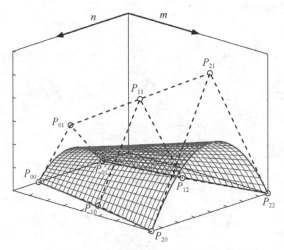

图 8.15　Bezier 曲面及其控制网格示例

下面将一个由 3×4 点控制的 Bezier 曲面指定为变马赫数乘波体所骑乘的三

维激波面。其数学表达式如下：

$$
\begin{cases}
S_B(m,\ n) = MM_1 P_{ij} N_1^{\mathrm{T}} N^{\mathrm{T}} \\
M = \begin{bmatrix} m^2 & m & 1 \end{bmatrix} \\
N = \begin{bmatrix} n^3 & n^2 & n & 1 \end{bmatrix}
\end{cases}
\tag{8.17}
$$

式中，两系数矩阵 M_1 和 N_1 分别为

$$
M_1 = \begin{bmatrix} 1 & -2 & 1 \\ -2 & 2 & 0 \\ 1 & 0 & 0 \end{bmatrix}
$$

$$
N_1 = \begin{bmatrix} -1 & 3 & -3 & 1 \\ 3 & -6 & 3 & 0 \\ -3 & 3 & 0 & 0 \\ 1 & 0 & 0 & 0 \end{bmatrix}
$$

图 8.16 进一步展示了上述方程所指定的 Bezier 激波面的控制点网格，不难发现所有控制点均关于 Y 轴对称。因此，激波面及其相应的乘波体也是对称的。此外，由点 P_{20} 至 P_{23} 控制的边缘曲线是基准平面上的 SWPC。这些控制点的详细无量纲参数见表 8.3。

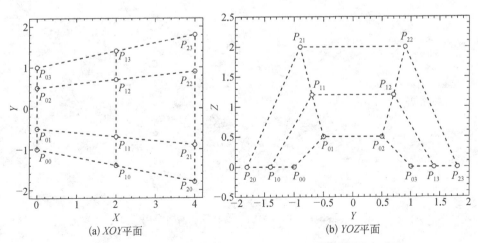

(a) XOY 平面　　　　　　(b) YOZ 平面

图 8.16　用于变马赫数乘波体设计的 Bezier 曲面控制网格示意图

表 8.3　Bezier 曲面控制网格节点坐标

t	h			
	0	1	2	3
0	$P_{00}(0, -1, 0)$	$P_{01}(0, -0.5, 0.5)$	$P_{02}(0, 0.5, 0.5)$	$P_{03}(0, 1, 0)$
1	$P_{10}(2, -1.4, 0)$	$P_{11}(2, -0.7, 1.2)$	$P_{12}(2, 0.7, 1.2)$	$P_{13}(2, 1.4, 0)$
2	$P_{20}(4, -1.8, 0)$	$P_{21}(4, -0.9, 2)$	$P_{22}(4, 0.9, 2)$	$P_{23}(4, 1.8, 0)$

2. 在设计基准平面上构建 FCT 并向前投影建立前缘型线

在传统的定马赫数乘波体设计方法中,FCT 是设计乘波器的主要因素之一,可以显著影响无黏空气动力学性能。由于 FCT 曲线对飞行器的性能影响并不是本书的研究重点,所以本节选择一条二次曲线来介绍本书所提出的变马赫数乘波体的设计概念,其定义如下:

$$Z = AY^2 + R \tag{8.18}$$

式中,A 和 R 为两个无量纲常数,下面所有乘波体的 FCT 相同,A 和 R 分别等于 0.15 和 0.4。在定义了三维激波面和 FCT 曲线之后,乘波体的上表面被定义为将 FCT 曲线水平向前投影形成的自由流面。该自由流面与激波面的相交线便是变马赫数乘波体的前缘型线,具体如图 8.17 所示。

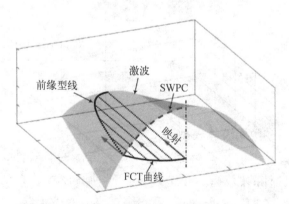

图 8.17　生成变马赫数乘波体的前缘型线及上表面

3. 在各流面内进行流线追踪生成乘波体的下表面

将前述前缘型线离散成 N 个点,然后基于 LTOCs 追踪从这些离散点出发的流线,构造乘波体的下表面。本小节提出的变马赫数乘波体的创新之处在于,在基于 LTOCs 的流线追踪过程中,每个流面内的自由来流马赫数不再是固定的。

相反,它可以适当调整,以满足宽航速飞行的要求。在本小节的乘波体设计过程中,两侧流面内的来流马赫数指定为 Ma_1,而对称面处流面内的来流马赫数指定为 Ma_2。它们之间流面上的设计马赫数可根据如下所示的算术关系进行确定:

$$Ma_i = Ma_1 + \frac{Ma_2 - Ma_1}{n - 1}(i - 1),\ 1 \leqslant i \leqslant n \qquad (8.19)$$

图 8.18 给出了本小节工作中变马赫数乘波体下表面的生成过程。由于乘波体的对称性,图中只描绘了半个乘波体构型。图 8.18 中彩色虚线代表不同流面内的流线。不同的颜色对应不同的设计马赫数。根据不同的设计马赫数,从离散的前缘点跟踪流线,借此组合所有流线生成下表面。至此,完成了基于 LTOCs 的变马赫数乘波体的设计,并有理由期望其在 Ma_1 和 Ma_2 范围内具有良好的气动性能。

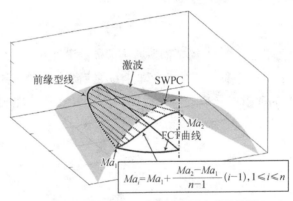

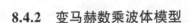

图 8.18   变马赫数乘波体下表面生成示意图

8.4.2   变马赫数乘波体模型

为了验证所提出的变马赫数乘波体设计方法的有效性,并研究设计马赫数对乘波体设计的影响,本小节设计了四种马赫数分布的乘波体构型,分别命名为 Case 1 ~ Case 4。四种乘波体对应的激波形状及 FCT 曲线均是相同的,它们的具体控制参数在 4.4.1 节中给出。表 8.4 进一步列出了四种飞行器的特性。其中,Case 1 和 Case 4 分别为定马赫数为 7 和 12 的乘波体。Case 2 和 Case 3 则是两种变马赫数乘波体。

图 8.19 给出了四种飞行器后缘形状(trailing edge, TE)的比较结果。由图 8.19 可知,由于所有模型对应的激波曲面和 FCT 曲线是一致的,四种乘波体构

表 8.4　基于 LTOCs 设计的四种变马赫数乘波体特性

模型	特征
Case 1	定马赫数乘波体：$Ma = 7$
Case 2	变马赫数乘波体：从边缘到对称面按 Ma 从 12 到 7 变化
Case 3	变马赫数乘波体：从边缘到对称面按 Ma 从 7 到 12 变化
Case 4	定马赫数乘波体：$Ma = 12$

型的宽度均是相同的。根据 Taylor - Maccoll 关系式，对于相同的圆锥激波，随着马赫数的增大，激波生成锥的半锥角也随之增大。由于 LTOCs 中每个流面内的流场是由多个局部圆锥流组成的，所以可以合理地预期，随着设计马赫数的增大，后缘到 SWPC 的距离缩短，也就是说，设计马赫数越高，相应的乘波体就越厚。因此，Case 4 的后缘最厚，而 Case 1 的后缘最薄。两个变马赫数乘波体的后缘在 Case 1 和 Case 4 之间。如图 8.19 所示，Case 2 的后缘与 Case 1 的后缘在对称平面上的 B 点重叠，与 Case 4 的后缘在边缘点 A 处重叠。造成这一现象的原因是，Case 2 在对称面上的设计马赫数等于 7，而侧边流面内的设计马赫数为 12。同样地，在对称面上，Case 3 的后缘线与 Case 4 的后缘线汇聚于点 C，与 Case 1 的后缘线重合于点 A。这是因为 Case 3 在对称流面内的设计马赫数与 Case 4 相同，而在侧边流面内的设计马赫数等于 Case 1。另外，Case 2 和 Case 3 的后缘线在靠近边缘点 A 的点 D 处相交，Case 3 的后缘在大部分区域比 Case 2 厚。

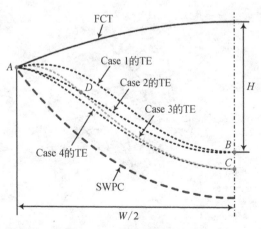

图 8.19　基于 LTOCs 的四种乘波体后缘形状对比

图 8.20 进一步给出了四种乘波体构型的详细几何参数对比。其中，L_w、W、H 分别代表乘波体的长度、宽度和高度。S_w 为迎风面积，S_p 为水平面上的水平投影面积，S_B 为设计基准平面上的垂直投影面积，V_{ol} 为乘波体的体积。由于四种乘波体的激波形状和 FCT 曲线是相同的，所以这些飞行器具有相同的前缘形状，换句话说，它们具有相同的长度、宽度及水平投影面积。四种乘波体的 L_w、W 和 S_p 分别为 3.906 m、2.794 m 和 7.254 m²。Case 1 和 Case 2 的高度相同，均为 0.814 m。Case 1 和 Case 2 的 S_w 之间的差异很小，可以忽略不计。同样地，其他两种乘波体高度相同，为 0.920 m，迎风面积也几乎相同。与 Case 1（低设计马赫数）相比，Case 4（高设计马赫数）的高度和迎风面积分别增加了 13.02% 和 1.25%。四种飞行器几何结构的差异主要体现在乘波体的垂直投影面积和体积上。显然，Case 4 的垂直投影面积最大，而 Case 1 的垂直投影面积最小。两个变马赫数乘波体的垂直投影面积介于 Case 1 和 Case 4 之间，Case 3 的垂直投影面积大于 Case 2 的垂直投影面积。与 Case 1 相比，Case 2、Case 3 和 Case 4 的垂直投影面积分别大 13.42%、22.95% 和 28.75%。这些乘波体的体积表现出相似的关系，即 Case 4>Case 3>Case 2>Case 1。与 Case 1 相比，Case 2、Case 3 和 Case 4 的体积分别增加了近 12.22%、23.79% 和 28.75%。对于乘波体的设计，由于机身、有效载荷和燃料的可用空间增大，所以大容量是可取的，利用容积率进一步比较四种乘波体的几何性能，定义为

$$\eta = \frac{V_{ol}^{\frac{2}{3}}}{S_p} \tag{8.20}$$

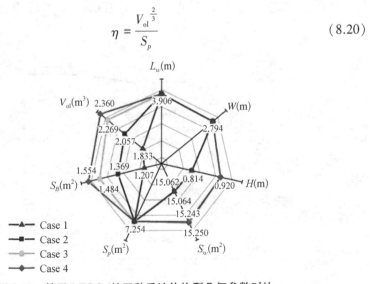

图 8.20　基于 LTOCs 的四种乘波体构型几何参数对比

由于四种乘波体的水平投影面积相同,所以它们的容积率与体积具有相同的关系,即 Case 4 > Case 3 > Case 2 > Case 1。 与 Case 1 相比,Case 2、Case 3 和 Case 4 的容积率分别提高了约 8.25%、15.53% 和 18.45%。

8.4.3　变马赫数乘波体设计方法验证

针对上述四种设计马赫数的乘波体构型,开展了不同飞行条件下的无黏仿真以验证本节所提出的变马赫数乘波体设计方法的有效性,以及探讨马赫数分布对此类乘波体构型无黏性能的影响。所有乘波体构型的仿真均采用 27 km 高空处的空气性能参数(静压为 1 879.92 Pa,静温为 223.54 K),无黏仿真计算的马赫数分别为 7、8、9、10、11 和 12,此外,所有仿真的侧滑角和攻角均为 0°。

图 8.21 展示了两个定马赫数设计的乘波体(Case 1 和 Case 4)设计基准平面和对称面上的压比云图。其中,红色虚线代表预先设定的激波曲线。在图 8.21(a)中,左侧部分是 Case 1 在设计马赫数($Ma = 7$)下的无量纲压比等值线,而 Case 4 在相应的设计马赫数($Ma = 12$)下的结果如右侧部分所示。结果表明,两种乘波体无黏 CFD 计算求得的激波均与预先设定的激波线吻合良好。对于 Case 1 和 Case 4,在相应的设计马赫数下,并没有明显的从下表面到上表面的溢流。这一发现表明,在设计条件下,两个定马赫数乘波体具有良好的乘波特性。图 8.21(b)进一步提供了 Case 1 和 Case 4 在对称面上的比较结果,其中上部分是马赫数为 7 时 Case 1 的结果,下部分是马赫数为 12 时 Case 4 的结果。对于两个定马赫数的乘波体,CFD 预测的激波与预先设定激波在流向上也表现出良好的一致性。这些结果都表明,用 LTOCs 生成的定马赫数乘波体能够精确地

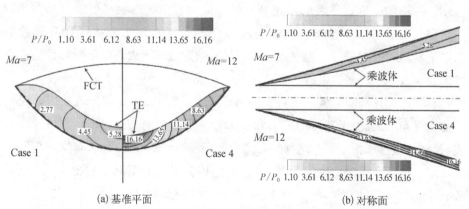

(a) 基准平面	(b) 对称面

图 8.21　Case 1 和 Case 4 设计基准面和对称面上压比云图对比

再现给定的三维激波形状。LTOCs 在定马赫数下设计乘波体的精度是令人满意的。

如前所述,无黏气动力参数的计算也被结合进 LTOCs 定马赫数乘波体的设计中,通过积分乘波体上下两个表面上每个四边形表面单元内的解析压力,便可计算得出该乘波体的无黏气动力参数。这些无黏气动力参数主要是指升力系数、阻力系数和升阻比。表 8.5 给出了在对应设计马赫数下,Case 1 和 Case 4 的详细气动力参数的比较,其中从 LTOCs 得到的结果被标记为理论,无黏 CFD 仿真计算求得的结果被标记为 CFD。在该表中,这些气动力参数的相对变化比均是相对无黏 CFD 仿真计算结果而言的。由表 8.5 中的数据可以看出,由 LTOCs 得到的气动力参数与无黏 CFD 仿真结果吻合得很好。对于 Case 1,升力系数、阻力系数和升阻比的误差分别约为 0.49%、0.51% 和 -0.27%。而对于 Case 4,其升力系数、阻力系数以及升阻比的误差分别约为 0.30%、0.40% 和 0.16%。这些结果均进一步证实了 LTOCs 在定马赫数下进行乘波体设计的高精度。

表 8.5　Case 1 和 Case 4 气动力参数对比

模型	方法	C_L	C_D	L/D	$\Delta C_L/\%$	$\Delta C_D/\%$	$\Delta L/D/\%$
Case 1	理论	0.082 0	0.019 9	4.112 6	0.490 2	0.505 1	-0.274 0
	CFD	0.081 6	0.019 8	4.123 9	—	—	—
Case 4	理论	0.102 0	0.024 8	4.122 0	0.295 0	0.404 9	0.157 9
	CFD	0.101 7	0.024 7	4.115 5	—	—	—

图 8.22 显示了两个变马赫数乘波体在不同飞行条件下的无黏无量纲压比云图。图中的红色虚线表示预先设定的截面激波曲线形状和位置。从图 8.22 中可以观察到,对于两个变马赫数乘波体,预先设定的激波形状和 CFD 预测的激波形状之间的差异较大。这是因为变马赫数乘波体下表面由不同设计马赫数的流线组成。变马赫数乘波体在一定的飞行条件下,乘波体下表面流线群中必然存在一些设计马赫数偏离飞行马赫数的流线。换言之,这部分流线以非设计马赫数飞行。因此,无黏 CFD 仿真得到的激波位置偏离了预先设定的位置。当飞行马赫数较低时,乘波体尾部的云图中展示了脱体激波的存在,有少量高压空气从乘波体下表面向上表面泄漏,导致乘波体升力有所下降。如图 8.22 所示,Case 2 的脱体激波比 Case 3 更为明显,这意味着 Case 3 的乘波性能要优于 Case 2。随着飞行马赫数的增大,这种现象对两种乘波体都有很大的改善。

Case 2的脱体激波在马赫数为 11 时消失,而 Case 3 的脱体激波则在马赫数为 9 时便消失了。这些结果表明,即使在激波形状的复现上存在些许差异,Case 2 和 Case 3的乘波特性仍然令人满意,特别是在高马赫数下。这些均验证了基于 LTOCs 的变马赫数乘波体设计方法的有效性。

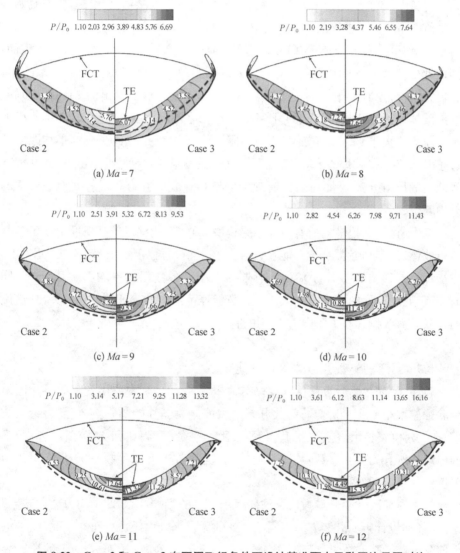

图 **8.22**　**Case 2** 和 **Case 3** 在不同飞行条件下设计基准面内无黏压比云图对比

如前所述,Case 2 的设计马赫数沿边缘到对称面由 12 到 7 连续变化。在马赫数为 7 的条件下,由于 Case 2 对称面内的设计马赫数为 7,其无黏 CFD 仿真得到的激波形状与预先设定激波在中间位置吻合良好。随着飞行马赫数的增大，CFD 仿真预测的激波变得越来越贴体。当飞行马赫数为 12 时，CFD 仿真求得的 Case 2 激波形状与预先设定的激波仅在边缘附近重叠。这是因为在该流面内 Case 2 的设计马赫数是 12。另外，Case 3 的设计马赫数从边缘到对称面由 12 到 7 连续变化。Case 3 的 CFD 求得激波分布情况与 Case 2 恰好相反。在马赫数为 12 的情况下，CFD 求得的 Case 3 激波形状与预先设定的激波在对称面附近吻合得很好。如图 8.22(f) 所示，CFD 求得的 Case 3 边缘处的激波非常接近下表面，因此此处的激波系相对复杂，但与 Case 1（设计马赫数为 7 的定马赫数乘波体）相比，这种现象有了很大的改善，从而进一步验证了本节提出的 LTOCs 变马赫数乘波体设计方法提升性能的可靠性。此外，在不同马赫数下，Case 3 下表面的平均压力值大于 Case 2 下表面的平均压力值。这是由于 Case 3 的平均厚度超过了 Case 2 的平均厚度，Case 3 在不同马赫数下生成强度更强的激波面，从而导致波后的压力分布更大。因此，有理由推测 Case 3 的升力和阻力大于 Case 2 的升力与阻力。

综上所述，本小节的所有研究结果说明，LTOCs 能够以较高精度生成定马赫数乘波体，且定马赫数乘波体能在设计条件下精确再现预先设定激波。用 CFD 方法计算的气动力参数与 LTOCs 所求的气动力参数间误差均小于 0.51%。同时，基于此法设计的变马赫数乘波体在宽航速范围内的乘波性能仍很突出，这说明了变马赫数概念在 LTOCs 中应用的有效性。

8.4.4　变马赫数乘波体气动性能

目前，LTOCs 的计算精度和变马赫数概念在 LTOCs 中应用的有效性均已得到验证。本小节将分析变马赫数分布对乘波体无黏性能的影响，重点讨论上述四种乘波体的气动性能，包括升力系数、阻力系数、升阻比和流场特性。对于下面出现的所有无量纲参数，均以乘波体的长度 (L_w) 和水平投影面积 (S_p) 作为参考长度及参考面积。

为了详细研究变马赫数对乘波体气动性能的影响，图 8.23 比较了在 $Ma = 9$ 条件下（非设计点）沿 Y 方向不同切片处的无量纲壁面压比分布。在此，图中上半部分比较了乘波体上表面的压比分布，而下半部分展示了下表面上的压比分布。由于这些乘波体的对称性，图 8.23 中仅给出了负 Y 轴上的数据。当乘波体上下表面之间没有出现溢流时，上表面的无量纲压比应等于 1。当分离激波出现时，上表面会出现一定的压力波动。因此，上表面的压比可以用来分析脱体激波出现的情况。从图 8.23 的上半部分可以看出,在四个等 X 平面内,Case 1 的上表面没有压力波动,这表明此时 Case 1 没有出现溢流,原因是 Case 1 是设计马赫数为 7 的定马赫数乘波体。在来流马赫数为 9 时,Case 1 所对应的激波变得更加贴体。而对于两个变马赫数乘波体,Case 3 没有观察到明显的压力波动,而 Case 2 在 X/L_w = 0.75 和 X/L_w = 1 平面上有压力波动。这一发现与图8.22(c)中的结果一致。Case 4 上下表面之间的溢流最为明显,这是因为在三个横截面上均可观察到明显的压力波动。此外,可以看到两个变马赫数乘波体(Case 2 和 Case 3)的压力波动只占上表面压力的一小部分。这些结果表明,基于 LTOCs 的变马赫数乘波体在非设计状态下具有良好的乘波特性。

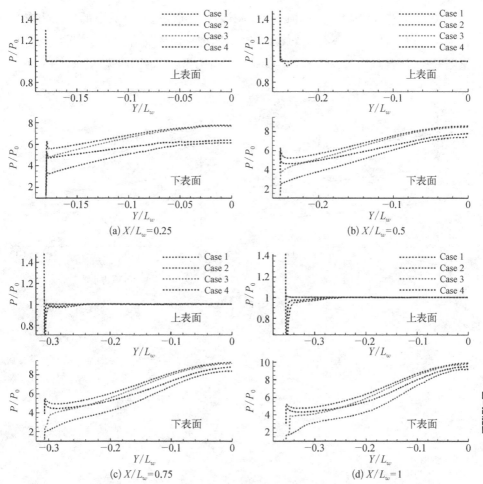

图 8.23　Ma = 9 条件下四种乘波体在不同截面内沿 Y 方向的壁面压比分布比较

对于下表面上的压比,所有乘波体的壁面压力从侧面向对称面均逐渐增大。在四个横截面上,Case 2 在边缘的压力与 Case 4 的压力几乎相同,在乘波体中部与 Case 1 的压力大致相同。Case 3 的压力表现出相反的分布规律,即在边缘与 Case 1 的压力基本重合,在对称面附近与 Case 4 的压力基本一致。这些结果也证实了变马赫数概念在 LTOCs 中应用的有效性。此外,不难发现四种乘波体的平均压比表现出 Case 4>Case 3>Case 2>Case 1 的关系。这表明,在这些乘波体中,Case 4 的激波压缩效率最高,而 Case 1 的激波压缩效率最低。Case 2 和 Case 3 的激波压缩效率介于两者之间。结果表明,设计马赫数的变化规律对变马赫数乘波体的压缩效率有显著影响,通过控制设计马赫数来实现期望的压比分布。

图 8.24 进一步提供了上述四种乘波体在不同飞行马赫数下的气动力参数比较。可以看到,随着飞行马赫数的增大,四种乘波体的升力系数、阻力系数均不断减小,而升阻比则逐渐增大。Case 4 的升力系数和阻力系数最大,而 Case 1

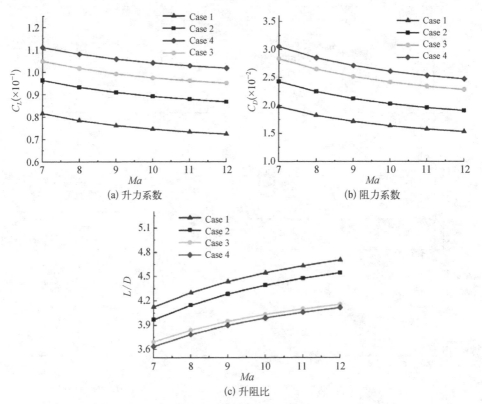

图 8.24　四种基于 LTOCs 设计的乘波体的气动力参数对比

的升力系数和阻力系数最小。Case 2 和 Case 3 的升力系数和阻力系数介于两者之间,并且 Case 3 的值要大于 Case 2 的值。这是因为四种乘波体的压缩效率具有相同的关系。与此相反,Case 1 的升阻比特性最好,其次是 Case 2、Case 3 和 Case 4。在不同的流动条件下,Case 3 和 Case 4 的升阻比相差很小,特别是在高飞行马赫数下。结合图 8.20 中的几何参数,可以得出升阻比与容积率成反比,升阻比与垂直投影面积也呈反比关系,在设计过程中应考虑这些参数之间的折中。这些结果表明,基于 LTOCs 的变马赫数乘波体具有较为平衡的总体性能,更适合宽航速范围飞行。同时,设计马赫数的变化方向对变马赫数乘波体的气动力参数有明显影响。

8.4.5　同吻切锥变马赫数乘波体对比

为了进一步揭示本节所提出的变马赫数乘波体设计方法的优越性,本小节在常规吻切锥法的基础上,生成了一个从边缘到对称面设计马赫数由 12 到 7 连续变化的变马赫数乘波体。该乘波体被命名为 Case 5,并且 Case 5 在设计界面上具有同前述乘波体相同的激波形状。为了保证 Case 5 的长度与 Case 2 相同,将每个吻切平面内的激波角指定为 15.73°,而且 Case 5 的 FCT 曲线也与 Case 2 保持相同,以确保 Case 5 的宽度等于 Case 2。图 8.25 给出了 Case 2 和 Case 5 的几何构型示意图,提取了两个乘波体波形四个横截面内的型线来对比它们的不同。很明显,Case 5 的长度和宽度与 Case 2 相同,符合设计要求。对于两种乘波体,每个横截面上的前缘型线和表面轮廓是不同的。Case 2 的前缘型线比 Case 5 的前缘型线更宽,这意味着它的水平投影面积更大。对于设计基准平面上的表面轮廓,Case 5 比 Case 2 更厚,也就是说,Case 5 的垂直投影面积比 Case 2 大。

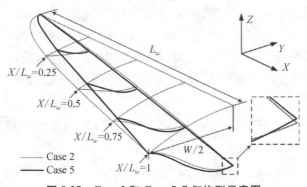

图 8.25　Case 2 和 Case 5 几何构型示意图

虽然两种乘波体设计截面内的激波曲线相同,但在流向上的激波形状是完全不同的。在对称面上,Case 5 的激波形状是角度为 15.73° 的直线,而 Case 2 的激波形状则是曲线。因此,两个乘波体在对称面上的表面轮廓不同,而且 Case 2 的厚度略高于 Case 5。

乘波体 Case 2 和 Case 5 详细几何参数如图 8.26 所示。两个乘波体的长度和宽度分别设计为 3.906 m 和 2.794 m。

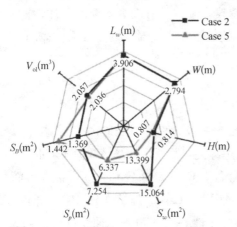

图 8.26 Case 2 和 Case 5 详细几何参数对比

结果表明,两个乘波体的容积率相差较小,高度差也较小。相对于 Case 5,Case 2 的容积增大约 1.03%,而 Case 2 的高度大约高出 0.87%。其他三个参数的差异则相对显著。垂直投影面积是 Case 5 大于 Case 2 的唯一几何参数。同 Case 2 相比,Case 5 的垂直投影面积大了近 5.33%。而对于 S_p 和 S_w,Case 2 的值分别增加约 14.47% 和 12.43%。由于 Case 2 容积的增长幅度小于水平投影面积的增长幅度,所以 Case 2 的容积率比 Case 5 减少约 11.86%。

本小节对 Case 5 进行了无黏 CFD 仿真,其计算条件与 Case 2 完全相同。图 8.27 给出了 Case 2 和 Case 5 在不同飞行条件下的无黏压比云图,其中红色虚线代表预先设定的激波曲线。对比结果表明,两种乘波体的 CFD 仿真计算所得的激波位置的变化规律是相似的,这是因为它们的设计马赫数变化方向相同。如图 8.27(a)所示,无黏 CFD 仿真求得的 Case 2 和 Case 5 激波曲线与预先设定的激波形状在对称面附近基本重合。但是,无黏 CFD 仿真求得的 Case 5 激波同预先设定激波间的差异要大于 Case 2。这一特点表明,LTOCs 的设计精度要高于常规吻切锥法。除此之外,在每个飞行马赫数下,Case 5 的溢流区域要明显大于 Case 2 的。Case 2 的脱体激波在马赫数为 11 时消失,而 Case 5 的脱体激波在马赫数为 12 时消失。这些表明,Case 2 的乘波表现要优于 Case 5。

在 $Ma = 9$ 条件下,Case 2 和 Case 5 在不同横截面上的详细壁面压比分布如图 8.28 所示。从图 8.28 的上部分可以看出,Case 2 的压力波动在 $X/L_w = 0.5$ 平面便可观察到,而 Case 2 的压力波动则出现在 $X/L_w = 0.75$ 平面上。Case 2 上表面压力波动所占的比例要明显小于 Case 5。结果表明,Case 2 的乘波性能优于

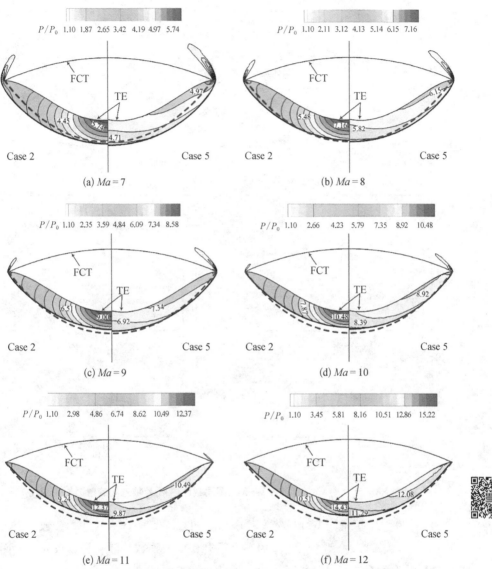

图 8.27　**Case 2 和 Case 5 不同飞行条件下设计基准平面压比云图对比**

Case 5,这与前面的分析一致。对于乘波体下表面的压比,Case 2 的压力由边缘向对称面逐渐升高,而 Case 5 的压力则从边缘向对称面一侧略有降低。总的来说,Case 5 的平均压比大于 Case 2。这是由于 Case 5 的总厚度大于 Case 2 的厚度。Case 5 在马赫数为 9 时会产生更强的激波面,从而产生更高的压缩效率,导致 Case 5 下表面的平均压比大于 Case 2。

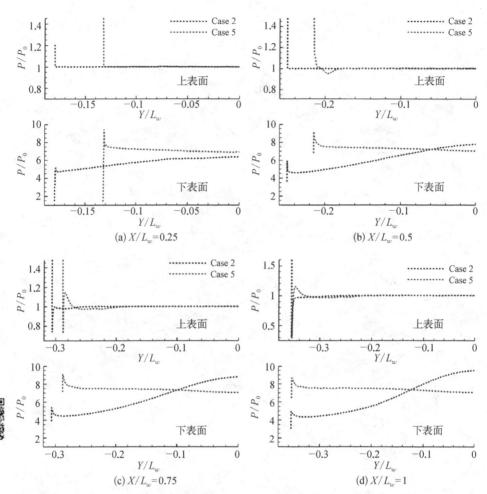

图 8.28 *Ma* = 9 时 Case 2 和 Case 5 在不同截面内沿 *Y* 轴方向的壁面压比对比

图 8.29 总结了不同飞行马赫数下 Case 2 和 Case 5 的详细气动力参数。当飞行攻角固定为零度时,两个乘波体的升力系数和阻力系数均随着马赫数的增大而逐渐减小,在每个飞行马赫数下,Case 5 的升力系数和阻力系数要大于 Case 2。随着飞行马赫数的增大,两者之间的差别略有增大。这一结果可能与 Case 5 的压缩效率大于 Case 2 的压缩效率有关。两个乘波体间的升阻比关系则恰好相反,在每个飞行马赫数下,Case 2 的升阻比均高于 Case 5,且两者之间的差异随飞行马赫数的增大而略有增加。在马赫数为 12 时,Case 2 和 Case 5 的升阻比相差最大。与 Case 5 相比,Case 2 的升阻比提升约 13.34%。

综上所述,基于吻切锥法设计的变马赫数乘波体不可避免地与常规定马赫

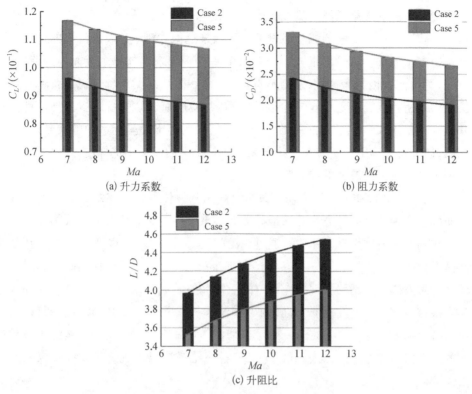

图 8.29　**Case 2 和 Case 5 气动力参数对比**

数吻切乘波体一样存在着相同的缺陷,即其激波面主要由激波角度和设计基准平面上的激波曲线所控制,从而导致了乘波体设计过程受到较大的约束。而在基于 LTOCs 的变马赫数乘波体设计方法中,设计者可利用 Bezier 曲面指定更为灵活的激波面来逆向设计宽速域乘波体飞行器。本小节的对比结果表明,对于具备相同设计截面激波形状,合理定义激波形状可使得基于 LTOCs 设计的变马赫数乘波体具有比基于吻切锥法设计的变马赫数乘波体更大的容积和升阻比。但是基于 LTOCs 设计的变马赫数乘波体的容积率则要小于基于吻切锥法设计的变马赫数乘波体。总之,本小节的研究进一步揭示了本节提出的变马赫数乘波体设计方法的灵活性和有效性。

8.5　小结

本章基于弯曲激波理论提出了一种新的乘波体逆向设计方法,即 LTOCs,以解决更为一般的三维激波后流场。本章提出的方法是一种流面理论方法,其中激波与相应生成体之间的流动通过多个流面来近似。对应于离散流线的每个流面均由多个局部吻切平面组成。采取三个基本步骤来计算每个流面内的流场:首先,每个流面内的激波曲线由局部吻切平面和激波的交点确定;然后,将每个流面中的所有点旋转到相同的虚拟子午面,并使用前述高阶弯曲激波理论计算其属性;最后,将虚拟子午面中的二维流场转换为笛卡儿坐标系中的实际流场。此后,通过将流场中的所有流场积分来生成整个波后流场。这样,新提出的方法扩展了预先设定激波面的选择范围。

随后,采用 LTOCs 进行定马赫数高超声速乘波体设计。本章生成了两个无法使用现有乘波体设计方法轻松推导的典型乘波体。无黏气动力参数的预测也被集成到该乘波体设计程序中。通过广泛的无黏 CFD 仿真,以证明 LTOCs 在乘波体设计中的适用性和气动力参数预测的准确性。比较结果表明,基于 LTOCs 设计的乘波体可以精确复现预先设定的激波和原始流场,误差小于 2%。无黏气动力参数预测的准确性也非常高,两个乘波体的误差均小于 0.5%。总而言之,可以得出结论:LTOCs 提供了一种计算乘波体的高效计算手段,并提供了一类新的乘波体。通过这种方法,可以定义各种三维激波以生成满足设计要求的乘波体。

接着,本章将 LTOCs 同变马赫数概念相结合以生成用于宽速域飞行的乘波飞行器。同常规的定马赫数乘波体不同,此时每个流面内的设计马赫数是不同的,从而考虑到各种飞行状态以实现高速飞行的目的。基于所提出的方法,生成了四种具有变马赫数的乘波体,并使用无黏 CFD 仿真研究了这些变马赫数乘波体。与此同时,还生成了具有相同 SWPC 的基于吻切锥法设计的变马赫数乘波体,并将其性能与相应的基于 LTOCs 设计的变马赫数乘波体进行了对比。

附录 A

弯曲激波方程(4.30a)的推导

有关术语和方法的信息,请参阅 4.3 节。

式(附 A.1)给出了斜激波前后的压比:

$$\begin{cases} \dfrac{p_2}{p_1} = \dfrac{2\gamma}{\gamma + 1} Ma_1^2 \sin^2\theta - \dfrac{\gamma - 1}{\gamma + 1} \\[3mm] \dfrac{p_2}{p_1} = \dfrac{2\gamma}{\gamma + 1} \dfrac{\rho_1 v_1^2}{\gamma \rho_1} \sin^2\theta - \dfrac{\gamma - 1}{\gamma + 1} \\[3mm] (\gamma + 1)p_2 = 2\rho_1 v_1^2 \sin^2\theta - (\gamma - 1)p_1 \end{cases} \qquad (\text{附 A.1})$$

对方程两侧相对于沿激波的距离 σ 取导数,得

$$(\gamma + 1)\frac{\partial p_2}{\partial \sigma} = 2\rho_1 v_1^2 \frac{\partial \sin^2\theta}{\partial \sigma} + 2\rho_1 v_1^2 \sin^2\theta \frac{\partial v_1^2}{\partial \sigma}$$

$$+ 2v_1^2 \sin^2\theta \frac{\partial \rho_1}{\partial \sigma} - (\gamma - 1)\frac{\partial p_1}{\partial \sigma} \qquad (\text{附 A.2})$$

将对 σ 的导数更改为对 s 和 n 导数,得

$$(\gamma + 1)\left[\frac{\partial p_2}{\partial s}\cos(\theta - \delta) + \frac{\partial p_2}{\partial n}\sin(\theta - \delta)\right]$$

$$= 4\sin\theta\cos\theta\, \rho_1 v_1^2 \frac{\partial \theta}{\partial \sigma} + 4v_1 \rho_1 \sin^2\theta\left(\frac{\partial v_1}{\partial s}\cos\theta + \frac{\partial v_1}{\partial n}\sin\theta\right)$$

$$+ 2v_1^2 \sin^2\theta\left(\frac{\partial \rho_1}{\partial s}\cos\theta + \frac{\partial \rho_1}{\partial n}\sin\theta\right) - (\gamma - 1)\left(\frac{\partial p_1}{\partial s}\cos\theta + \frac{\partial p_1}{\partial n}\sin\theta\right)$$

$$(\text{附 A.3})$$

导数 $\dfrac{\partial}{\partial s}$、$\dfrac{\partial}{\partial n}$ 和 $\dfrac{\partial \theta}{\partial \sigma}$ 可以被表示为

$$
\begin{cases}
\dfrac{\partial p_1}{\partial s} = P_1 \rho_1 v_1^2 & \dfrac{\partial p_2}{\partial s} = P_2 \rho_2 v_2^2 \\[2mm]
\dfrac{\partial p_1}{\partial n} = -D_1 \rho_1 v_1^2 & \dfrac{\partial p_2}{\partial n} = -D_2 \rho_2 v_2^2 \\[2mm]
\dfrac{\partial v_1}{\partial s} = -P_1 v_1 & \dfrac{\partial v_1}{\partial n} = v_1(D_1 - \varGamma_1) \\[2mm]
\dfrac{\partial \rho_1}{\partial s} = \rho_1 Ma_1^2 P_1 & \dfrac{\partial \rho_1}{\partial n} = -\rho_1 Ma_1^2 [D_1 + (\gamma - 1)\varGamma_1] \\[2mm]
\dfrac{\partial \theta}{\partial \sigma} = S_a + (Ma_1^2 - 1)\sin\theta P_1 - \cos\theta D_1 + \dfrac{\sin\theta\sin\delta_1}{y}
\end{cases}
\tag{附 A.4}
$$

通过这些替换,(附 A.3)变为

$$
(\gamma + 1)\left[P_2 \rho_2 v_2^2 \cos(\theta - \delta) - D_2 \rho_2 v_2^2 \sin(\theta - \delta) \right]
$$

$$
= 4\sin\theta\cos\theta \rho_1 v_1^2 \left[S_a + (Ma_1^2 - 1)\sin\theta P_1 - \cos\theta D_1 + \frac{\sin\theta\sin\delta_1}{y} \right]
$$

$$
+ 4v_1 \rho_1 \sin^2\theta \left[-P_1 v_1 \cos\theta + v_1(D_1 - \varGamma_1)\sin\theta \right]
$$

$$
+ 2v_1^2 \sin^2\theta \left\{ \rho_1 Ma_1^2 P_1 \cos\theta - \rho_1 Ma_1^2 [D_1 + (\gamma - 1)\varGamma_1]\sin\theta \right\}
$$

$$
- (\gamma - 1)(P_1 \rho_1 v_1^2 \cos\theta - D_1 \rho_1 v_1^2 \sin\theta)
\tag{附 A.5}
$$

用 $-\dfrac{S_b}{\cos\theta_1}$ 代替 $\dfrac{1}{y}\left(\dfrac{1}{y} = -\dfrac{S_b}{\cos\theta_1} \right)$,(附 A.5)变为

$$
(\gamma + 1)\left[P_2 \rho_2 v_2^2 \cos(\theta - \delta) - D_2 \rho_2 v_2^2 \sin(\theta - \delta) \right]
$$

$$
= 4\sin\theta\cos\theta \rho_1 v_1^2 \left[S_a + (Ma_1^2 - 1)\sin\theta P_1 - \cos\theta D_1 - \frac{S_b \sin\theta\sin\delta_1}{\cos\theta_1} \right]
$$

$$
+ 4v_1 \rho_1 \sin^2\theta \left[-P_1 v_1 \cos\theta + v_1(D_1 - \varGamma_1)\sin\theta \right]
$$

$$
+ 2v_1^2 \sin^2\theta \left\{ \rho_1 Ma_1^2 P_1 \cos\theta - \rho_1 Ma_1^2 [D_1 + (\gamma - 1)\varGamma_1]\sin\theta \right\}
$$

$$
- (\gamma - 1)(P_1 \rho_1 v_1^2 \cos\theta - D_1 \rho_1 v_1^2 \sin\theta)
\tag{附 A.6}
$$

提取项:

$$\begin{bmatrix} -4\rho_1 v_1^2 (Ma_1^2 - 1)\sin^2\theta\cos\theta + 4\rho_1 v_1^2\sin^2\theta\cos\theta \\ -2\rho_1 v_1^2 Ma_1^2\sin^2\theta\cos\theta + (\gamma - 1)\rho_1 v_1^2\cos\theta \end{bmatrix} P_1$$

$$+ [4\rho_1 v_1^2\sin\theta\cos^2\theta - 4\rho_1 v_1^2\sin^3\theta + 2\rho_1 v_1^2 Ma_1^2\sin^3\theta - (\gamma - 1)\rho_1 v_1^2\sin\theta] D_1$$

$$+ [4\rho_1 v_1^2\sin^3\theta + 2(\gamma - 1)\rho_1 v_1^2 Ma_1^2\sin^3\theta] \Gamma_1$$

$$= [-(\gamma + 1)\rho_2 v_2^2\cos(\theta - \delta)] P_2 + [(\gamma + 1)\rho_2 v_2^2\sin(\theta - \delta)] D_2$$

$$+ (4\rho_1 v_1^2\sin\theta\cos\theta) S_a + \left(-\frac{4\rho_1 v_1^2\sin^2\theta\cos\theta\sin\delta_1}{\cos\theta_1} \right) S_b \qquad (\text{附 A.7})$$

除以 $\rho_1 v_1^2$，得

$$[-4(Ma_1^2 - 1)\sin^2\theta\cos\theta + 4\sin^2\theta\cos\theta - 2Ma_1^2\sin^2\theta\cos\theta + (\gamma - 1)\cos\theta] P_1$$

$$+ [4\sin\theta\cos^2\theta - 4\sin^3\theta + 2Ma_1^2\sin^3\theta - (\gamma - 1)\sin\theta] D_1$$

$$+ [4\sin^3\theta + 2(\gamma - 1)Ma_1^2\sin^3\theta] \Gamma_1$$

$$= \left[-(\gamma + 1)\frac{\sin\theta\cos\theta}{\sin(\theta - \delta)} \right] P_2 + \left[(\gamma + 1)\frac{\sin\theta\cos\theta}{\cos(\theta - \delta)} \right] D_2$$

$$+ (4\sin\theta\cos\theta) S_a + \left(-\frac{4\sin^2\theta\cos\theta\sin\delta_1}{\cos\theta_1} \right) S_b \qquad (\text{附 A.8})$$

因此，弯曲激波方程(4.30a)转换为

$$A_1 P_1 + B_1 D_1 + E_1 \Gamma_1 = A_2 P_2 + B_2 D_2 + C S_a + G S_b \qquad (\text{附 A.9})$$

式(附 A.10)给出了系数 A_1、B_1、E_1、A_2、B_2、C、F 和 G：

$$A_1 = \frac{4(Ma_1^2 - 1)\sin^2\theta\cos\theta - 4\sin^2\theta\cos\theta + 2Ma_1^2\sin^2\theta\cos\theta - (\gamma - 1)\cos\theta}{\gamma + 1}$$

$$= \frac{2\cos\theta[(3Ma_1^2 - 4)\sin^2\theta - (\gamma - 1)/2]}{\gamma + 1}$$

$$B_1 = \frac{-4\sin\theta\cos^2\theta + 4\sin^3\theta - 2Ma_1^2\sin^3\theta + (\gamma - 1)\sin\theta}{\gamma + 1}$$

$$= \frac{4\sin\theta(\sin^2\theta - 1) + 4\sin^3\theta - 2Ma_1^2\sin^3\theta + (\gamma - 1)\sin\theta}{\gamma + 1}$$

$$= \frac{2\sin\theta[(\gamma - 5)/2 + (4 - Ma_1^2)\sin^2\theta]}{\gamma + 1}$$

$$E_1 = \frac{-4\sin^3\theta - 2(\gamma - 1)Ma_1^2\sin^3\theta}{\gamma + 1} = -\frac{2\sin^3\theta[2 + (\gamma - 1)Ma_1^2]}{\gamma + 1}$$

$$A_2 = \frac{\sin\theta\cos\theta}{\sin(\theta - \delta)}$$

$$B_2 = -\frac{\sin\theta\cos\theta}{\cos(\theta - \delta)}$$

（附 A.10）

$$C = -\frac{4\sin\theta\cos\theta}{\gamma + 1}$$

$$F = \frac{-4\sin^2\theta\cos\theta\sin\delta_1}{\gamma + 1}$$

$$G = \frac{4\sin^2\theta\cos\theta\sin\delta_1}{(\gamma + 1)\cos\theta_1}$$

通过将所有系数除以 $\sin\theta$ 可以进一步简化这些系数。

附录 B

弯曲激波方程（4.30b）的推导

从式（4.25）~式（4.27）开始：

$$p_1 + \rho_1 v_1^2 \sin^2\theta = p_2 + \rho_2 v_2^2 \sin^2(\theta - \delta)$$

$$p_1 - p_2 = \rho_1 v_1^2 \sin\theta \cos\theta \tan(\theta - \delta) - \rho_1 v_1^2 \sin^2\theta$$

对方程两边相对于 σ 取导数，得

$$\frac{\partial p_1}{\partial \sigma} - \frac{\partial p_2}{\partial \sigma} = \rho_1 v_1^2 \sin\theta \cos\theta \frac{\partial \tan(\theta - \delta)}{\partial \sigma}$$

$$+ \rho_1 v_1^2 \sin\theta \tan(\theta - \delta) \frac{\partial \cos\theta}{\partial \sigma} + \rho_1 v_1^2 \cos\theta \tan(\theta - \delta) \frac{\partial \sin\theta}{\partial \sigma}$$

$$+ \rho_1 \sin\theta \cos\theta \tan(\theta - \delta) \frac{\partial v_1^2}{\partial \sigma} + v_1^2 \sin\theta \cos\theta \tan(\theta - \delta) \frac{\partial \rho_1}{\partial \sigma}$$

$$- \rho_1 v_1^2 \frac{\partial \sin^2\theta}{\partial \sigma} - \rho_1 \sin^2\theta \frac{\partial v_1^2}{\partial \sigma} - v_1^2 \sin^2\theta \frac{\partial \rho_1}{\partial \sigma}$$

替换为对 s 和 n 的导数，有

$$\frac{\partial p_1}{\partial s}\cos\theta + \frac{\partial p_1}{\partial n}\sin\theta - \left[\frac{\partial p_2}{\partial s}\cos(\theta - \delta) + \frac{\partial p_2}{\partial n}\sin(\theta - \delta)\right]$$

$$= \rho_1 v_1^2 \sin\theta \cos\theta \frac{1}{\cos^2(\theta - \delta)} \frac{\partial(\theta - \delta)}{\partial \sigma} - \rho_1 v_1^2 \sin^2\theta \tan(\theta - \delta) \frac{\partial \theta}{\partial \sigma}$$

$$+ \rho_1 v_1^2 \cos^2\theta \tan(\theta - \delta) \frac{\partial \theta}{\partial \sigma} + 2\rho_1 v_1 \sin\theta \cos\theta \tan(\theta - \delta)\left(\frac{\partial v_1}{\partial s}\cos\theta + \frac{\partial v_1}{\partial n}\sin\theta\right)$$

$$+ v_1^2 \sin\theta \cos\theta \tan(\theta - \delta)\left(\frac{\partial \rho_1}{\partial s}\cos\theta + \frac{\partial \rho_1}{\partial n}\sin\theta\right) - 2\sin\theta \cos\theta \rho_1 v_1^2 \frac{\partial \theta}{\partial \sigma}$$

$$- 2\rho_1 v_1 \sin^2\theta\left(\frac{\partial v_1}{\partial s}\cos\theta + \frac{\partial v_1}{\partial n}\sin\theta\right) - v_1^2\sin^2\theta\left(\frac{\partial\rho_1}{\partial s}\cos\theta + \frac{\partial\rho_1}{\partial n}\sin\theta\right) \quad （附 B.1）$$

导数 $\frac{\partial\theta}{\partial\sigma}$、$\frac{\partial(\theta-\delta)}{\partial\sigma}$、$\frac{\partial}{\partial s}$ 和 $\frac{\partial}{\partial n}$ 可以被表示为

$$\frac{\partial\theta}{\partial\sigma} = S_a + (Ma_1^2 - 1)\sin\theta P_1 - \cos\theta D_1 + \frac{\sin\theta\sin\delta_1}{y}$$

$$\frac{\partial(\theta-\delta)}{\partial\sigma} = S_a + (Ma_2^2 - 1)\sin(\theta-\delta)P_2 - \cos(\theta-\delta)D_2 + \frac{\sin(\theta-\delta)\sin\delta_2}{y}$$

$$\frac{\partial p_1}{\partial s} = P_1\rho_1 v_1^2 \quad \frac{\partial p_2}{\partial s} = P_2\rho_2 v_2^2$$

$$\frac{\partial p_1}{\partial n} = -D_1\rho_1 v_1^2 \quad \frac{\partial p_2}{\partial n} = -D_2\rho_2 v_2^2$$

$$\frac{\partial v_1}{\partial s} = -P_1 v_1 \quad \frac{\partial v_1}{\partial n} = v_1(D_1 - \Gamma_1)$$

$$\frac{\partial\rho_1}{\partial s} = \rho_1 Ma_1^2 P_1 \quad \frac{\partial\rho_1}{\partial n} = -\rho_1 Ma_1^2[D_1 + (\gamma-1)\Gamma_1]$$

所以式（附 B.1）变为

$$(\rho_1 v_1^2 P_1\cos\theta - \rho_1 v_1^2 D_1\sin\theta) - [\rho_2 v_2^2 P_2\cos(\theta-\delta) - \rho_2 v_2^2 D_2\sin(\theta-\delta)]$$

$$= \frac{\rho_1 v_1^2\sin\theta\cos\theta}{\cos^2(\theta-\delta)}\left[S_a + (Ma_2^2-1)\sin(\theta-\delta)P_2 - \cos(\theta-\delta)D_2 + \frac{\sin(\theta-\delta)\sin\delta_2}{y}\right]$$

$$+ [\rho_1 v_1^2\cos^2\theta\tan(\theta-\delta) - \rho_1 v_1^2\sin^2\theta\tan(\theta-\delta) - 2\rho_1 v_1^2\sin\theta\cos\theta]$$

$$\left[S_a + (Ma_1^2-1)\sin\theta P_1 - \cos\theta D_1 + \frac{\sin\theta\sin\delta_1}{y}\right]$$

$$+ [2\rho_1 v_1\sin\theta\cos\theta\tan(\theta-\delta) - 2\rho_1 v_1\sin^2\theta]\times[-P_1 v_1\cos\theta + v_1(D_1-\Gamma_1)\sin\theta]$$

$$+ [v_1^2\sin\theta\cos\theta\tan(\theta-\delta) - v_1^2\sin^2\theta]$$

$$\{\rho_1 Ma_1^2 P_1\cos\theta - \rho_1 Ma_1^2[D_1 + (\gamma-1)\Gamma_1]\sin\theta\} \quad （附 B.2）$$

用 $-\dfrac{S_b}{\cos\theta_1}$ 代替 $\dfrac{1}{y}$，式（附 B.2）变为

$$\left[\frac{\sin\theta\cos\theta}{\sin(\theta-\delta)}P_2 - \frac{\sin\theta\cos\theta}{\cos(\theta-\delta)}D_2\right]$$

$$
= \frac{\sin\theta\cos\theta}{\cos^2(\theta-\delta)}\left[S_a + (Ma_2^2-1)\sin(\theta-\delta)P_2 - \cos(\theta-\delta)D_2 - \frac{S_b\sin(\theta-\delta)\sin\delta_2}{\cos\theta_1}\right]
$$

$$
+\left[\cos^2\theta\tan(\theta-\delta) - \sin^2\theta\tan(\theta-\delta) - 2\sin\theta\cos\theta\right]
$$

$$
\times\left[S_a + (Ma_1^2-1)\sin\theta P_1 - \cos\theta D_1 - \frac{S_b\sin\theta\sin\delta_1}{\cos\theta_1}\right]
$$

$$
+\left[2\sin\theta\cos\theta\tan(\theta-\delta) - 2\sin^2\theta\right]\times\left[-P_1\cos\theta + (D_1-\varGamma_1)\sin\theta\right]
$$

$$
+\left[\sin\theta\cos\theta\tan(\theta-\delta) - \sin^2\theta\right]\{Ma_1^2 P_1\cos\theta - Ma_1^2[D_1 + (\gamma-1)\varGamma_1]\sin\theta\}
$$

将来流参数提取至方程左边

$$
\left\{
\begin{array}{l}
\cos\theta\cos(\theta-\delta) - (Ma_1^2-1)\sin\theta\left[\begin{array}{l}\cos^2\theta\sin(\theta-\delta) - \sin^2\theta\sin(\theta-\delta)\\ -2\sin\theta\cos\theta\cos(\theta-\delta)\end{array}\right]\\
+\cos\theta[2\sin\theta\cos\theta\sin(\theta-\delta) - 2\sin^2\theta\cos(\theta-\delta)]\\
-Ma_1^2\cos\theta[\sin\theta\cos\theta\sin(\theta-\delta) - \sin^2\theta\cos(\theta-\delta)]
\end{array}
\right\}P_1
$$

$$
+\left\{
\begin{array}{l}
-\sin\theta\cos(\theta-\delta) + \cos\theta\left[\begin{array}{l}\cos^2\theta\sin(\theta-\delta) - \sin^2\theta\sin(\theta-\delta)\\ -2\sin\theta\cos\theta\cos(\theta-\delta)\end{array}\right]\\
-\sin\theta[2\sin\theta\cos\theta\sin(\theta-\delta) - 2\sin^2\theta\cos(\theta-\delta)]\\
+Ma_1^2\sin\theta[\sin\theta\cos\theta\sin(\theta-\delta) - \sin^2\theta\cos(\theta-\delta)]
\end{array}
\right\}D_1
$$

$$
+\left\{
\begin{array}{l}
\sin\theta[2\sin\theta\cos\theta\sin(\theta-\delta) - 2\sin^2\theta\cos(\theta-\delta)]\\
+(\gamma-1)Ma_1^2\sin\theta[\sin\theta\cos\theta\sin(\theta-\delta) - \sin^2\theta\cos(\theta-\delta)]
\end{array}
\right\}\varGamma_1
$$

$$
=\left[\frac{\sin\theta\cos\theta\cos(\theta-\delta)}{\sin(\theta-\delta)} + \frac{\sin\theta\cos\theta}{\cos(\theta-\delta)}(Ma_2^2-1)\sin(\theta-\delta)\right]P_2
$$

$$
+\left[-2\sin\theta\cos\theta\right]D_2
$$

$$
+\left[\begin{array}{l}\dfrac{\sin\theta\cos\theta}{\cos(\theta-\delta)} + \cos^2\theta\sin(\theta-\delta) - \sin^2\theta\sin(\theta-\delta)\\ -2\sin\theta\cos\theta\cos(\theta-\delta)\end{array}\right]S_a
$$

$$
+\left\{
\begin{array}{l}
-\dfrac{\sin\theta\cos\theta}{\cos(\theta-\delta)}\dfrac{\sin(\theta-\delta)\sin\delta_2}{\cos\theta_1}\\
-\dfrac{\sin\theta\sin\delta_1}{\cos\theta_1}\left[\begin{array}{l}\cos^2\theta\sin(\theta-\delta) - \sin^2\theta\sin(\theta-\delta)\\ -2\sin\theta\cos\theta\cos(\theta-\delta)\end{array}\right]
\end{array}
\right\}S_b
$$

即可得到

$$A_1'P_1 + B_1'D_1 + E_1'\Gamma_1 = A_2'P_2 + B_2'D_2 + C'S_a + G'S_b$$

式中,系数 A_1'、B_1'、E_1'、A_2'、B_2'、C'、G' 由式(附 B.3)给出:

$$
A_1' = \cos\theta\cos(\theta - \delta) - (Ma_1^2 - 1)\sin\theta \begin{bmatrix} \cos^2\theta\sin(\theta - \delta) \\ -\sin^2\theta\sin(\theta - \delta) \\ -2\sin\theta\cos\theta\cos(\theta - \delta) \end{bmatrix}
$$

$$
+ \cos\theta[2\sin\theta\cos\theta\sin(\theta - \delta) - 2\sin^2\theta\cos(\theta - \delta)]
$$

$$
- Ma_1^2\cos\theta[\sin\theta\cos\theta\sin(\theta - \delta) - \sin^2\theta\cos(\theta - \delta)]
$$

$$
= \cos\theta\cos(\theta - \delta) + (Ma_1^2 - 1)\sin\theta\sin(\theta + \delta)
$$

$$
+ Ma_1^2\sin\theta\cos\theta\sin\delta - 2\sin\theta\cos\theta\sin\delta
$$

$$
= \cos\theta(\cos\theta\cos\delta + \sin\theta\sin\delta)
$$

$$
+ (Ma_1^2 - 1)\sin\theta(\sin\theta\cos\delta + \sin\delta\cos\theta)
$$

$$
+ Ma_1^2\sin\theta\cos\theta\sin\delta - 2\sin\theta\cos\theta\sin\delta
$$

$$
= 2Ma_1^2\sin\theta\cos\theta\sin\delta - 2\sin\theta\cos\theta\sin\delta
$$

$$
+ Ma_1^2\sin^2\theta\cos\delta + \cos^2\theta\cos\delta - \cos\delta\sin^2\theta
$$

$$
= (Ma_1^2 - 1)\sin(2\theta)\sin\delta + (Ma_1^2 - 1)\sin^2\theta\cos\delta
$$

$$
+ (Ma_1^2 - 1)\cos^2\theta\cos\delta - (Ma_1^2 - 1)\cos^2\theta\cos\delta
$$

$$
+ \cos^2\theta\cos\delta
$$

$$
= Ma_1^2\cos^2\theta\cos\delta - (Ma_1^2 - 1)\cos(2\theta + \delta)
$$

$$
B_1' = -\sin\theta\cos(\theta - \delta) + \cos\theta \begin{bmatrix} \cos^2\theta\sin(\theta - \delta) \\ -\sin^2\theta\sin(\theta - \delta) \\ -2\sin\theta\cos\theta\cos(\theta - \delta) \end{bmatrix}
$$

$$
- \sin\theta[2\sin\theta\cos\theta\sin(\theta - \delta) - 2\sin^2\theta\cos(\theta - \delta)]
$$

$$
+ Ma_1^2\sin\theta[\sin\theta\cos\theta\sin(\theta - \delta) - \sin^2\theta\cos(\theta - \delta)]
$$

$$
= -\sin\theta\cos(\theta - \delta) - \cos\theta\sin(\theta + \delta)
$$

$$
+ 2\sin^2\theta\sin\delta - Ma_1^2\sin\theta\sin\delta
$$

$$= - \sin(2\theta + \delta) - Ma_1^2 \sin^2\theta\sin\delta \qquad\qquad （附 B.3）$$

$$E_1' = \sin\theta\big[\, 2\sin\theta\cos\theta\sin(\theta - \delta) - 2\sin^2\theta\cos(\theta - \delta)\,\big]$$

$$+ (\gamma - 1)Ma_1^2\sin\theta\big[\, \sin\theta\cos\theta\sin(\theta - \delta) - \sin^2\theta\cos(\theta - \delta)\,\big]$$

$$= - \big[\, 2 + (\gamma - 1)Ma_1^2\,\big]\sin\delta\sin^2\theta$$

$$A_2' = \frac{\sin\theta\cos\theta\cos(\theta - \delta)}{\sin(\theta - \delta)} + \frac{\sin\theta\cos\theta}{\cos(\theta - \delta)}(Ma_2^2 - 1)\sin(\theta - \delta)$$

$$= \frac{\sin\theta\cos\theta\cos^2(\theta - \delta) + \sin\theta\cos\theta(Ma_2^2 - 1)\sin^2(\theta - \delta)}{\sin(\theta - \delta)\cos(\theta - \delta)}$$

$$= \frac{\big[\, 1 + (Ma_2^2 - 2)\sin^2(\theta - \delta)\,\big]\sin\theta\cos\theta}{\sin(\theta - \delta)\cos(\theta - \delta)}$$

$$B_2' = - \sin(2\theta)$$

$$C' = \frac{\sin\theta\cos\theta}{\cos(\theta - \delta)} + \cos^2\theta\sin(\theta - \delta) - \sin^2\theta\sin(\theta - \delta) - 2\sin\theta\cos\theta\cos(\theta - \delta)$$

$$= \frac{\sin\theta\cos\theta + \cos(2\theta)\sin(\theta - \delta)\cos(\theta - \delta) - \sin(2\theta)\cos^2(\theta - \delta)}{\cos(\theta - \delta)}$$

$$= \frac{\sin\theta\cos\theta - \sin(\theta + \delta)\cos(\theta - \delta)}{\cos(\theta - \delta)} = \frac{- \sin(2\delta)}{2\cos(\theta - \delta)}$$

$$G' = - \frac{\sin\theta\cos\theta}{\cos(\theta - \delta)}\frac{\sin(\theta - \delta)\sin\delta_2}{\cos\theta_1}$$

$$- \frac{\sin\theta\sin\delta_1}{\cos\theta_1}\begin{bmatrix} \cos^2\theta\sin(\theta - \delta) \\ - \sin^2\theta\sin(\theta - \delta) \\ - 2\sin\theta\cos\theta\cos(\theta - \delta) \end{bmatrix}$$

$$= - \frac{\sin\theta\cos\theta\tan(\theta - \delta)\sin\delta_2}{\cos\theta_1} + \frac{\sin(\theta + \delta)\sin\theta\sin\delta_1}{\cos\theta_1}$$

$$= - \frac{\sin\theta\cos\theta\tan(\theta - \delta)\sin\delta_2 - \sin(\theta + \delta)\sin\theta\sin\delta_1}{\cos\theta_1}$$

附录 C

波后涡度方程的推导

尽管式(4.30a)和式(4.30b)显示了波前涡度对波后流体曲率和压力梯度的影响,但波后涡度并没有明确出现。例如,当将弯曲激波理论应用于 RR 和 MR 时,入射激波后的区域②中的波后涡度就需要作为输入项来计算反射激波的曲率,此时入射弯曲激波在反射激波前产生了涡度。求解波后等风速线方程式(4.22)和等密度线方程式(4.23)的公式中需要波后涡度。

波后涡度表达式是

$$\omega_2 = v_1 \frac{\rho_2}{\rho_1} \left(1 - \frac{\rho_1}{\rho_2}\right)^2 \cos\theta \times \frac{\partial\theta}{\partial\sigma} \qquad (\text{附 C.1})$$

假设均匀来流,对该方程求导并利用涡度和熵的 Crocco 关系式简化得到

$$\Gamma_2 = \frac{\omega_2}{v_2} = \frac{v_1}{v_2} \frac{\rho_2}{\rho_1} \left(1 - \frac{\rho_1}{\rho_2}\right)^2 \cos\theta \times \frac{\partial\theta}{\partial\sigma} \qquad (\text{附 C.2})$$

利用斜激波关系式对方程(附 C.2)进行进一步化简得到

$$\Gamma_2 = \frac{2\sin^2\delta}{\sin(2\theta)\sin(\theta-\delta)} \frac{\partial\theta}{\partial\sigma} \qquad (\text{附 C.3})$$

这个方程给出了均匀无旋来流下锐角激波或钝角激波后的标准化涡度与气动曲率 $\partial\theta/\partial\sigma$ 的关系。根据 $\partial\theta/\partial\sigma = \partial\theta_1/\partial\sigma - \partial\delta_1/\partial\sigma$,气动曲率包含几何曲率和波前流动的发散/收敛。正激波和马赫波 $\delta = 0$,都不会产生涡度。当 S_a 给定时,这个函数在某个激波角处有最大值。这一项乘以 S_a 定义为 I_a,它是求解 Γ_2 的一般方程中 S_a 的影响系数。如果波前流动是有旋的,那么需要在式(附 C.1)~式(附 C.3)中加入一项。要知道穿过激波涡度可能增加也可能减小,这由 $\cos\theta$ 和 S_a 的正负决定;不均匀来流和来流涡度影响波后涡度,因此波后涡度的表达

式比式(附 C.1)~式(附 C.3)更复杂。

接下来推导双曲激波后涡度的表达式,已知来流是弯曲的、有压力梯度、涡旋的,在朝向或远离对称轴方向上收敛|发散,综合起来就是具有高度普遍性。对于之前的推导,流体是稳定绝热的理想气体,所得结论可以直接应用于轴对称流动或平面流动,再添加一些对称性条件也可以应用于三维流动中的弯曲激波部分。之前章节提到的 P_2 和 D_2,本书获得了它的正确性和涡度方程的影响因子形式。本书是以激波切线动量方程、欧拉方程和来流(下标 1)与下游(下标 2)的涡度定义为基础进行推导的。用欧拉方程来消除涡度导数,得到含有压力梯度、流线曲率和标准涡度的表达式。

$$\begin{cases} \dfrac{1}{v_1}\left(\dfrac{\partial v}{\partial s}\right)_1 = -P_1 \quad \dfrac{1}{v_1}\left(\dfrac{\partial v}{\partial n}\right)_1 = D_1 - \varGamma_1 \\[3mm] \dfrac{1}{v_2}\left(\dfrac{\partial v}{\partial s}\right)_2 = -P_2 \quad \dfrac{1}{v_2}\left(\dfrac{\partial v}{\partial n}\right)_2 = D_2 - \varGamma_2 \end{cases} \qquad (附 C.4)$$

几何激波角是 $\theta_1 = \theta + \delta_1$。将 θ_1 对 σ 求导就是流动面内的几何激波流向曲率 S_a:

$$S_a = \frac{\partial \theta_1}{\partial \sigma} = \frac{\partial \theta}{\partial \sigma} + \frac{\partial \delta_1}{\partial \sigma} \qquad (附 C.5)$$

该表达式有另外一种形式:

$$S_a = \frac{\partial \theta}{\partial \sigma} + \cos\theta \frac{\partial \delta_1}{\partial s} + \sin\theta \frac{\partial \delta_1}{\partial n} \qquad (附 C.6)$$

但是,

$$\frac{\partial \delta_1}{\partial s} = D_1 \quad \frac{\partial \delta_1}{\partial n} = -(Ma_1^2 - 1)P_1 - \sin\delta_1/y \qquad (附 C.7)$$

因此,

$$\frac{\partial \theta}{\partial \sigma} = S_a + (Ma_1^2 - 1)\sin\theta P_1 - \cos\theta D_1 + \sin\theta\sin\delta_1/y \qquad (附 C.8)$$

类似地,对 $\theta - \delta = \theta_1 - \delta_2$ 进行转换,得到

$$\frac{\partial(\theta - \delta)}{\partial \sigma} = S_a + (Ma_2^2 - 1)\sin(\theta - \delta)P_2 \qquad (附 C.9)$$

$$- \cos(\theta - \delta)D_2 + \sin(\theta - \delta)\sin\delta_2/y$$

在这些方程中，δ_1 和 δ_2 是波前和波后的几何气流角。$\delta = \delta_2 - \delta_1$ 是气流通过激波的偏转角，θ 是对应的气动激波角。θ_1 是几何（物理）激波偏转角。所有的角都是与流动面内对称轴的夹角。在轴对称流时，y 是激波到对称轴的轴向距离，更一般地说，是截面内激波轨迹的曲率半径。对于平面流动，$y \rightarrow \infty$。式(4.11)、式(4.14)、式(附 C.8)和式(附 C.9)在推导涡度方程时都要用到，推导过程如下。

平行于激波方向的动量方程是

$$v_1\cos\theta = v_2\cos(\theta - \delta) \tag{附 C.10}$$

将方程两边对沿着激波的距离 σ 求导，得到

$$v_1 \frac{\partial\cos\theta}{\partial\sigma} + \cos\theta\frac{\partial v_1}{\partial\sigma} = v_2\frac{\partial\cos(\theta-\delta)}{\partial\sigma} + \cos(\theta-\delta)\frac{\partial v_2}{\partial\sigma}$$

两边除以 v_1，然后利用式(附 C.4)、式(附 C.7)得到

$$\sin\theta\frac{\partial\theta}{\partial\sigma} - \cos\theta\left[\cos\theta\frac{1}{v_1}\left(\frac{\partial v}{\partial s}\right)_1 + \sin\theta\frac{1}{v_1}\left(\frac{\partial v}{\partial n}\right)_1\right]$$

$$= \frac{v_2}{v_1}\left[\sin(\theta-\delta)\frac{\partial(\theta-\delta)}{\partial\sigma}\right]$$

$$- \cos(\theta-\delta)\frac{1}{v_1}\left[\cos(\theta-\delta)\left(\frac{\partial v}{\partial s}\right)_2 + \sin(\theta-\delta)\left(\frac{\partial v}{\partial n}\right)_2\right] \tag{附 C.11}$$

利用式(4.11)、式(4.14)、式(附 C.8)和式(附 C.9)替换速度和角度的导数，并用 $\cos\theta/\cos(\theta-\delta)$ 替换 v_2/v_1 得到

$$\sin\theta\left[S_a + (Ma_1^2 - 1)\sin\theta P_1 - \cos\theta D_1 + \sin\theta\sin\delta_1/y\right]$$

$$+ \cos^2\theta P_1 - \cos\theta\sin\theta(D_1 - \Gamma_1)$$

$$= \cos\theta\tan(\theta-\delta)\left[S_a + (Ma_2^2 - 1)\sin(\theta-\delta)P_2\right] \tag{附 C.12}$$

$$- \cos\theta\tan(\theta-\delta)\left[\cos(\theta-\delta)D_2 - \sin(\theta-\delta)\sin\delta_2/y\right]$$

$$- \cos\theta\left[-\cos(\theta-\delta)P_2 + \sin(\theta-\delta)(D_2 - \Gamma_2)\right]$$

两边除以 $\cos\theta$，然后整理系数用 P_1、D_1 等来表示。

现给出涡度方程为

$$A_1'' P_1 + B_1'' D_1 + E_1'' \Gamma_1 = A_2'' P_2 + B_2'' D_2 + C'' S_a + G'' S_b \qquad (\text{附 C.13})$$

其中,各物理量的系数分别为

$$
\begin{cases}
P_1 : A_1'' = (Ma_1^2 - 1)\tan\theta\sin\theta + \cos\theta \\[2mm]
D_1 : B_1'' = -2\sin\theta \\[2mm]
\Gamma_1 : E_1'' = \sin\theta \\[2mm]
P_2 : A_2'' = (Ma_2^2 - 1)\tan(\theta - \delta)\sin(\theta - \delta) + \cos(\theta - \delta) \\[2mm]
D_2 : B_2'' = -2\sin(\theta - \delta) \\[2mm]
\Gamma_2 : E_2'' = \sin(\theta - \delta) \\[2mm]
S_a : C'' = \tan(\theta - \delta) - \tan\theta \\[2mm]
1/y : F'' = \tan(\theta - \delta)\sin(\theta - \delta)\sin\delta_2 - \sin\theta\tan\theta\sin\delta_1 \\[2mm]
S_b : G'' = -F''/\cos(\theta + \delta_1)
\end{cases}
\qquad (\text{附 C.14})
$$

涡度方程可以写为

$$L'' = A_2'' P_2 + B_2'' D_2 + E_2'' \Gamma_2 + C'' S_a + G'' S_b \qquad (\text{附 C.15})$$

或

$$L'' = A_2'' P_2 + B_2'' D_2 + E_2'' \Gamma_2 + C'' S_a + F''/y \qquad (\text{附 C.16})$$

式中,

$$L'' = A_1'' P_1 + B_1'' D_1 + E_1'' \Gamma_1 \qquad (\text{附 C.17})$$

已知式(附 C.15)或式(附 C.16)中任意一个的其他参数就可以求解波后涡度 Γ_2。根据不同的情况,选择 S_b 或 y 作为激波横向曲率,那么方程的最后一项也不相同。S_b 和 y 可以利用关系式 $S_b = -\cos(\theta + \delta_1)/y$ 互换。选择式(附 C.15)和式(附 C.13)解出待求的下游涡度 Γ_2 的表达式:

$$\Gamma_2 = \left[L'' - (A_2'' P_2 + B_2'' D_2 + C'' S_a + G'' S_b) \right]/E_2'' \qquad (\text{附 C.18})$$

这是 Γ_2 的有理形式的广义涡度方程,即面对非均匀发散流的弯曲激波后的归一化涡度。与方程(4.30g)联立,就是三个方程求三个未知数 Γ_2、P_2、D_2,这样就可以完全定义不均匀的波后流动。对于均匀来流,式(附 C.18)可以简化为

$$\Gamma_2 = \left[\frac{C''}{E''_2} + \frac{[BC]}{[AB]} \frac{A''_2}{E''_2} - \frac{[AC]}{[AB]} \frac{B''_2}{E''_2} \right] S_a \qquad (\text{附 C.19})$$

乘以 S_a 的系数等于式(附 C.3)中的系数 $S_a = \partial\theta/\partial\sigma$。幸运的是，$P_2$ 和 D_2 与 Γ_2 是解耦的，这样就可以求出所有未知数的精确解。在式(附 C.13)中式(附 C.18)和出现的 P_2、D_2 是从两个弯曲激波方程(2.30e)推导得到的，现在重新列举出方程(4.30f)：

$$\begin{cases} P_2 = \dfrac{B_2(C'S_a + G'S_b - L') - B'_2(CS_a + GS_b - L)}{A_2 B'_2 - A'_2 B_2} \\[4mm] D_2 = -\dfrac{A_2(C'S_a + G'S_b - L') - A'_2(CS_a + GS_b - L)}{A_2 B'_2 - A'_2 B_2} \end{cases} \qquad (\text{附 C.20})$$

式中，L 项由式(附 C.21)给出

$$\begin{cases} L = A_1 P_1 + B_1 D_1 + E_1 \Gamma_1 \\[2mm] L' = A'_1 P_1 + B'_1 D_1 + E'_1 \Gamma_1 \end{cases} \qquad (\text{附 C.21})$$

注意到表达式 L 和 L' 包含来流梯度，系数 G 和 G' 含有来流的气流角 δ_1。联立式(附 C.20)和式(附 C.18)，消去 P_2 和 D_2，然后整理来流梯度项和激波曲率项可以得到涡度方程(附 C.18)的影响系数形式：

$$\Gamma_2 = I_P P_1 + I_D D_1 + I_G \Gamma_1 + I_a S_a + I_b S_b \qquad (\text{附 C.22})$$

其中，系数 I 乘以各自的变量，都显示在 Γ_2 的完全展开式中，如下所示：

$$\begin{aligned} \Gamma_2 = & \left\{ [AB]A''_1 + (B_2 A'_1 - B'_2 A_1)A''_2 - (A_2 A'_1 - A'_2 A_1)B''_2 \right\} / \left\{ [AB]E''_2 \right\} P_1 \\ & + \left\{ [AB]B''_1 + (B_2 B'_1 - B'_2 B_1)A''_2 - (A_2 B'_1 - A'_2 B_1)B''_2 \right\} / \left\{ [AB]E''_2 \right\} D_1 \\ & + \left\{ [AB]E''_1 + (B_2 E'_1 - B'_2 E_1)A''_2 - (A_2 E'_1 - A'_2 E_1)B''_2 \right\} / \left\{ [AB]E''_2 \right\} \Gamma_1 \\ & - \left\{ [AB]C' + (B_2 C' - B'_2 C)A''_2 - (A_2 C' - A'_2 C)B''_2 \right\} / \left\{ [AB]E''_2 \right\} S_a \\ & - \left\{ [AB]G' + (B_2 G' - B'_2 G)A''_2 - (A_2 G' - A'_2 G)B''_2 \right\} / \left\{ [AB]E''_2 \right\} S_b \end{aligned}$$

$$(\text{附 C.23})$$

不含硬撇和含有单硬撇的系数 A 到 G 在式(4.30c)与式(4.30d)中都有提到；含有双硬撇的系数在式(附 C.14)中有提到。这个方程清晰地表明了不均匀来流参数 P_1、D_1 和 Γ_1 与激波曲率 S_a 与 S_b 在影响下游涡度 Γ_2 上扮演了什么角

色。注意到,上述涡度的求导不需要 Crocco 提出的涡度和熵梯度热力关系,而且求解方程需要来流不均匀性、来流涡度及气流角。涡度方程的求导与压力梯度和流线曲率的求导类似,但更简单。这就是求解涡度而不求解其他参数的原因。不使用 j 来分辨平面流和轴对称流是因为这两种情况下方程一致有效。对于轴对称流,y 是截面内激波的曲率半径以至于流动通过 y 易受维度影响。在求解平面流时,y 被赋予一个很大的值。图附 C.1 描述了随激波角变化的涡度方程的影响系数。蓝色线显示了波前压力梯度 P_1 的影响,从图中可以看出,对于锐角激波,压力梯度与涡度正相关;对于钝角激波,压力梯度与涡度负相关。绿色线表明波前流体曲率 D_1 与涡度正相关。红色线是波前涡度对波后涡度的影响曲线,当来流马赫数为3,激波角为43°～137°时,波前涡度对波后涡度无影响。马赫波的波前涡度系数是1,所以穿过马赫波,涡度不发生改变。在产生马赫波时,其他曲线都处在值为0的点,所以波前梯度或马赫波曲率对涡度不产生影响,强激波可能会使涡度变大,方向改变。青色线表明,对于锐角激波,激波流向曲率 S_a 与涡度呈正相关关系,对于钝角激波,两者则呈负相关关系。黑色线代表激波横向曲率 S_b,它表明横向曲率的影响系数是0。这也证实了激波是通过流向曲率产生涡度而不是通过横向曲率,因此圆锥激波后流动是无旋的。对于没有激波前发散/收敛的流动,方程(附 C.22)和(附 C.23)中的 $I_b S_b$ 项可以省略,这是因为 I_b 是 0。锐角激波和钝角激波的影响看起来相反,是因为激波方向的不同而不是流动形式的不同。

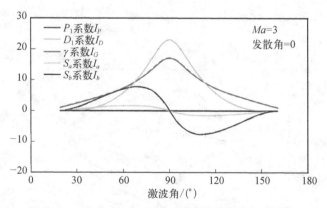

图附 C.1　由式(附 C.22)表示的波后涡度的影响系数

当波前流动发散时,情况变得复杂。流量散度 δ_1 和横向曲率 S_b 的作用是相互影响的,必须仔细考虑。根据对涡旋的了解,波后涡度是横向曲率 S_b 的函数

这一结论似乎是不正确的,从式(附 C.23)的最后一项可以明显看出。因此,本书研究了 S_b 的影响系数:

$$I_b = \{[AB]G'' + (B_2G' - B_2'G)A_2'' - (A_2G' - A_2'G)B_2''\} / \{[AB]E_2''\}$$

（附 C.24）

特别是其分子:

$$N_b = [AB]G'' + (B_2G' - B_2'G)A_2'' - (A_2G' - A_2'G)B_2'' \qquad （附 C.25）$$

当 δ_1 为 0 时, N_b 必须为 0。

图附 C.1 中的黑色曲线也能证明这一点。注意到, δ_1 仅包含在 G' 和 G'' 中,而不包含在 G 中。这要求不包含 δ_1 的 N_b 部分等于零,即

$$A_2'B_2'' - B_2'A_2'' = 0 \qquad （附 C.26）$$

事实证明,当没有波前发散时, S_b 对波后涡度没有影响。这个证明是很简单的,只需四行代数式,因此在不失一般性的情况下,可以将 S_b 的影响系数简化为

$$I_b = -\{[AB]G'' + (B_2G')A_2'' - (A_2G')B_2''\} / \{[AB]E_2''\} \qquad （附 C.27）$$

对于马赫数为 3 的情况,以扩散角 δ_1 为参数,对该方程式中的 I_b 相对于激波角作图,如图附 C.2 所示。实际上,它是 $I_b \times S_b \times y$,当 $\cos(\theta + \delta_1)$ 变为零且很难显示时, I_b 本身就变为无穷大。注意 $\cos(\theta + \delta_1) = -S_b \times y$,灰色点划线表示 $\delta_1 = 0$,黑色曲线表示正 δ_1 从 0 到 50 增加了 10°。灰色曲线表示负 δ_1 从 10°减小到 −50°。

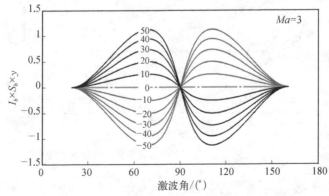

图附 C.2　以波前的流动扩散角为参数的影响系数 I_b 与激波角的关系图

附录 D

二阶弯曲激波方程组的推导

分别对欧拉方程组中的 s 向和 n 向动量方程左右两边沿 n 方向(垂直流线)及 s 方向(平行流线)求导得

$$\frac{\partial \rho_1 v_1^2 P_1}{\partial n} = -\frac{\partial \rho_1 v_1^2 D_1}{\partial s}$$

$$\rho_1 v_1^2 \frac{\partial P_1}{\partial n} + 2 v_1 \rho_1 P_1 \frac{\partial v_1}{\partial n} + v_1^2 P_1 \frac{\partial \rho_1}{\partial n} = -\rho_1 v_1^2 \frac{\partial D_1}{\partial s} - 2 v_1 \rho_1 D_1 \frac{\partial v_1}{\partial s} - v_1^2 D_1 \frac{\partial \rho_1}{\partial s}$$

$$(\text{附 D.1})$$

偏导数 $\partial/\partial s$ 和 $\partial/\partial n$ 可用如下形式表示:

$$\frac{\partial v_k}{\partial s} = -P_k v_k, \frac{\partial v_k}{\partial n} = v_k(D_k - \Gamma_k)$$

$$\frac{\partial \rho_k}{\partial s} = \rho_k Ma_k^2 P_k, \frac{\partial \rho_k}{\partial n} = -\rho_k Ma_k^2 [D_k + (\gamma - 1)\Gamma_k]$$

式中,下标 k 根据等式应用区域取相应值,激波前 $k = 1$,激波后 $k = 2$。利用上述表达式,式(附 D.1)转换为

$$\rho_1 v_1^2 \frac{\partial P_1}{\partial n} + 2 \rho_1 v_1^2 P_1(D_1 - \Gamma_1) - \rho_1 v_1^2 P_1 Ma_1^2 [D_1 + (\gamma - 1)\Gamma_1]$$

$$= -\rho_1 v_1^2 \frac{\partial D_1}{\partial s} + 2 \rho_1 v_1^2 D_1 P_1 - \rho_1 v_1^2 Ma_1^2 P_1 D_1 \qquad (\text{附 D.2})$$

进一步用 D_1' 替换 $\partial D_1/\partial s$,式(附 D.2)转换为

$$\frac{\partial P_1}{\partial n} = -D_1' + (\gamma - 1)P_1 Ma_1^2 \Gamma_1 + 2 P_1 \Gamma_1$$

类似地,对于激波后区域,可获得如下等式:

$$\frac{\partial P_2}{\partial n} = -D_2' + (\gamma - 1)P_2 Ma_2^2 \Gamma_2 + 2P_2\Gamma_2$$

接下来,分别对欧拉方程组中的 s 向和 n 向动量方程两边沿 s 方向(平行流线)和 n 方向(垂直流线)求导,得到

$$-\frac{\partial\left[(Ma_1^2 - 1)P_1 + \dfrac{\sin\delta_1}{y_1}\right]}{\partial s} = \frac{\partial D_1}{\partial n}$$

$$\frac{\partial D_1}{\partial n} = -P_1\frac{\partial Ma_1^2}{\partial s} - (Ma_1^2 - 1)\frac{\partial P_1}{\partial s} - \frac{y_1\cos\delta_1\dfrac{\partial\delta_1}{\partial s} - \sin^2\delta_1}{y_1^2} \quad (\text{附 D.3})$$

用 P_{1s}' 替换 $\partial P_1/\partial s$,等式(附 D.3)化简为

$$\frac{\partial D_1}{\partial n} = -P_1\frac{\partial Ma_1^2}{\partial s} - (Ma_1^2 - 1)P_{1s}' - \frac{D_1\cos\delta_1}{y_1} + \frac{\sin^2\delta_1}{y_1^2}$$

类似地,对于激波后区域,推导得到如下等式:

$$\frac{\partial D_2}{\partial n} = -P_2\frac{\partial Ma_2^2}{\partial s} - (Ma_2^2 - 1)P_{2s}' - \frac{D_2\cos\delta_2}{y_2} + \frac{\sin^2\delta_2}{y_2^2}$$

二阶弯曲激波方程组推导基于一阶弯曲激波方程组:

$$A_1^* P_1 + B_1^* D_1 + E_1^* \Gamma_1 = A_2^* P_2 + B_2^* D_2 + C^* S_a + G^* S_b$$

式中,上标"*"用于区分不同方程。对方程两边沿激波方向求导可得

$$A_1^*\frac{\partial P_1}{\partial\sigma} + P_1\frac{\partial A_1^*}{\partial\sigma} + B_1^*\frac{\partial D_1}{\partial\sigma} + D_1\frac{\partial B_1^*}{\partial\sigma} + E_1^*\frac{\partial\Gamma_1}{\partial\sigma} + \Gamma_1\frac{\partial E_1^*}{\partial\sigma}$$

$$= A_2^*\frac{\partial P_2}{\partial\sigma} + P_2\frac{\partial A_2^*}{\partial\sigma} + B_2^*\frac{\partial D_2}{\partial\sigma} + D_2\frac{\partial B_2^*}{\partial\sigma} + C^*\frac{\partial S_a}{\partial\sigma} + S_a\frac{\partial C^*}{\partial\sigma} + G^*\frac{\partial S_b}{\partial\sigma} + S_b\frac{\partial G^*}{\partial\sigma}$$

将沿 σ 的偏导数替换为 s 方向和 n 方向偏导数,得到

$$A_1^*\left(\frac{\partial P_1}{\partial s}\cos\theta + \frac{\partial P_1}{\partial n}\sin\theta\right) + P_1\frac{\partial A_1^*}{\partial\sigma} + B_1^*\left(\frac{\partial D_1}{\partial s}\cos\theta + \frac{\partial D_1}{\partial n}\sin\theta\right)$$

$$+ D_1 \frac{\partial B_1^*}{\partial \sigma} + E_1^* \frac{\partial \Gamma_1}{\partial \sigma} + \Gamma_1 \frac{\partial E_1^*}{\partial \sigma}$$

$$= A_2^* \left[\frac{\partial P_2}{\partial s} \cos(\theta - \delta) + \frac{\partial P_2}{\partial n} \sin(\theta - \delta) \right]$$

$$+ P_2 \frac{\partial A_2^*}{\partial \sigma} + B_2^* \left[\frac{\partial D_2}{\partial s} \cos(\theta - \delta) + \frac{\partial D_2}{\partial n} \sin(\theta - \delta) \right]$$

$$+ D_2 \frac{\partial B_2^*}{\partial \sigma} + C^* \frac{\partial S_a}{\partial \sigma} + S_a \frac{\partial C^*}{\partial \sigma} + G^* \frac{\partial S_b}{\partial \sigma} + S_b \frac{\partial G^*}{\partial \sigma}$$

进一步整理化简方程,得到

$$A_1^* P_{1s}' \cos \theta + P_1 \frac{\partial A_1^*}{\partial \sigma} + B_1^* D_1' \cos \theta + A_1^* \sin \theta \left[- D_1' + (\gamma - 1) P_1 Ma_1^2 \Gamma_1 \right.$$

$$\left. + 2 P_1 \Gamma_1 \right] + B_1^* \sin \theta \left[- P_1 \frac{\partial Ma_1^2}{\partial s} - (Ma_1^2 - 1) P_{1s}' - \frac{D_1 \cos \delta_1}{y_1} + \frac{\sin^2 \delta_1}{y_1^2} \right]$$

$$+ D_1 \frac{\partial B_1^*}{\partial \sigma} + E_1^* \frac{\partial \Gamma_1}{\partial \sigma} + \Gamma_1 \frac{\partial E_1^*}{\partial \sigma}$$

$$= A_2^* P_{2s}' \cos(\theta - \delta) + P_2 \frac{\partial A_2^*}{\partial \sigma} + A_2^* \sin(\theta - \delta) \left[- D_2' + (\gamma - 1) P_2 Ma_2^2 \Gamma_2 \right.$$

$$\left. + 2 P_2 \Gamma_2 \right] + B_2^* D_2' \cos(\theta - \delta)$$

$$+ B_2^* \sin(\theta - \delta) \left[- P_2 \frac{\partial Ma_2^2}{\partial s} - (Ma_2^2 - 1) P_{2s}' - \frac{D_2 \cos \delta_2}{y_2} + \frac{\sin^2 \delta_2}{y_2^2} \right]$$

$$+ D_2 \frac{\partial B_2^*}{\partial \sigma} + C^* \frac{\partial S_a}{\partial \sigma} + S_a \frac{\partial C^*}{\partial \sigma} + G^* \frac{\partial S_b}{\partial \sigma} + S_b \frac{\partial G^*}{\partial \sigma} \qquad (\text{附 D.4})$$

用 $- S_b / \cos \theta_1$ 替换 $1/y$,等式(附 D.4)化简成

$$A_1^* P_{1s}' \cos \theta + P_1 \frac{\partial A_1^*}{\partial \sigma} + B_1^* D_1' \cos \theta + A_1^* \sin \theta \left[- D_1' + (\gamma - 1) P_1 Ma_1^2 \Gamma_1 \right.$$

$$\left. + 2 P_1 \Gamma_1 \right] + B_1^* \sin \theta \left[- P_1 \frac{\partial Ma_1^2}{\partial s} - (Ma_1^2 - 1) P_{1s}' + \frac{S_b D_1 \cos \delta_1}{\cos \theta_1} + \left(\frac{S_b \sin \delta_1}{\cos \theta_1} \right)^2 \right]$$

$$+ D_1 \frac{\partial B_1^*}{\partial \sigma} + E_1^* \frac{\partial \Gamma_1}{\partial \sigma} + \Gamma_1 \frac{\partial E_1^*}{\partial \sigma}$$

$$
\begin{aligned}
&= A_2^* P'_{2s} \cos(\theta - \delta) + P_2 \frac{\partial A_2^*}{\partial \sigma} + B_2^* D'_2 \cos(\theta - \delta) + A_2^* \sin(\theta - \delta) \big[-D'_2 \\
&\quad + (\gamma - 1) P_2 Ma_2^2 \Gamma_2 + 2 P_2 \Gamma_2 \big] + B_2^* \sin(\theta - \delta) \Big[-P_2 \frac{\partial Ma_2^2}{\partial s} - (Ma_2^2 - 1) P'_{2s} \\
&\quad + \frac{S_b D_2 \cos \delta_2}{\cos \theta_1} + \Big(\frac{S_b \sin \delta_2}{\cos \theta_1} \Big)^2 \Big] + D_2 \frac{\partial B_2^*}{\partial \sigma} + C^* \frac{\partial S_a}{\partial \sigma} + S_a \frac{\partial C^*}{\partial \sigma} \\
&\quad + G^* \frac{\partial S_b}{\partial \sigma} + S_b \frac{\partial G^*}{\partial \sigma}
\end{aligned}
$$

合并同类项,得到

$$
\begin{aligned}
&\big[A_1^* \cos \theta - B_1^* \sin \theta (Ma_1^2 - 1) \big] P'_1 + \big[-A_1^* \sin \theta + B_1^* \cos \theta \big] D'_1 + E_1^* \frac{\partial \Gamma_1}{\partial \sigma} \\
&= \big[A_2^* \cos(\theta - \delta) - B_2^* (Ma_2^2 - 1) \sin(\theta - \delta) \big] P'_2 + \big[-A_2^* \sin(\theta - \delta) \\
&\quad + B_2^* \cos(\theta - \delta) \big] D'_2 + C^* \frac{\partial S_a}{\partial \sigma} + G^* \frac{\partial S_b}{\partial \sigma} + A_2^* P_2 \big\{ \big[(\gamma - 1) Ma_2^2 \\
&\quad + 2 \big] \Gamma_2 \sin(\theta - \delta) + \cos(\theta - \delta) P_2 (2 - Ma_2^2) \big\} \\
&\quad + B_2^* \sin(\theta - \delta) \Big[(Ma_2^2 - 1) P_2^2 (Ma_2^2 - 2) - P_2 \frac{\partial Ma_2^2}{\partial s} + \frac{S_b D_2 \cos \delta_2}{\cos \theta_1} \\
&\quad + \Big(\frac{S_b \sin \delta_2}{\cos \theta_1} \Big)^2 \Big] - A_1^* P_1 \big\{ \big[(\gamma - 1) Ma_1^2 + 2 \big] \Gamma_1 \sin \theta + \cos \theta P_1 (2 - Ma_1^2) \big\} \\
&\quad - B_1^* \sin \theta \Big[(Ma_1^2 - 1) P_1^2 (Ma_1^2 - 2) - P_1 \frac{\partial Ma_1^2}{\partial s} + \frac{S_b D_1 \cos \delta_1}{\cos \theta_1} + \Big(\frac{S_b \sin \delta_1}{\cos \theta_1} \Big)^2 \Big] \\
&\quad - P_1 \frac{\partial A_1^*}{\partial \sigma} - D_1 \frac{\partial B_1^*}{\partial \sigma} - \Gamma_1 \frac{\partial E_1^*}{\partial \sigma} + P_2 \frac{\partial A_2^*}{\partial \sigma} + D_2 \frac{\partial B_2^*}{\partial \sigma} + S_a \frac{\partial C^*}{\partial \sigma} + S_b \frac{\partial G^*}{\partial \sigma}
\end{aligned}
$$

其中,相关系数表达式如下:

$$
\frac{\partial A_2}{\partial \sigma} = \frac{\partial \dfrac{\sin \theta \cos \theta}{\sin(\theta - \delta)}}{\partial \sigma} = \frac{\sin(\theta - \delta) \cos(2\theta) \dfrac{\partial \theta}{\partial \sigma} - \sin \theta \cos \theta \cos(\theta - \delta) \dfrac{\partial(\theta - \delta)}{\partial \sigma}}{\sin^2(\theta - \delta)}
$$

$$\frac{\partial B_2}{\partial \sigma} = -\frac{\partial \dfrac{\sin\theta\cos\theta}{\cos(\theta-\delta)}}{\partial \sigma} = -\frac{\cos(\theta-\delta)\cos(2\theta)\dfrac{\partial\theta}{\partial\sigma} + \sin\theta\cos\theta\sin(\theta-\delta)\dfrac{\partial(\theta-\delta)}{\partial\sigma}}{\cos^2(\theta-\delta)}$$

$$\frac{\partial C}{\partial \sigma} = -\frac{4}{\gamma+1}\cos(2\theta)\frac{\partial\theta}{\partial\sigma}$$

$$\frac{\partial G}{\partial \sigma} = \frac{4}{\gamma+1}\frac{\partial \dfrac{\sin^2\theta\cos\theta\sin\delta_1}{\cos\theta_1}}{\partial\sigma}$$

$$= \frac{4}{\gamma+1}\frac{\sin^2\theta\cos\theta\cos\delta_1}{\cos\theta_1}\frac{\partial\delta_1}{\partial\sigma}$$

$$+ \frac{4}{\gamma+1}\sin^2\theta\sin\delta_1\frac{-\sin\theta\cos\theta_1\dfrac{\partial\theta}{\partial\sigma} + \cos\theta\sin\theta_1\dfrac{\partial(\delta_1+\theta)}{\partial\sigma}}{\cos^2\theta_1}$$

$$+ \frac{4}{\gamma+1}\frac{2\sin\theta\cos^2\theta\sin\delta_1}{\cos\theta_1}\frac{\partial\theta}{\partial\sigma}$$

$$\frac{\partial A_1}{\partial \sigma} = \frac{2}{\gamma+1}\frac{\partial\cos\theta\left[(3Ma_1^2-4)\sin^2\theta - \dfrac{\gamma-1}{2}\right]}{\partial\sigma}$$

$$= \frac{2}{\gamma+1}\left[3\cos\theta\sin^2\theta\frac{\partial Ma_1^2}{\partial\sigma} + 2\sin\theta\cos^2\theta(3Ma_1^2-4)\frac{\partial\theta}{\partial\sigma}\right.$$

$$\left. - \sin^3\theta(3Ma_1^2-4)\frac{\partial\theta}{\partial\sigma} + \frac{\gamma-1}{2}\sin\theta\frac{\partial\theta}{\partial\sigma}\right]$$

$$\frac{\partial E_1}{\partial \sigma} = -\frac{2}{\gamma+1}\frac{\partial\sin^3\theta[(\gamma-1)Ma_1^2+2]}{\partial\sigma}$$

$$= -\frac{2}{\gamma+1}\left\{(\gamma-1)\sin^3\theta\frac{\partial Ma_1^2}{\partial\sigma} + 3\sin^2\theta\cos\theta[(\gamma-1)Ma_1^2+2]\frac{\partial\theta}{\partial\sigma}\right\}$$

$$\frac{\partial B_1}{\partial \sigma} = \frac{2}{\gamma+1}\frac{\partial\sin\theta\left[\dfrac{\gamma-5}{2} + (4-Ma_1^2)\sin^2\theta\right]}{\partial\sigma}$$

$$= \frac{2}{\gamma+1}\left[\frac{\gamma-5}{2}\cos\theta\frac{\partial\theta}{\partial\sigma} + 3\sin^2\theta\cos\theta(4-Ma_1^2)\frac{\partial\theta}{\partial\sigma} - \sin^3\theta\frac{\partial Ma_1^2}{\partial\sigma}\right]$$

$$\frac{\partial A_2'}{\partial \sigma} = \frac{\partial \dfrac{\left[1 + (Ma_2^2 - 2)\sin^2(\theta - \delta)\right]\sin\theta\cos\theta}{\sin(\theta - \delta)\cos(\theta - \delta)}}{\partial \sigma}$$

$$= \frac{1}{\sin 2(\theta - \delta)}\left\{\sin(2\theta)\left[2(Ma_2^2 - 2)\sin(\theta - \delta)\cos(\theta - \delta)\frac{\partial(\theta - \delta)}{\partial \sigma}\right.\right.$$

$$\left.+ \sin^2(\theta - \delta)\frac{\partial Ma_2^2}{\partial \sigma}\right] + 2\cos(2\theta)\left[1 + (Ma_2^2 - 2)\sin^2(\theta - \delta)\right]\frac{\partial \theta}{\partial \sigma}\right\}$$

$$- \frac{\sin(2\theta)\left[1 + (Ma_2^2 - 2)\sin^2(\theta - \delta)\right]\cos\left[2(\theta - \delta)\right]}{2\sin^2(\theta - \delta)\cos^2(\theta - \delta)}\frac{\partial(\theta - \delta)}{\partial \sigma}$$

$$\frac{\partial B_2'}{\partial \sigma} = -\frac{\partial \sin(2\theta)}{\partial \sigma} = -2\cos(2\theta)\frac{\partial \theta}{\partial \sigma}$$

$$\frac{\partial C'}{\partial \sigma} = -\frac{\partial \dfrac{\sin(2\delta)}{2\cos(\theta - \delta)}}{\partial \sigma}$$

$$= -\frac{4\cos(\theta - \delta)\cos(2\delta)\dfrac{\partial \delta}{\partial \sigma} + 2\sin(2\delta)\sin(\theta - \delta)\dfrac{\partial(\theta - \delta)}{\partial \delta}}{4\cos^2(\theta - \delta)}$$

$$\frac{\partial A_1'}{\partial \sigma} = \frac{\partial\left[Ma_1^2\cos^2\theta\cos\delta - (Ma_1^2 - 1)\cos(2\theta + \delta)\right]}{\partial \sigma}$$

$$= -2\sin\theta\cos\theta Ma_1^2\cos\delta\frac{\partial \theta}{\partial \sigma} - \sin\delta Ma_1^2\cos^2\theta\frac{\partial \delta}{\partial \sigma} + \left[\cos\delta\cos^2\theta\right.$$

$$\left.- \cos(2\theta + \delta)\right]\frac{\partial Ma_1^2}{\partial \sigma} + \sin(2\theta + \delta)(Ma_1^2 - 1)\frac{\partial(2\theta + \delta)}{\partial \sigma}$$

$$\frac{\partial B_1'}{\partial \sigma} = -\frac{\partial\left[\sin(2\theta + \delta) + Ma_1^2\sin^2\theta\sin\delta\right]}{\partial \sigma}$$

$$= -\cos(2\theta + \delta)\frac{\partial(2\theta + \delta)}{\partial \sigma} - 2\sin\theta\cos\theta Ma_1^2\sin\delta\frac{\partial \theta}{\partial \sigma}$$

$$- Ma_1^2\sin^2\theta\cos\delta\frac{\partial \delta}{\partial \sigma} - \sin\delta\sin^2\theta\frac{\partial Ma_1^2}{\partial \sigma}$$

$$\frac{\partial E_1'}{\partial \sigma} = -\frac{\partial\left[2 + (\gamma - 1)Ma_1^2\right]\sin\delta\sin^2\theta}{\partial \sigma}$$

$$= -2\left[2 + (\gamma - 1)Ma_1^2\right]\sin\theta\cos\theta\sin\delta\frac{\partial\theta}{\partial\sigma} - \left[2 + (\gamma - 1)Ma_1^2\right]\sin^2\theta\cos\delta\frac{\partial\delta}{\partial\sigma}$$

$$- (\gamma - 1)\sin^2\theta\sin\delta\frac{\partial Ma_1^2}{\partial\sigma}$$

$$\frac{\partial G'}{\partial\sigma} = -\frac{\partial\dfrac{\sin\theta\cos\theta\tan(\theta - \delta)\sin\delta_2 - \sin(\theta + \delta)\sin\theta\sin\delta_1}{\cos\theta_1}}{\partial\sigma}$$

$$= -\frac{\sin\theta}{\cos\theta_1}\cos\theta\tan(\theta - \delta)\cos\delta_2\frac{\partial\delta_2}{\partial\sigma} - \frac{\sin\theta\cos\theta\sin\delta_2}{\cos\theta_1\cos^2(\theta - \delta)}\frac{\partial(\theta - \delta)}{\partial\sigma}$$

$$+ \frac{\sin^2\theta}{\cos\theta_1}\tan(\theta - \delta)\sin\delta_2\frac{\partial\theta}{\partial\sigma} + \Big[\sin(\theta + \delta)\sin\delta_1$$

$$- \cos\theta\tan(\theta - \delta)\sin\delta_2\Big]\frac{\cos\theta\cos\theta_1\dfrac{\partial\theta}{\partial\sigma} + \sin\theta\sin\theta_1\dfrac{\partial\theta_1}{\partial\sigma}}{\cos^2\theta_1}$$

$$+ \frac{\sin(\theta + \delta)}{\cos\theta_1}\sin\theta\cos\delta_1\frac{\partial\delta_1}{\partial\sigma} + \frac{\sin\theta}{\cos\theta_1}\sin\delta_1\cos(\theta + \delta)\frac{\partial(\theta + \delta)}{\partial\sigma}$$

$$\frac{\partial Ma_1^2}{\partial\sigma} = \frac{\partial\dfrac{\rho_1 v_1^2}{\gamma p_1}}{\partial\sigma} = \left[P_1\cos\theta + (\Gamma_1 - D_1)\sin\theta\right]\left[Ma_1^4(1 - \gamma) - 2Ma_1^2\right]$$

$$\frac{\partial Ma_2^2}{\partial\sigma} = \frac{\partial\dfrac{\rho_2 v_2^2}{\gamma p_2}}{\partial\sigma} = \left[P_2\cos(\theta - \delta) + (\Gamma_2 - D_2)\sin(\theta - \delta)\right]\left[Ma_2^4(1 - \gamma) - 2Ma_2^2\right]$$

$$\frac{\partial Ma_1^2}{\partial s} = \frac{1}{\gamma p_1}(-2\rho_1 v_1^2 P_1 + Ma_1^2\rho_1 v_1^2 P_1) - \frac{\rho_1^2 v_1^4 P_1}{\gamma P_1^2} = P_1 Ma_1^2(Ma_1^2 - \gamma Ma_1^2 - 2)$$

$$\frac{\partial Ma_2^2}{\partial s} = \frac{1}{\gamma p_2}(-2\rho_2 v_2^2 P_2 + Ma_2^2\rho_2 v_2^2 P_2) - \frac{\rho_2^2 v_2^4 P_2}{\gamma P_2^2} = P_2 Ma_2^2(Ma_2^2 - \gamma Ma_2^2 - 2)$$

$$\frac{\partial\theta}{\partial\sigma} = S_a + (Ma_1^2 - 1)\sin\theta P_1 - \cos\theta D_1 + \frac{\sin\theta\sin\delta_1}{\gamma}$$

$$= S_a + (Ma_1^2 - 1)\sin\theta P_1 - \cos\theta D_1 - \frac{S_b\sin\theta\sin\delta_1}{\cos\theta_1}$$

$$\frac{\partial(\theta - \delta)}{\partial \sigma} = S_a + (Ma_2^2 - 1)\sin(\theta - \delta)P_2 - \cos(\theta - \delta)D_2 + \frac{\sin(\theta - \delta)\sin\delta_2}{y}$$

$$= S_a + (Ma_2^2 - 1)\sin(\theta - \delta)P_2 - \cos(\theta - \delta)D_2 - \frac{S_b\sin(\theta - \delta)\sin\delta_2}{\cos\theta_1}$$

$$\frac{\partial\delta_1}{\partial\sigma} = \frac{\partial\theta_1}{\partial\sigma} - \frac{\partial\theta}{\partial\sigma} = -(Ma_1^2 - 1)\sin\theta P_1 + \cos\theta D_1 + \frac{S_b\sin\theta\sin\delta_1}{\cos\theta_1}$$

$$\frac{\partial\delta_2}{\partial\sigma} = \frac{\partial\delta}{\partial\sigma} + \frac{\partial\delta_1}{\partial\sigma} = \frac{\partial\theta}{\partial\sigma} - \frac{\partial(\theta - \delta)}{\partial\sigma} + \frac{\partial\delta_1}{\partial\sigma}$$

附录 E

均匀无旋的平面和轴对称流动系数

均匀无旋的平面对称流动系数如下所示：

$$J_a = \frac{B_2 C' - B_2' C}{A_2 B_2' - A_2' B_2}, \quad K_a = \frac{A_2' C - A_2 C'}{A_2 B_2' - A_2' B_2}$$

$$
\begin{aligned}
J_{pl}' = {} & \left[J_c' + J_c'' \frac{1 + (Ma_2^2 - 2)\sin^2(\theta - \delta)}{\cos(\theta - \delta)} \right] \frac{\sin\theta\cos\theta}{\sin(\theta - \delta)} J_a \\
& \times \left\{ \left[(\gamma - 1)Ma_2^2 + 2 \right] \frac{2\sin^2\delta}{\sin(2\theta)} - J_a\cos(\theta - \delta)(M_2^2 - 2) \right\} \\
& - \left[\frac{J_c'}{2\cos(\theta - \delta)} + J_c'' \right] (\gamma Ma_2^4 - Ma_2^2 + 2)\sin(2\theta)\sin(\theta - \delta)J_a^2 \\
& + J_c'' J_a \frac{\sin(2\theta)\sin^2(\theta - \delta)}{\sin 2(\theta - \delta)} \left[J_a\cos(\theta - \delta) + \frac{2\sin^2\delta}{\sin(2\theta)} - K_a\sin(\theta - \delta) \right] \left[Ma_2^4(1 \right. \\
& \left. - \gamma) - 2Ma_2^2 \right] + \left\{ J_c'' J_a \frac{\sin(2\theta)\left[(Ma_2^2)\sin^2(\theta - \delta) - 1 \right]}{2\sin^2(\theta - \delta)\cos^2(\theta - \delta)} \right. \\
& + J_c'' \left[\frac{\cos(2\delta) + \cos(2\theta)}{\cos(\theta - \delta)} - \frac{\sin(2\delta)\sin(\theta - \delta)}{2\cos^2(\theta - \delta)} \right] \\
& \left. - J_c'\sin(2\theta) \left[K_a \frac{\sin(\theta - \delta)}{2\cos^2(\theta - \delta)} + J_a \frac{\cos(\theta - \delta)}{2\sin^2(\theta - \delta)} \right] \right\} \\
& \times \left[1 + (Ma_2^2 - 1)\sin(\theta - \delta)J_a - \cos(\theta - \delta)K_a \right] \\
& + J_c' \left[\frac{J_a}{\sin(\theta - \delta)} - \frac{K_a}{\cos(\theta - \delta)} - \frac{4}{\gamma + 1} \right] \cos(2\theta) \\
& + J_c'' \left[\frac{\cos(2\theta)\cos(\theta - \delta)}{\sin(\theta - \delta)} J_a - \cos(2\theta)K_a - \frac{\cos(2\delta) + \cos(2\theta)}{\cos(\theta - \delta)} \right]
\end{aligned}
$$

$$K'_{pl} = \left[K'_c + K''_c \frac{1 + (Ma_2^2 - 2)\sin^2(\theta - \delta)}{\cos(\theta - \delta)} \right] \frac{\sin\theta\cos\theta}{\sin(\theta - \delta)} J_a$$

$$\times \left\{ \frac{2\sin^2\delta[(\gamma - 1)Ma_2^2 + 2]}{\sin(2\theta)} - J_a\cos(\theta - \delta)(Ma_2^2 - 2) \right\}$$

$$- \left[\frac{K'_c}{2\cos(\theta - \delta)} + K''_c \right] (\gamma Ma_2^4 - Ma_2^2 + 2)\sin(2\theta)\sin(\theta - \delta)J_a^2$$

$$+ K''_c J_a \frac{\sin(2\theta)\sin(\theta - \delta)}{\cos(\theta - \delta)} \Big[J_a\cos(\theta - \delta) - K_a\sin(\theta - \delta)$$

$$+ \frac{2\sin^2\delta}{\sin(2\theta)} \Big] [Ma_2^4(1 - \gamma) - 2Ma_2^2]$$

$$+ \left\{ K''_c \left[\frac{\cos(2\theta) + \cos(2\delta)}{\cos(\theta - \delta)} - \frac{\sin(2\delta)\sin(\theta - \delta)}{2\cos^2(\theta - \delta)} \right] \right.$$

$$\left. - K''_c J_a \frac{\sin(2\theta)[1 - \sin^2(\theta - \delta)Ma_2^2]}{2\sin^2(\theta - \delta)\cos^2(\theta - \delta)} \right.$$

$$\left. - K'_c\sin\theta\cos\theta \left[K_a \frac{\sin(\theta - \delta)}{\cos^2(\theta - \delta)} + J_a \frac{\cos(\theta - \delta)}{\sin^2(\theta - \delta)} \right] \right\}$$

$$\times \left[1 + (Ma_2^2 - 1)\sin(\theta - \delta)J_a - \cos(\theta - \delta)K_a \right]$$

$$+ K'_c\cos(2\theta) \left[\frac{J_a}{\sin(\theta - \delta)} - \frac{K_a}{\cos(\theta - \delta)} - \frac{4}{\gamma + 1} \right]$$

$$+ K''_c \left[\frac{\cos(2\theta)\cos(\theta - \delta)}{\sin(\theta - \delta)} J_a - \cos(2\theta)K_a - \frac{\cos(2\theta) + \cos(2\delta)}{\cos(\theta - \delta)} \right]$$

均匀无旋的轴对称流动系数如下所示：

$$J_b = \frac{B_2 G'}{A_2 B'_2 - A'_2 B_2}, \quad K_b = \frac{A_2 G'}{A_2 B'_2 - A'_2 B_2}$$

$$J'_{cs} = - \left\{ J'_c\cos(\theta - \delta) + J''_c[Ma_2^2\sin^2(\theta - \delta) + \cos 2(\theta - \delta)] \right\}$$

$$\times \frac{\sin\theta\cos\theta}{\sin(\theta - \delta)} J_b^2(Ma_2^2 - 2) - \left[\frac{J'_c}{2\cos(\theta - \delta)} + J''_c \right] \sin(2\theta)\sin(\theta$$

$$- \delta) \left[J_b^2 (\gamma Ma_2^4 - Ma_2^2 + 2) - \frac{\cos \delta}{\cos \theta} K_b + \left(\frac{\sin \delta}{\cos \theta} \right)^2 \right]$$

$$+ J_c'' J_b \frac{\sin(2\theta) \sin^2(\theta - \delta)}{\sin[2(\theta - \delta)]} [J_b \cos(\theta - \delta) + K_b \sin(\theta - \delta)] [Ma_2^4 (1$$

$$- \gamma) - 2Ma_2^2] + \left(\frac{J_c'' J_b \sin(2\theta)}{2\cos^2(\theta - \delta)} \left[Ma_2^2 - \frac{1}{\sin^2(\theta - \delta)} \right] \right.$$

$$+ \frac{J_c'' \sin \theta \{ \sin[2(\theta - \delta)] \cos \delta - 2\sin \delta \}}{2 \cos^2(\theta - \delta)}$$

$$\left. - J_c' \sin(2\theta) \left[\frac{\cos(\theta - \delta) J_b}{2 \sin^2(\theta - \delta)} - \frac{\sin(\theta - \delta) K_b}{2 \cos^2(\theta - \delta)} \right] \right)$$

$$\times \left\{ \left[(Ma_2^2 - 1) J_b - \frac{\sin \delta}{\cos \theta} \right] \sin(\theta - \delta) - \cos(\theta - \delta) K_b \right\}$$

$$K_{cs}' = \{ K_c' \cos(\theta - \delta) + K_c'' [1 + (Ma_2^2 - 2) \sin^2(\theta - \delta)] \} \frac{\sin \theta \cos \theta}{\sin(\theta - \delta)} (2$$

$$- Ma_2^2) J_b^2 - \left[\frac{K_c'}{2\cos(\theta - \delta)} + K_c'' \right] \sin(2\theta) \sin(\theta$$

$$- \delta) \left[(\gamma Ma_2^4 - Ma_2^2 + 2) J_b^2 - \frac{\cos \delta}{\cos \theta} K_b + \left(\frac{\sin \delta}{\cos \theta} \right)^2 \right]$$

$$+ K_c'' J_b \frac{\sin(2\theta) \sin(\theta - \delta)}{2\cos(\theta - \delta)} [J_b \cos(\theta - \delta) + K_b \sin(\theta - \delta)] [Ma_2^4 (1 - \gamma)$$

$$- 2Ma_2^2] + \left\{ K_c'' \frac{\sin(2\theta) [Ma_2^2 \sin^2(\theta - \delta) - 1] J_b}{2 \sin^2(\theta - \delta) \cos^2(\theta - \delta)} \right.$$

$$+ K_c'' \sin \theta \left[\frac{\sin(\theta - \delta) \cos \delta}{\cos(\theta - \delta)} - \frac{\sin \delta}{\cos^2(\theta - \delta)} \right]$$

$$\left. - K_c' \sin(2\theta) \left[\frac{\cos(\theta - \delta) J_b}{2 \sin^2(\theta - \delta)} - \frac{\sin(\theta - \delta) K_b}{2 \cos^2(\theta - \delta)} \right] \right\}$$

$$\times \left\{ \left[(Ma_2^2 - 1) J_b - \frac{\sin \delta}{\cos \theta} \right] \sin(\theta - \delta) + \cos(\theta - \delta) K_b \right\}$$

附录 F

三阶弯曲激波方程组完整表达式

$$A_{31}P''_1 + B_{31}D''_1 + E_{31}\Gamma''_1 = A_{32}P''_2 + B_{32}D''_2 + C_3S''_a + G_3S''_b + \text{const}_1$$

$$A'_{31}P''_1 + B'_{31}D''_1 + E'_{31}\Gamma''_1 = A'_{32}P''_2 + B'_{32}D''_2 + C'_3S''_a + G'_3S''_b + \text{const}_2$$

其中，Ma_1 表示来流马赫数；Ma_2 表示波后马赫数；θ 表示激波角；δ 表示气流偏转角；γ 表示比热比。

$$A_{31} = \frac{\cos\theta}{\gamma + 1}\{\cos^2\theta[2(3Ma_1^2 - 4)\sin^2\theta - \gamma + 1] + \sin^2\theta(Ma_1^2 - 1)[2(Ma_1^2$$

$$- 4)\sin^2\theta - \gamma + 5]\}$$

$$+ \frac{\sin\theta\sin(2\theta)(Ma_1^2 - 1)[(4Ma_1^2 - 8)\sin^2\theta - \gamma + 3]}{\gamma + 1}$$

$$B_{31} = -\frac{\sin\theta}{\gamma + 1}\{\cos^2\theta[2(3Ma_1^2 - 4)\sin^2\theta - \gamma + 1] + \sin^2\theta(Ma_1^2 - 1)[2(Ma_1^2$$

$$- 4)\sin^2\theta - \gamma + 5]\}$$

$$- \frac{\cos\theta\sin(2\theta)[(4Ma_1^2 - 8)\sin^2\theta - \gamma + 3]}{\gamma + 1}$$

$$E_{31} = -\frac{2\sin^3\theta[Ma_1^2(\gamma - 1) + 2]}{\gamma + 1}$$

$$A_{32} = \frac{\cos\theta\sin\theta\cos^2(\theta - \delta)}{\sin(\theta - \delta)} + \frac{3}{2}\sin(2\theta)\sin(\theta - \delta)(Ma_2^2 - 1)$$

$$B_{32} = \frac{\cos\theta\sin\theta\sin^2(\theta - \delta)(Ma_2^2 - 1)}{\cos(\theta - \delta)} + \frac{3}{2}\sin(2\theta)\cos(\theta - \delta)$$

$$C_3 = -\frac{2\sin(2\theta)}{\gamma + 1}$$

$$G_3 = \frac{4\cos\theta\sin\delta_1\sin^2\theta}{(\gamma + 1)\cos\theta_1}$$

$$
\begin{aligned}
\mathrm{const}_1 =\ & \left(P_2\frac{\partial\Gamma_2}{\partial\sigma} + \Gamma_2\left\{[P_2' + P_2^2(2 - Ma_2^2)]\cos(\theta - \delta) + [-D_2' \right.\right.\\
& + (\gamma - 1)P_2 Ma_2^2\Gamma_2 + 2P_2\Gamma_2]\sin(\theta - \delta)\Big\}\bigg) \times \cos\theta\sin\theta\big[(\gamma - 1)Ma_2^2\\
& + 2\big] - P_2\Gamma_2\left\{\frac{(1 - \gamma)\sin(2\theta)}{2}\frac{\partial Ma_2^2}{\partial\sigma} - \cos(2\theta)[(\gamma - 1)Ma_2^2 + 2]\frac{\partial\theta}{\partial\sigma}\right\}\\
& + \left[\frac{\cos(2\theta)}{\sin(\theta - \delta)}\frac{\partial\theta}{\partial\sigma} - \frac{\sin\theta\cos\theta\cos(\theta - \delta)}{\sin^2(\theta - \delta)}\frac{\partial(\theta - \delta)}{\partial\sigma}\right]\\
& \times \left\{[P_2' + P_2^2(2 - Ma_2^2)]\cos(\theta - \delta) + [-D_2' + (\gamma - 1)P_2 Ma_2^2\Gamma_2 \right.\\
& + 2P_2\Gamma_2]\sin(\theta - \delta)\Big\} + P_2\left\{\frac{\cos(2\theta)}{\sin(\theta - \delta)}\frac{\partial^2\theta}{\partial\sigma^2} - \frac{2\sin(2\theta)}{\sin(\theta - \delta)}\left(\frac{\partial\theta}{\partial\sigma}\right)^2\right.\\
& + \frac{\sin\theta\cos\theta}{\sin(\theta - \delta)}\left[\frac{\partial(\theta - \delta)}{\partial\sigma}\right]^2 - \frac{\cos(2\theta)\cos(\theta - \delta)}{\sin^2(\theta - \delta)}\frac{\partial\theta}{\partial\sigma}\frac{\partial(\theta - \delta)}{\partial\sigma}\bigg\}\\
& - \frac{\cos(2\theta)\cos(\theta - \delta)}{\sin^2(\theta - \delta)}\frac{\partial\theta}{\partial\sigma}\frac{\partial(\theta - \delta)}{\partial\sigma} - \frac{\sin\theta\cos\theta\cos(\theta - \delta)}{\sin^2(\theta - \delta)}\left[\frac{\partial(\theta - \delta)}{\partial\sigma}\right]^2\\
& + \frac{\sin(2\theta)\cos^2(\theta - \delta)}{\sin^3(\theta - \delta)}\left[\frac{\partial(\theta - \delta)}{\partial\sigma}\right]^2 + P_2\left[\frac{\cos\theta\sin\theta}{\cos^2(\theta - \delta)}\frac{\partial Ma_2^2}{\partial s}\frac{\partial(\theta - \delta)}{\partial\sigma}\right.\\
& + \frac{\cos2\theta\sin(\theta - \delta)}{\cos(\theta - \delta)}\frac{\partial Ma_2^2}{\partial s}\frac{\partial\theta}{\partial\sigma} + \frac{\cos\theta\sin\theta\sin(\theta - \delta)}{\cos(\theta - \delta)}\frac{\partial^2 Ma_2^2}{\partial s\partial\sigma}\bigg]\\
& - D_2\left[\frac{\cos\delta_2\cos\theta\sin\theta S_b}{\cos\theta_1\cos^2(\theta - \delta)}\frac{\partial(\theta - \delta)}{\partial\sigma} + \frac{S_b\cos\delta_2\cos(2\theta)\sin(\theta - \delta)}{\cos\theta_1\cos(\theta - \delta)}\frac{\partial\theta}{\partial\sigma}\right.\\
& + \frac{\cos\delta_2\cos\theta\sin\theta\sin(\theta - \delta)}{\cos\theta_1\cos(\theta - \delta)}\frac{\partial S_b}{\partial\sigma}\bigg] - \frac{\cos\theta\sin\theta\sin\delta_2\sin(\theta - \delta)S_b}{\cos\theta_1\cos(\theta - \delta)}\frac{\partial\delta_2}{\partial\sigma}\\
& + \frac{S_b\cos\delta_2\cos\theta\sin\theta\sin\theta_1\sin(\theta - \delta)}{\cos^2\theta_1\cos(\theta - \delta)}\frac{\partial\theta_1}{\partial\sigma}
\end{aligned}
$$

$$\cos\theta\sin\theta\sin(\theta-\delta)\left\{\left[P_2'+P_2^2(2-Ma_2^2)\right]\cos(\theta-\delta)\right.$$

$$+\frac{+\left[-D_2'+(\gamma-1)P_2Ma_2^2\varGamma_2+2P_2\varGamma_2\right]\sin(\theta-\delta)\Big\}}{\cos(\theta-\delta)}\frac{\partial Ma_2^2}{\partial s}$$

$$-\frac{\cos\theta\sin\theta\,\sin^2\delta_2S_b^2}{\cos^2\theta_1\,\cos^2(\theta-\delta)}\frac{\partial(\theta-\delta)}{\partial\sigma}-\frac{\cos(2\theta)\,\sin^2\delta_2\sin(\theta-\delta)S_b^2}{\cos^2\theta_1\cos(\theta-\delta)}\frac{\partial\theta}{\partial\sigma}$$

$$-\left(D_2'\cos(\theta-\delta)+\left\{-P_2\frac{\partial Ma_2^2}{\partial s}-(Ma_2^2-1)\left[P_2'+P_2^2(2-Ma_2^2)\right]\right.\right.$$

$$+\frac{S_bD_2\cos\delta_2}{\cos\theta_1}+\left(\frac{S_b\sin\delta_2}{\cos\theta_1}\right)^2\Bigg\}\sin(\theta-\delta)\Bigg)$$

$$\times\frac{S_b\cos\delta_2\cos\theta\sin\theta\sin(\theta-\delta)}{\cos\theta_1\cos(\theta-\delta)}-\frac{S_b\sin(2\theta)\,\sin^2\delta_2\sin(\theta-\delta)}{\cos^2\theta_1\cos(\theta-\delta)}\frac{\partial S_b}{\partial\sigma}$$

$$-\frac{S_b^2\sin(2\theta)\sin\delta_2\cos\delta_2\sin(\theta-\delta)}{\cos^2\theta_1\cos(\theta-\delta)}\frac{\partial\delta_2}{\partial\sigma}$$

$$-\frac{S_b^2\sin(2\theta)\,\sin^2\delta_2\sin\theta_1\sin(\theta-\delta)}{\cos^3\theta_1\cos(\theta-\delta)}\frac{\partial\theta_1}{\partial\sigma}$$

$$-\left[\frac{\cos(2\theta)}{\cos(\theta-\delta)}\frac{\partial\theta}{\partial\sigma}+\frac{\cos\theta\sin\theta\sin(\theta-\delta)}{\cos^2(\theta-\delta)}\frac{\partial(\theta-\delta)}{\partial\sigma}\right]\times\left[D_2'\cos(\theta-\delta)\right.$$

$$+\left(\left\{-P_2\frac{\partial Ma_2^2}{\partial s}-(Ma_2^2-1)\left[P_2'+P_2^2(2-Ma_2^2)\right]+\frac{S_bD_2\cos\delta_2}{\cos\theta_1}\right.\right.$$

$$+\left(\frac{S_b\sin\delta_2}{\cos\theta_1}\right)^2\Bigg\}\Bigg)\sin(\theta-\delta)\Bigg]-D_2\left\{\frac{2\cos(2\theta)\sin(\theta-\delta)}{\cos^2(\theta-\delta)}\frac{\partial(\theta-\delta)}{\partial\sigma}\frac{\partial\theta}{\partial\sigma}\right.$$

$$+\frac{\cos(2\theta)}{\cos(\theta-\delta)}\frac{\partial^2\theta}{\partial\sigma^2}-\frac{2\sin2\theta}{\cos(\theta-\delta)}\left(\frac{\partial\theta}{\partial\sigma}\right)^2+\frac{\cos\theta\sin\theta}{\cos(\theta-\delta)}\left[\frac{\partial(\theta-\delta)}{\partial\sigma}\right]^2$$

$$+\frac{\cos\theta\sin\theta\sin(\theta-\delta)}{\cos^2(\theta-\delta)}\left[\frac{\partial(\theta-\delta)}{\partial\sigma}\right]^2$$

$$+\frac{\sin(2\theta)\,\sin^2(\theta-\delta)}{\cos^3(\theta-\delta)}\left[\frac{\partial(\theta-\delta)}{\partial\sigma}\right]^2\Bigg\}$$

$$+S_a\left[\frac{4\cos(2\theta)}{\gamma+1}\frac{\partial^2\theta}{\partial\sigma^2}-\frac{8\sin(2\theta)}{\gamma+1}\left(\frac{\partial\theta}{\partial\sigma}\right)^2\right]+\frac{4\cos(2\theta)}{\gamma+1}\frac{\partial S_a}{\partial\sigma}\frac{\partial\theta}{\partial\sigma}$$

$$+ \frac{4S_b \sin\theta}{(\gamma+1)\cos\theta_1}\left[\cos\delta_1\cos\theta\sin\theta\frac{\partial^2\delta_1}{\partial\sigma^2} - \sin\delta_1\sin^2\theta\frac{\partial^2\theta}{\partial\sigma^2}\right.$$

$$+ 2\cos^2\theta\sin\delta_1\frac{\partial^2\theta}{\partial\sigma^2} + 2S_a\cos\delta_1\cos\theta\sin\theta\tan\theta_1\frac{\partial\delta_1}{\partial\sigma} + 2\cos\delta_1\cos^2\theta\frac{\partial\theta}{\partial\sigma}\frac{\partial\delta_1}{\partial\sigma}$$

$$+ 2\cos\delta_1\cos(2\theta)\frac{\partial\theta}{\partial\sigma}\frac{\partial\delta_1}{\partial\sigma} + S_a^2\cos\theta\sin\delta_1\sin\theta + 2S_a^2\cos\theta\sin\delta_1\sin\theta\tan^2\theta_1\left.\right]$$

$$+ \frac{4S_b\sin\delta}{(\gamma+1)\cos\theta_1}\left\{2\cos^3\theta_1\left(\frac{\partial\theta}{\partial\sigma}\right)^2 - 7\cos\theta\sin^2\theta\left(\frac{\partial\theta}{\partial\sigma}\right)^2\right.$$

$$- \cos\theta\sin^2\theta\left(\frac{\partial\delta_1}{\partial\sigma}\right)^2 + 2S_a[\cos(2\theta)+\cos^2\theta]\sin\theta\tan\theta_1\frac{\partial\theta}{\partial\sigma}$$

$$+ \cos\theta\sin^2\theta\tan\theta_1\frac{\partial S_a}{\partial\sigma}\left.\right\} + \frac{4\sin\theta}{(\gamma+1)\cos\theta_1}\frac{\partial S_b}{\partial\sigma}\left(\cos\delta_1\cos\theta\sin\theta\frac{\partial\delta_1}{\partial\sigma}\right.$$

$$- \sin\delta_1\sin^2\theta\frac{\partial\theta}{\partial\sigma} + 2\cos^2\theta\sin\delta_1\frac{\partial\theta}{\partial\sigma} + S_a\cos\theta\sin\delta_1\sin\theta\tan\theta_1\left.\right)$$

$$+ \frac{\sin(2\theta)}{2(\gamma+1)}\left(P_1\frac{\partial\Gamma_1}{\partial\sigma} + \Gamma_1\{[P_1'+P_1^2(2-Ma_1^2)]\cos\theta + [-D_1'+(\gamma\right.$$

$$-1)P_1Ma_1^2\Gamma_1 + 2P_1\Gamma_1]\sin\theta\}\left.\right) \times [Ma_1^2(\gamma-1)+2](\gamma-1+8\sin^2\theta$$

$$- 6Ma_1^2\sin^2\theta) - \frac{P_1\Gamma_1}{2(\gamma+1)}\left((\gamma-1+8\sin^2\theta-6Ma_1^2\sin^2\theta)\{\sin(2\theta)(1\right.$$

$$-\gamma)\frac{\partial Ma_1^2}{\partial\sigma} - 2\cos(2\theta)[Ma_1^2(\gamma-1)+2]\frac{\partial\theta}{\partial\sigma}\} + \sin(2\theta)[Ma_1^2(\gamma-1)$$

$$+2]\left[6\sin^2\theta\frac{\partial Ma_1^2}{\partial\sigma} + (12Ma_1^2-16)\cos\theta\sin\theta\frac{\partial\theta}{\partial\sigma}\right]\left.\right) - \frac{P_1}{\gamma+1}\left(\sin\theta\{(\gamma\right.$$

$$-1) + 2[\cos^2\theta+\cos(2\theta)](3Ma_1^2-4)\}\frac{\partial^2\theta}{\partial\sigma^2} + 6\cos\theta\sin^2\theta\frac{\partial^2 Ma_1^2}{\partial\sigma^2}$$

$$+ \frac{\partial\theta}{\partial\sigma}\{4(3Ma_1^2-4)\cos^3\theta\frac{\partial\theta}{\partial\sigma} - 14(3Ma_1^2-4)\cos\theta\sin^2\theta\frac{\partial\theta}{\partial\sigma} + (\gamma$$

$$-1)\cos\theta\frac{\partial\theta}{\partial\sigma} + 12\sin\theta[\cos^2\theta+\cos(2\theta)]\frac{\partial Ma_1^2}{\partial\sigma}\}\left.\right) - \{[P_1'+P_1^2(2$$

$$- Ma_1^2) \big] \cos\theta + \big[- D_1' + (\gamma - 1)P_1 Ma_1^2 \Gamma_1 + 2P_1 \Gamma_1 \big] \sin\theta \big\}$$

$$\times \left[\frac{(\gamma - 1)\sin\theta - 2\sin^3\theta(3Ma_1^2 - 4) + 4\cos^2\theta\sin\theta(3Ma_1^2 - 4)}{\gamma + 1} \frac{\partial\theta}{\partial\sigma} \right.$$

$$+ \left. \frac{6\cos\theta\sin^2\theta}{\gamma + 1} \frac{\partial Ma_1^2}{\partial\sigma} \right] + \left[\frac{2\sin^3\theta}{\gamma + 1} \frac{\partial Ma_1^2}{\partial\sigma} \right.$$

$$\left. - \frac{(\gamma - 5)\cos\theta - 3\sin(2\theta)\sin\theta(Ma_1^2 - 4)}{\gamma + 1} \frac{\partial\theta}{\partial\sigma} \right] \times \left(D_1'\cos\theta + \Big\{ - P_1 \frac{\partial Ma_1^2}{\partial s} \right.$$

$$\left. - (Ma_1^2 - 1)\big[P_1' + P_1^2(2 - Ma_1^2) \big] + \frac{S_b D_1 \cos\delta_1}{\cos\theta_1} + \left(\frac{S_b \sin\delta_1}{\cos\theta_1} \right)^2 \Big\} \sin\theta \right)$$

$$+ D_1 \left[\frac{2\sin^3\theta}{\gamma + 1} \frac{\partial^2 Ma_1^2}{\partial\sigma^2} - \frac{(\gamma - 5)\cos\theta - 3\sin(2\theta)\sin\theta(Ma_1^2 - 4)}{\gamma + 1} \frac{\partial^2\theta}{\partial\sigma^2} \right.$$

$$+ \frac{3\sin(2\theta)\sin\theta}{\gamma + 1} \frac{\partial Ma_1^2}{\partial\sigma} \frac{\partial\theta}{\partial\sigma}$$

$$6(Ma_1^2 - 4)\cos\theta\sin(2\theta) \frac{\partial\theta}{\partial\sigma} + 3\sin(2\theta)\sin\theta \frac{\partial Ma_1^2}{\partial\sigma}$$

$$+ \frac{-6(Ma_1^2 - 4)\sin^3\theta \dfrac{\partial\theta}{\partial\sigma} + (\gamma - 5)\sin\theta \dfrac{\partial\theta}{\partial\sigma}}{\gamma + 1} \frac{\partial\theta}{\partial\sigma} \right]$$

$$+ \Gamma_1 \left(\frac{\partial\theta}{\partial\sigma} \Big\{ \frac{3\sin(2\theta)\sin\theta(\gamma - 1)}{\gamma + 1} \frac{\partial Ma_1^2}{\partial\sigma} - \frac{6\sin^3\theta\big[Ma_1^2(\gamma - 1) + 2 \big]}{\gamma + 1} \frac{\partial\theta}{\partial\sigma} \right.$$

$$+ \left. \frac{6\sin(2\theta)\cos\theta\big[Ma_1^2(\gamma - 1) + 2 \big]}{\gamma + 1} \frac{\partial\theta}{\partial\sigma} \Big\} + \frac{2(\gamma - 1)\sin^3\theta}{\gamma + 1} \frac{\partial^2 Ma_1^2}{\partial\sigma^2} \right.$$

$$+ \frac{3\sin\theta\sin(2\theta)\big[Ma_1^2(\gamma - 1) + 2 \big]}{\gamma + 1} \frac{\partial^2\theta}{\partial\sigma^2}$$

$$+ \left. \frac{3\sin\theta\sin(2\theta)(\gamma - 1)}{\gamma + 1} \frac{\partial\theta}{\partial\sigma} \frac{\partial Ma_1^2}{\partial\sigma} \right)$$

$$+ \frac{\partial\Gamma_1}{\partial\sigma} \Big\{ \frac{2\sin^3\theta(\gamma - 1)}{\gamma + 1} \frac{\partial Ma_1^2}{\partial\sigma} + \frac{3\sin\theta\sin(2\theta)\big[Ma_1^2(\gamma - 1) + 2 \big]}{\gamma + 1} \frac{\partial\theta}{\partial\sigma} \Big\}$$

$$- \sin\theta \left(\Big\{ P_1 \frac{\partial\Gamma_1}{\partial s} + \big[P_1' + P_1^2(2 - Ma_1^2) \big] \Gamma_1 \Big\} \big[(\gamma - 1)Ma_1^2 + 2 \big] \right.$$

$$+ (\gamma - 1) P_1 \frac{\partial Ma_1^2}{\partial s} \Gamma_1 \Big) \times \Big\{ \frac{\cos^2\theta [2(3Ma_1^2 - 4)\sin^2\theta - \gamma + 1]}{\gamma + 1}$$

$$+ \frac{\sin^2\theta (Ma_1^2 - 1)[2(Ma_1^2 - 4)\sin^2\theta - \gamma + 5]}{\gamma + 1} \Big\}$$

$$- \frac{P_1' + P_1^2(2 - Ma_1^2)}{\gamma + 1} \Big\{ (11 - \gamma)\sin^2\theta \frac{\partial Ma_1^2}{\partial \sigma} - 4\sin^4\theta (4 - Ma_1^2) \frac{\partial Ma_1^2}{\partial \sigma}$$

$$+ [4(8 - 8Ma_1^2 + Ma_1^4)\sin^2\theta - 14 + 11Ma_1^2 + 2\gamma - \gamma Ma_1^2]\sin(2\theta)\frac{\partial \theta}{\partial \sigma} \Big\}$$

$$+ D_1' \Big\{ \frac{\sin(2\theta)}{\gamma + 1} \Big[4\sin^2\theta \frac{\partial Ma_1^2}{\partial \sigma} + 4(Ma_1^2 - 2)\sin(2\theta)\frac{\partial \theta}{\partial \sigma} \Big]$$

$$- \frac{2\cos(2\theta)}{\gamma + 1}(\gamma + 8\sin^2\theta - 4Ma_1^2\sin^2\theta - 3)\frac{\partial \theta}{\partial \sigma} \Big\}$$

$$+ \frac{\sin\theta\sin(2\theta)[(4Ma_1^2 - 8)\sin^2\theta - \gamma + 3]}{\gamma + 1}$$

$$\times \Big\{ \frac{2S_b^3\sin^3\delta_1}{\cos^3\theta_1} - 2[P_1' + P_1^2(2 - Ma_1^2)]\frac{\partial Ma_1^2}{\partial s} - P_1\frac{\partial^2 Ma_1^2}{\partial s^2}$$

$$+ \frac{S_b D_1'\cos\delta_1}{\cos\theta_1} - \frac{D_1^2 S_b\sin\delta_1}{\cos\theta_1} + \frac{3D_1 S_b^2\cos\delta_1\sin\delta_1}{\cos^2\theta_1} \Big\}$$

$$+ \frac{\partial \Gamma_1}{\partial \sigma} \frac{2(\gamma - 1)\sin^3\theta \frac{\partial Ma_1^2}{\partial \sigma} + 6\cos\theta\sin^2\theta [Ma_1^2(\gamma - 1) + 2]\frac{\partial \theta}{\partial \sigma}}{\gamma + 1}$$

$$+ \Big[\cos\theta\sin\theta\cos(\theta - \delta) + \frac{\cos\theta\sin\theta\sin^2(\theta - \delta)(Ma_2^2 - 1)}{\cos(\theta - \delta)} \Big]$$

$$\times \Big(\Big\{ P_2\frac{\partial \Gamma_2}{\partial s} + [P_2' + P_2^2(2 - Ma_2^2)]\Gamma_2 \Big\}[(\gamma - 1)Ma_2^2 + 2]$$

$$+ (\gamma - 1)P_2\Gamma_2\frac{\partial Ma_2^2}{\partial s} \Big) + [P_2' + P_2^2(2 - Ma_2^2)]\Big(\Big\{ \sin^2(\theta - \delta)\frac{\partial Ma_2^2}{\partial \sigma}$$

$$+ (Ma_2^2 - 2)\sin[2(\theta - \delta)]\frac{\partial(\theta - \delta)}{\partial \sigma} \Big\} \times \frac{\cos\theta\sin\theta}{\cos(\theta - \delta)\sin(\theta - \delta)}$$

$$+ [Ma_2^2\sin^2(\theta - \delta) - 2\sin^2(\theta - \delta) + 1]$$

$$\times \left\{ \frac{\cos(2\theta)}{\cos(\theta-\delta)\sin(\theta-\delta)} \frac{\partial\theta}{\partial\sigma} - \frac{\cos[2(\theta-\delta)]\cos\theta\sin\theta}{\cos^2(\theta-\delta)\sin^2(\theta-\delta)} \frac{\partial(\theta-\delta)}{\partial\sigma} \right\} \right)$$

$$- 2D_2'\cos(2\theta)\frac{\partial\theta}{\partial\sigma} - \sin(2\theta)\sin(\theta-\delta)$$

$$\times \left\{ \frac{2S_b^3\sin^3\delta_2}{\cos^3\theta_1} - 2[P_2' + P_2^2(2-Ma_2^2)]\frac{\partial Ma_2^2}{\partial s} - P_2\frac{\partial^2 Ma_2^2}{\partial s^2} + \frac{S_b D_2'\cos\delta_2}{\cos\theta_1} \right.$$

$$- \frac{D_2^2 S_b\sin\delta_2}{\cos\theta_1} + \frac{3D_2 S_b^2\cos\delta_2\sin\delta_2}{\cos^2\theta_1} \left. \right\} + \frac{\partial S_b}{\partial\sigma}\left[\frac{4\cos\theta\sin^2\theta\cos\delta_1}{(\gamma+1)\cos\theta_1} \frac{\partial\delta_1}{\partial\sigma} \right.$$

$$- \frac{4\sin\delta_1\sin^3\theta}{(\gamma+1)\cos\theta_1}\frac{\partial\theta}{\partial\sigma} + \frac{8\cos^2\theta\sin\delta_1\sin\theta}{(\gamma+1)\cos\theta_1}\frac{\partial\theta}{\partial\sigma}$$

$$+ \frac{4\cos\theta\sin\delta_1\sin^2\theta\sin\theta_1}{(\gamma+1)\cos^2\theta_1}\frac{\partial\delta_1}{\partial\sigma} \left. \right] - \frac{\partial S_a}{\partial\sigma}\left[\frac{4\cos(2\theta)}{\gamma+1}\frac{\partial\theta}{\partial\sigma} \right] - \left(\frac{\cos\theta}{\gamma+1} \right.$$

$$\times \left\{ \cos^2\theta[2(3Ma_1^2-4)\sin^2\theta-\gamma+1] + \sin^2\theta(Ma_1^2-1)[2(Ma_1^2 \right.$$

$$-4)\sin^2\theta-\gamma+5] \left. \right\}$$

$$+ \frac{\sin\theta\sin(2\theta)(Ma_1^2-1)[(4Ma_1^2-8)\sin^2\theta-\gamma+3]}{\gamma+1} \left. \right)$$

$$\times \left\{ 3(2-Ma_1^2)P_1 P_1' + P_1^3[2(Ma_1^2-2)^2 - Ma_1^3(Ma_1^2-\gamma Ma_1^2-2)] \right\}$$

$$+ \left[\frac{\cos\theta\sin\theta\cos^2(\theta-\delta)}{\sin(\theta-\delta)} + \frac{3}{2}\sin(2\theta)\sin(\theta-\delta)(Ma_2^2-1) \right]$$

$$\times \left\{ 3(2-Ma_2^2)P_2 P_2' + P_2^3[2(Ma_2^2-2)^2 - Ma_2^3(Ma_2^2-\gamma Ma_2^2-2)] \right\}$$

$$A_{31}' = -[\cos(3\theta+\delta)(Ma_1^2-1) - Ma_1^2\cos\delta\cos^3\theta - (Ma_1^2-1)Ma_1^2\sin\delta\sin^3\theta]\cos\theta$$

$$- (Ma_1^2-1)\{Ma_1^2\sin\theta[\cos(2\theta+\delta) - \cos\theta\cos(\theta-\delta)] - \sin(3\theta+\delta)\}\sin\theta$$

$$B_{31}' = [\cos(3\theta+\delta)(Ma_1^2-1) - Ma_1^2\cos\delta\cos^3\theta - (Ma_1^2-1)Ma_1^2\sin\delta\sin^3\theta]\sin\theta$$

$$+ \{Ma_1^2\sin\theta[\cos(2\theta+\delta) - \cos\theta\cos(\theta-\delta)] - \sin(3\theta+\delta)\}\cos\theta$$

$$E_{31}' = -\sin\delta\sin^2\theta[Ma_1^2(\gamma-1)+2]$$

$$A_{32}' = \left[\cos\theta\sin\theta\sin(\theta-\delta)(5Ma_2^2-6) + \frac{\cos\theta\sin\theta}{\sin(\theta-\delta)} \right]\cos(\theta-\delta)$$

$$+ \cos\theta\sin\theta\tan(\theta-\delta)[(Ma_2^2-2)\sin^2(\theta-\delta)+1](Ma_2^2-1)$$

$$B'_{32} = -2\sin(2\theta)\left[\sin^2(\theta - \delta)(Ma_2^2 - 1) + \cos^2(\theta - \delta)\right]$$

$$C'_3 = -\frac{\sin(2\delta)}{2\cos(\theta - \delta)}$$

$$G'_3 = \frac{\sin(\theta + \delta)\sin\delta_1\sin\theta - \cos\theta\sin\theta\sin\delta_2\tan(\theta - \delta)}{\cos\theta_1}$$

$$\text{const}_2 = P_2\Gamma_2\left(\frac{\sin(2\theta)}{\cos(\theta - \delta)}\left\{\sin^2(\theta - \delta)\left[1 + (Ma_2^2 - 1)(\gamma - 1)\right] + \frac{\gamma - 1}{2}\right\}\right.$$

$$+ \left[Ma_2^2(\gamma - 1) + 2\right]\frac{\partial Ma_2^2}{\partial\sigma}$$

$$\times \left\{\frac{\sin(2\theta)\sin(\theta - \delta)\left[Ma_2^2 - 1 + (Ma_2^2 - 2)\cos^2(\theta - \delta)\right]}{2\cos^2(\theta - \delta)}\frac{\partial(\theta - \delta)}{\partial\sigma}\right.$$

$$\left.\left.+ \frac{\cos(2\theta)\left[(Ma_2^2 - 2)\sin^2(\theta - \delta) + 1\right]}{\cos(\theta - \delta)}\frac{\partial\theta}{\partial\sigma}\right\}\right)$$

$$+ \frac{\cos\theta\sin\theta\left[(Ma_2^2 - 2)\sin^2(\theta - \delta) + 1\right]\left[Ma_2^2(\gamma - 1) + 2\right]}{\cos(\theta - \delta)}$$

$$\times \left(P_2\frac{\partial\Gamma_2}{\partial\sigma} + \Gamma_2\left\{\left[P'_2 + P_2^2(2 - Ma_2^2)\right]\cos(\theta - \delta) + \left[-D'_2\right.\right.\right.$$

$$\left.\left.\left.+ (\gamma - 1)P_2 Ma_2^2\Gamma_2 + 2P_2\Gamma_2\right]\sin(\theta - \delta)\right\}\right)$$

$$- P_2\frac{\partial(\theta - \delta)}{\partial\sigma}\left\{\frac{\sin(2\theta)}{\cos^2(\theta - \delta)}\frac{\partial Ma_2^2}{\partial\sigma}\right.$$

$$+ \frac{2\sin(2\theta)\left[\cos 2(\theta - \delta) + Ma_2^2\sin^4(\theta - \delta)\right]}{\cos^2(\theta - \delta)\sin^2(\theta - \delta)\sin 2(\theta - \delta)}\frac{\partial(\theta - \delta)}{\partial\sigma}$$

$$\left.+ \frac{\cos(2\theta)\left[Ma_2^2\sin^2(\theta - \delta) - 1\right]}{\cos^2(\theta - \delta)\sin^2(\theta - \delta)}\frac{\partial\theta}{\partial\sigma}\right\}$$

$$+ P_2\left\{\frac{4\sin(2\theta)\left[(Ma_2^2 - 2)\sin^2(\theta - \delta) + 1\right]}{\sin 2(\theta - \delta)}\frac{\partial\theta}{\partial\sigma}\right.$$

$$- \frac{2\cos(2\theta)\sin(\theta - \delta)}{\cos(\theta - \delta)}\frac{\partial Ma_2^2}{\partial\sigma}$$

$$+ \frac{[1 - Ma_2^2 \sin^2(\theta - \delta)]\cos(2\theta)}{\cos^2(\theta - \delta)\sin^2(\theta - \delta)} \frac{\partial(\theta - \delta)}{\partial \sigma}\bigg\} \frac{\partial \theta}{\partial \sigma}$$

$$- P_2\bigg\{ \frac{\sin(2\theta)[Ma_2^2 \sin^2(\theta - \delta) - 1]}{2\cos^2(\theta - \delta)\sin^2(\theta - \delta)} \frac{\partial^2(\theta - \delta)}{\partial \sigma^2}$$

$$+ \frac{2\cos(2\theta)[(Ma_2^2 - 2)\sin^2(\theta - \delta) + 1]}{\sin[2(\theta - \delta)]} \frac{\partial^2 \theta}{\partial \sigma^2}$$

$$+ \frac{\sin(2\theta)\sin^2(\theta - \delta)}{\sin[2(\theta - \delta)]} \frac{\partial^2 Ma_2^2}{\partial \sigma^2}\bigg\} - \{[P_2' + P_2^2(2 - Ma_2^2)]\cos(\theta - \delta)$$

$$+ [-D_2' + (\gamma - 1)P_2 Ma_2^2 \Gamma_2 + 2P_2 \Gamma_2]\sin(\theta - \delta)\}$$

$$\times \bigg\{ \frac{\sin(2\theta)[Ma_2^2 \sin^2(\theta - \delta) - 1]}{2\cos^2(\theta - \delta)\sin^2(\theta - \delta)} \frac{\partial(\theta - \delta)}{\partial \sigma}$$

$$+ \frac{\sin(2\theta)\sin^2(\theta - \delta)}{\sin[2(\theta - \delta)]} \frac{\partial Ma_2^2}{\partial \sigma}$$

$$+ \frac{2\cos(2\theta)[(Ma_2^2 - 2)\sin^2(\theta - \delta) + 1]}{\sin[2(\theta - \delta)]} \frac{\partial \theta}{\partial \sigma}\bigg\}$$

$$+ P_2\bigg[\sin(2\theta)\sin(\theta - \delta) \frac{\partial^2 Ma_2^2}{\partial s \partial \sigma} + \sin(2\theta)\cos(\theta - \delta) \frac{\partial Ma_2^2}{\partial s} \frac{\partial(\theta - \delta)}{\partial \sigma}$$

$$+ 2\cos(2\theta)\sin(\theta - \delta) \frac{\partial Ma_2^2}{\partial s} \frac{\partial \theta}{\partial \sigma}\bigg] - D_2\bigg[\frac{\sin(2\theta)\cos\delta_2 \sin(\theta - \delta)}{\cos\theta_1} \frac{\partial S_b}{\partial \sigma}$$

$$+ \frac{S_b \sin(2\theta)\cos\delta_2 \cos(\theta - \delta)}{\cos\theta_1} \frac{\partial(\theta - \delta)}{\partial \sigma} + \frac{2S_b \cos(2\theta)\cos\delta_2 \sin(\theta - \delta)}{\cos\theta_1} \frac{\partial \theta}{\partial \sigma}$$

$$- \frac{S_b \sin(2\theta)\sin\delta_2 \sin(\theta - \delta)}{\cos\theta_1} \frac{\partial \delta_2}{\partial \sigma} + \frac{S_b \sin(2\theta)\cos\delta_2 \sin\theta_1 \sin(\theta - \delta)}{\cos^2\theta_1} \frac{\partial \theta_1}{\partial \sigma}\bigg]$$

$$+ \sin(2\theta)\sin(\theta - \delta)([P_2' + P_2^2(2 - Ma_2^2)]\cos(\theta - \delta)$$

$$+ \{[(\gamma - 1)Ma_2^2 + 2]P_2 \Gamma_2 - D_2'\}\sin(\theta - \delta)) \frac{\partial Ma_2^2}{\partial s}$$

$$- \frac{S_b \sin(2\theta)\cos\delta_2 \sin(\theta - \delta)}{\cos\theta_1}\bigg(D_2'\cos(\theta - \delta) + \bigg\{ \frac{S_b D_2 \cos\delta_2}{\cos\theta_1}$$

$$+ \left(\frac{S_b \sin \delta_2}{\cos \theta_1} \right)^2 - P_2 \frac{\partial Ma_2^2}{\partial s} - (Ma_2^2 - 1)\left[P_2' + P_2^2(2 - Ma_2^2) \right] \Big\} \sin(\theta - \delta) \Big)$$

$$- \frac{2S_b \sin(2\theta) \sin^2\delta_2 \sin(\theta - \delta)}{\cos^2\theta_1} \frac{\partial S_b}{\partial \sigma}$$

$$- \frac{S_b^2 \sin(2\theta) \cos(\theta - \delta) \sin^2\delta_2}{\cos^2\theta_1} \frac{\partial(\theta - \delta)}{\partial \sigma}$$

$$- \frac{2S_b^2 \cos(2\theta) \sin^2\delta_2 \sin(\theta - \delta)}{\cos^2\theta_1} \frac{\partial \theta}{\partial \sigma}$$

$$- \frac{2S_b^2 \sin(2\theta) \cos\delta_2 \sin\delta_2 \sin(\theta - \delta)}{\cos^2\theta_1} \frac{\partial \delta_2}{\partial \sigma}$$

$$- \frac{2S_b^2 \sin(2\theta) \sin^2\delta_2 \sin\theta_1 \sin(\theta - \delta)}{\cos^3\theta_1} \frac{\partial \theta_1}{\partial \sigma}$$

$$- D_2 \left[2\cos(2\theta) \frac{\partial^2\theta}{\partial \sigma^2} - 4\sin(2\theta) \left(\frac{\partial \theta}{\partial \sigma} \right)^2 \right] - 2\cos(2\theta) \left(D_2' \cos(\theta - \delta) \right.$$

$$+ \left\{ \frac{S_b D_2 \cos\delta_2}{\cos\theta_1} + \left(\frac{S_b \sin\delta_2}{\cos\theta_1} \right)^2 - P_2 \frac{\partial Ma_2^2}{\partial s} - (Ma_2^2 - 1)\left[P_2' + P_2^2(2 \right.\right.$$

$$\left.\left. - Ma_2^2) \right] \right\} \sin(\theta - \delta) \Big) \frac{\partial \theta}{\partial \sigma} - S_a \left\{ \frac{\cos(2\delta)}{\cos(\theta - \delta)} \frac{\partial^2\delta}{\partial \sigma^2} - \frac{2\sin(2\delta)}{\cos(\theta - \delta)} \left(\frac{\partial \delta}{\partial \sigma} \right)^2 \right.$$

$$+ \frac{\sin(2\delta)\sin(\theta - \delta)}{2\cos^2(\theta - \delta)} \frac{\partial^2(\theta - \delta)}{\partial \sigma^2} + \frac{2\cos(2\delta)\sin(\theta - \delta)}{\cos^2(\theta - \delta)} \frac{\partial(\theta - \delta)}{\partial \sigma} \frac{\partial \delta}{\partial \sigma}$$

$$+ \frac{\sin(2\delta)\left[1 + \sin^2(\theta - \delta) \right]}{2\cos^3(\theta - \delta)} \left[\frac{\partial(\theta - \delta)}{\partial \sigma} \right]^2 \right\}$$

$$- \frac{\partial S_a}{\partial \sigma} \left[\frac{\cos(2\delta)}{\cos(\theta - \delta)} \frac{\partial \delta}{\partial \sigma} + \frac{\sin(2\delta)\sin(\theta - \delta)}{2\cos^2(\theta - \delta)} \frac{\partial(\theta - \delta)}{\partial \sigma} \right]$$

$$+ P_1 \Gamma_1 \sin\theta \left[(\gamma - 1)Ma_1^2 + 2 \right] \left[\cos(2\theta + \delta) \frac{\partial Ma_1^2}{\partial \sigma} - \cos\delta \cos^2\theta \frac{\partial Ma_1^2}{\partial \sigma} \right.$$

$$- \sin(2\theta + \delta)(Ma_1^2 - 1) \left(\frac{\partial \delta}{\partial \sigma} + 2 \frac{\partial \theta}{\partial \sigma} \right) + Ma_1^2 \cos^2\theta \sin\delta \frac{\partial \delta}{\partial \sigma}$$

$$+ Ma_1^2 \cos\delta \sin(2\theta) \frac{\partial \theta}{\partial \sigma} \right] + P_1 \Gamma_1 \left\{ \cos\theta \left[(\gamma - 1)Ma_1^2 + 2 \right] \left[\cos(2\theta \right.\right.$$

$$+ \delta)(Ma_1^2 - 1) - Ma_1^2\cos\delta\cos^2\theta]\frac{\partial\theta}{\partial\sigma} + (\gamma - 1)\sin\theta[\cos(2\theta$$

$$+ \delta)(Ma_1^2 - 1) - Ma_1^2\cos\delta\cos^2\theta]\frac{\partial Ma_1^2}{\partial\sigma}\Big\} + \sin\theta[\cos(2\theta + \delta)(Ma_1^2 - 1)$$

$$- Ma_1^2\cos\delta\cos^2\theta][(\gamma - 1)Ma_1^2 + 2] \times \Big(P_1\frac{\partial\Gamma_1}{\partial\sigma} + \Gamma_1\{[P_1' + P_1^2$$

$$(2 - Ma_1^2)]\cos\theta + [-D_1' + (\gamma - 1)P_1 Ma_1^2\Gamma_1 + 2P_1\Gamma_1]\sin\theta\}\Big)$$

$$- \{[P_1' + P_1^2(2 - Ma_1^2)]\cos\theta + [-D_1' + (\gamma - 1)P_1 Ma_1^2\Gamma_1$$

$$+ 2P_1\Gamma_1]\sin\theta\} \times \Big\{[2\sin(2\theta + \delta)(Ma_1^2 - 1) - Ma_1^2\cos\delta\sin(2\theta)]\frac{\partial\theta}{\partial\sigma}$$

$$- [\cos(2\theta + \delta) - \cos\delta\cos^2\theta]\frac{\partial Ma_1^2}{\partial\sigma} + [\sin(2\theta + \delta)(Ma_1^2 - 1)$$

$$- Ma_1^2\cos^2\theta\sin\delta]\frac{\partial\delta}{\partial\sigma}\Big\} - P_1\Big\{[2\sin(2\theta + \delta)(Ma_1^2 - 1)$$

$$- Ma_1^2\cos\delta\sin(2\theta)]\frac{\partial^2\theta}{\partial\sigma^2} - [\cos(2\theta + \delta) - \cos\delta\cos^2\theta]\frac{\partial^2 Ma_1^2}{\partial\sigma^2}$$

$$- \Big[\sin\delta\cos^2\theta\frac{\partial\delta}{\partial\sigma} + \cos\delta\sin(2\theta)\frac{\partial\theta}{\partial\sigma} - \sin(2\theta + \delta)\Big(\frac{\partial\delta}{\partial\sigma} + 2\frac{\partial\theta}{\partial\sigma}\Big)\Big]\frac{\partial Ma_1^2}{\partial\sigma}\Big\}$$

$$- P_1\Big\{[2\sin(2\theta + \delta) - \cos\delta\sin(2\theta)]\frac{\partial Ma_1^2}{\partial\sigma} + 2\cos(2\theta + \delta)(Ma_1^2$$

$$- 1)\Big(\frac{\partial\delta}{\partial\sigma} + 2\frac{\partial\theta}{\partial\sigma}\Big) - 2Ma_1^2\cos\delta\cos(2\theta)\frac{\partial\theta}{\partial\sigma} + Ma_1^2\sin(2\theta)\sin\delta\frac{\partial\delta}{\partial\sigma}\Big\}\frac{\partial\theta}{\partial\sigma}$$

$$- P_1\Big\{[\sin(2\theta + \delta)(Ma_1^2 - 1) - Ma_1^2\cos^2\theta\sin\delta]\frac{\partial^2\delta}{\partial\sigma^2} + \Big[\sin(2\theta$$

$$+ \delta)\frac{\partial Ma_1^2}{\partial\sigma} - \cos^2\theta\sin\delta\frac{\partial Ma_1^2}{\partial\sigma} + \cos(2\theta + \delta)(Ma_1^2 - 1)\Big(\frac{\partial\delta}{\partial\sigma} + 2\frac{\partial\theta}{\partial\sigma}\Big)$$

$$- Ma_1^2\cos\delta\cos^2\theta\frac{\partial\delta}{\partial\sigma} + Ma_1^2\sin(2\theta)\sin\delta\frac{\partial\theta}{\partial\sigma}\Big]\frac{\partial\delta}{\partial\sigma}\Big\}$$

$$+ \frac{\partial S_b}{\partial\sigma}\Big[\frac{\cos(\theta + \delta)\sin\delta_1\sin\theta}{\cos\theta_1}\Big(\frac{\partial\delta}{\partial\sigma} + \frac{\partial\theta}{\partial\sigma}\Big) + \frac{\sin(\theta + \delta)\cos\delta_1\sin\theta}{\cos\theta_1}\frac{\partial\delta_1}{\partial\sigma}$$

$$+ \frac{\sin(\theta + \delta)\cos\theta\sin\delta_1}{\cos\theta_1}\frac{\partial\theta}{\partial\sigma} - \frac{\cos(2\theta)\sin\delta_2\tan(\theta - \delta)}{\cos\theta_1}\frac{\partial\theta}{\partial\sigma}\Big]$$

$$+ \frac{\partial S_b}{\partial\sigma}\Big\{\frac{S_a\sin(\theta + \delta)\sin\delta_1\sin\theta\sin\theta_1}{\cos^2\theta_1} - \frac{S_a\cos\theta\sin\delta_2\sin\theta\sin\theta_1\tan(\theta - \delta)}{\cos^2\theta_1}$$

$$- \frac{\cos\theta\sin\theta\sin\delta_2[\tan^2(\theta - \delta) + 1]}{\cos\theta_1}\frac{\partial(\theta - \delta)}{\partial\sigma}$$

$$- \frac{\cos\delta_2\cos\theta\sin\theta\tan(\theta - \delta)}{\cos\theta_1}\frac{\partial\delta_2}{\partial\sigma}\Big\}$$

$$- \frac{\partial S_a}{\partial\sigma}\Big[\frac{\cos(2\delta)}{\cos(\theta - \delta)}\frac{\partial\delta}{\partial\sigma} + \frac{\sin(2\delta)\sin(\theta - \delta)}{2\cos^2(\theta - \delta)}\frac{\partial(\theta - \delta)}{\partial\sigma}\Big]$$

$$+ S_b\sin\theta\Big(\frac{\sin^2\delta_1}{\cos^2\theta_1}S_b + \frac{\cos\delta_1}{\cos\theta_1}D_1\Big) \times \Big[\cos(2\theta + \delta)\Big(\frac{\partial\delta}{\partial\sigma} + 2\frac{\partial\theta}{\partial\sigma}\Big)$$

$$+ \sin\delta\sin^2\theta\frac{\partial Ma_1^2}{\partial\sigma} + Ma_1^2\cos\delta\sin^2\theta\frac{\partial\delta}{\partial\sigma} + Ma_1^2\sin\delta\sin(2\theta)\frac{\partial\theta}{\partial\sigma}\Big]$$

$$+ S_b\big[Ma_1^2\sin\delta\sin^2\theta + \sin(2\theta + \delta)\big]$$

$$\times \Big\{S_b\Big[\frac{\sin^2\delta_1\cos\theta}{\cos^2\theta_1}\frac{\partial\theta}{\partial\sigma} + \frac{2\sin^2\delta_1\sin\theta\sin\theta_1}{\cos^3\theta_1}\frac{\partial\theta_1}{\partial\sigma} + \frac{\sin(2\delta_1)\sin\theta}{\cos^2\theta_1}\frac{\partial\delta_1}{\partial\sigma}\Big]$$

$$+ D_1\Big(\frac{\cos\delta_1\cos\theta}{\cos\theta_1}\frac{\partial\theta}{\partial\sigma} + \frac{\cos\delta_1\sin\theta\sin\theta_1}{\cos^2\theta_1}\frac{\partial\theta_1}{\partial\sigma} - \frac{\sin\delta_1\sin\theta}{\cos\theta_1}\frac{\partial\delta_1}{\partial\sigma}\Big)\Big\}$$

$$- \sin\theta\big[Ma_1^2\sin\delta\sin^2\theta + \sin(2\theta + \delta)\big] \times \Big(P_1\frac{\partial^2 Ma_1^2}{\partial s\partial\sigma} + \frac{\partial Ma_1^2}{\partial s}\big\{\big[P_1' + P_1^2(2$$

$$- Ma_1^2)\big]\cos\theta + \big[-D_1' + (\gamma - 1)P_1Ma_1^2\Gamma_1 + 2P_1\Gamma_1\big]\sin\theta\big\}\Big)$$

$$- P_1\Big\{\sin\theta\Big[\cos(2\theta + \delta)\Big(\frac{\partial\delta}{\partial\sigma} + 2\frac{\partial\theta}{\partial\sigma}\Big) + \sin\delta\sin^2\theta\frac{\partial Ma_1^2}{\partial\sigma}$$

$$+ Ma_1^2\cos\delta\sin^2\theta\frac{\partial\delta}{\partial\sigma} + Ma_1^2\sin\delta\sin(2\theta)\frac{\partial\theta}{\partial\sigma}\Big]$$

$$+ \cos\theta\big[Ma_1^2\sin\delta\sin^2\theta + \sin(2\theta + \delta)\big]\frac{\partial\theta}{\partial\sigma}\Big\}\frac{\partial Ma_1^2}{\partial s}$$

$$+ \sin\theta \big[Ma_1^2 \sin\delta \sin^2\theta + \sin(2\theta + \delta) \big] \Big\{ \frac{2S_b \sin^2\delta_1}{\cos^2\theta_1} \frac{\partial S_b}{\partial\sigma} + \frac{\cos\delta_1}{\cos\theta_1} \Big[D_1 \frac{\partial S_b}{\partial\sigma}$$

$$+ S_b \Big(D_1' \cos\theta + \Big\{ - P_1 \frac{\partial Ma_1^2}{\partial s} - (Ma_1^2 - 1)\big[P_1' + P_1^2(2 - Ma_1^2) \big]$$

$$+ \frac{S_b D_1 \cos\delta_1}{\cos\theta_1} + \Big(\frac{S_b \sin\delta_1}{\cos\theta_1} \Big)^2 \Big\} \sin\theta \Big) \Big] \Big\}$$

$$+ D_1 \Big(\frac{\partial\theta}{\partial\sigma} \Big\{ Ma_1^2 \Big[\sin(2\theta)\cos\delta \frac{\partial\delta}{\partial\sigma} + 2\cos(2\theta)\sin\delta \frac{\partial\theta}{\partial\sigma} \Big]$$

$$- 2\sin(2\theta + \delta) \Big(\frac{\partial\delta}{\partial\sigma} + 2\frac{\partial\theta}{\partial\sigma} \Big) + \sin\delta\sin(2\theta) \frac{\partial Ma_1^2}{\partial\sigma} \Big\}$$

$$- \frac{\partial\delta}{\partial\sigma} \Big\{ Ma_1^2 \Big[\sin\delta \sin^2\theta \frac{\partial\delta}{\partial\sigma} - \cos\delta\sin(2\theta) \frac{\partial\theta}{\partial\sigma} \Big] + \sin(2\theta + \delta) \Big(\frac{\partial\delta}{\partial\sigma} + 2\frac{\partial\theta}{\partial\sigma} \Big)$$

$$- \cos\delta \sin^2\theta \frac{\partial Ma_1^2}{\partial\sigma} \Big\} \Big) + D_1 \Big\{ \big[2\cos(2\theta + \delta) + Ma_1^2 \sin\delta\sin(2\theta) \big] \frac{\partial^2\theta}{\partial\sigma^2}$$

$$+ \big[Ma_1^2 \cos\delta \sin^2\theta + \cos(2\theta + \delta) \big] \frac{\partial^2\delta}{\partial\sigma^2} + \sin\delta \sin^2\theta \frac{\partial^2 Ma_1^2}{\partial\sigma^2}$$

$$+ \cos\delta \sin^2\theta \frac{\partial\delta}{\partial\sigma} \frac{\partial Ma_1^2}{\partial\sigma} + \sin(2\theta)\sin\delta \frac{\partial Ma_1^2}{\partial\sigma} \frac{\partial\theta}{\partial\sigma} \Big\} + \Big(D_1' \cos\theta + \Big\{ - P_1 \frac{\partial Ma_1^2}{\partial s}$$

$$- (Ma_1^2 - 1)\big[P_1' + P_1^2(2 - Ma_1^2) \big] + \frac{S_b D_1 \cos\delta_1}{\cos\theta_1} + \Big(\frac{S_b \sin\delta_1}{\cos\theta_1} \Big)^2 \Big\} \sin\theta \Big)$$

$$\times \Big\{ \big[2\cos(2\theta + \delta) + Ma_1^2 \sin(2\theta)\sin\delta \big] \frac{\partial\theta}{\partial\sigma} + \big[Ma_1^2 \cos\delta \sin^2\theta$$

$$+ \cos(2\theta + \delta) \big] \frac{\partial\delta}{\partial\sigma} + \sin\delta \sin^2\theta \frac{\partial Ma_1^2}{\partial\sigma} \Big\}$$

$$+ \Gamma_1 \Big(\frac{\partial\delta}{\partial\sigma} \Big\{ (\gamma - 1)\cos\delta \sin^2\theta \frac{\partial Ma_1^2}{\partial\sigma} - \big[Ma_1^2(\gamma - 1) + 2 \big] \Big[\sin\delta \sin^2\theta \frac{\partial\delta}{\partial\sigma}$$

$$- \cos\delta\sin(2\theta) \frac{\partial\theta}{\partial\sigma} \Big] \Big\} + \frac{\partial\theta}{\partial\sigma} \Big\{ (\gamma - 1)\sin(2\theta)\sin\delta \frac{\partial Ma_1^2}{\partial\sigma} + \big[Ma_1^2(\gamma - 1)$$

$$+ 2 \big] \Big[\cos\delta\sin(2\theta) \frac{\partial\delta}{\partial\sigma} + 2\cos(2\theta)\sin\delta \frac{\partial\theta}{\partial\sigma} \Big] \Big\} \Big)$$

$$+ \Gamma_1 \left\{ (\gamma - 1)\sin\delta\sin^2\theta \frac{\partial^2 Ma_1^2}{\partial\sigma^2} + \cos\delta\sin^2\theta[Ma_1^2(\gamma - 1) + 2]\frac{\partial^2\delta}{\partial\sigma^2} \right.$$

$$+ \sin(2\theta)\sin\delta[Ma_1^2(\gamma - 1) + 2]\frac{\partial^2\theta}{\partial\sigma^2} + (\gamma - 1)\cos\delta\sin^2\theta\frac{\partial Ma_1^2}{\partial\sigma}\frac{\partial\delta}{\partial\sigma}$$

$$\left. + (\gamma - 1)\sin(2\theta)\sin\delta\frac{\partial Ma_1^2}{\partial\sigma}\frac{\partial\theta}{\partial\sigma} \right\} + \frac{\partial\Gamma_1}{\partial\sigma}\left\{ (\gamma - 1)\sin\delta\sin^2\theta\frac{\partial Ma_1^2}{\partial\sigma} \right.$$

$$\left. + \cos\delta\sin^2\theta[Ma_1^2(\gamma - 1) + 2]\frac{\partial\delta}{\partial\sigma} + \sin(2\theta)\sin\delta[Ma_1^2(\gamma - 1) + 2]\frac{\partial\theta}{\partial\sigma} \right\}$$

$$- [P_1' + P_1^2(2 - Ma_1^2)]\left[\sin(3\theta + \delta)(Ma_1^2 - 1)\left(\frac{\partial\delta}{\partial\sigma} + 3\frac{\partial\theta}{\partial\sigma} \right) \right.$$

$$\left. - \cos\theta\left(\cos^2\theta\cos\delta\frac{\partial Ma_1^2}{\partial\sigma} + Ma_1^2\cos^2\theta\sin\delta\frac{\partial\delta}{\partial\sigma} + 3\sin\theta\cos\theta\cos\delta Ma_1^2\frac{\partial\theta}{\partial\sigma} \right) \right]$$

$$- [P_1' + P_1^2(2 - Ma_1^2)]\left\{ \sin\theta(Ma_1^2 - 1)\left(Ma_1^2\cos\delta\sin^2\theta\frac{\partial\delta}{\partial\sigma} \right. \right.$$

$$\left. + 3\cos\theta\sin\theta\sin\delta Ma_1^2\frac{\partial\theta}{\partial\sigma} \right) + [\sin\delta\sin^3\theta(2Ma_1^2 - 1)$$

$$\left. - \cos(3\theta + \delta)]\frac{\partial Ma_1^2}{\partial\sigma} \right\} + \sin\theta\left(\left\{ P_1\frac{\partial\Gamma_1}{\partial s} + [P_1' + P_1^2(2 - Ma_1^2)]\Gamma_1 \right\} \right.$$

$$[(\gamma - 1)Ma_1^2 + 2] + (\gamma - 1)P_1\frac{\partial Ma_1^2}{\partial s}\Gamma_1 \bigg) \times [\cos(3\theta + \delta)(Ma_1^2 - 1)$$

$$- Ma_1^2\cos\delta\cos^3\theta - (Ma_1^2 - 1)Ma_1^2\sin\delta\sin^3\theta] - \sin\theta\{ Ma_1^2\sin\theta[\cos(2\theta$$

$$+ \delta) - \cos\theta\cos(\theta - \delta)] - \sin(3\theta + \delta)\}\left\{ \frac{2S_b^3\sin^3\delta_1}{\cos^3\theta_1} - 2[P_1' + P_1^2(2 \right.$$

$$- Ma_1^2)]\frac{\partial Ma_1^2}{\partial s} - P_1\frac{\partial^2 Ma_1^2}{\partial s^2} + \frac{S_b D_1'\cos\delta_1}{\cos\theta_1} - \frac{D_1^2 S_b\sin\delta_1}{\cos\theta_1}$$

$$\left. + \frac{3D_1 S_b^2\cos\delta_1\sin\delta_1}{\cos^2\theta_1} \right\} - D_1'\left\{ \sin\theta[Ma_1^2\sin\delta\sin^2\theta + \sin(2\theta + \delta)]\frac{\partial\theta}{\partial\sigma} \right.$$

$$+ \sin\theta\left[\cos(2\theta + \delta)\frac{\partial Ma_1^2}{\partial\sigma} - \cos^2\theta\cos\delta\frac{\partial Ma_1^2}{\partial\sigma} - \sin(2\theta + \delta)\left(\frac{\partial\delta}{\partial\sigma} \right) \right.$$

$$+ 2\frac{\partial\theta}{\partial\sigma}\Big)(Ma_1^2 - 1) + Ma_1^2\cos^2\theta\sin\delta\frac{\partial\delta}{\partial\sigma} + 2Ma_1^2\cos\delta\cos\theta\sin\theta\frac{\partial\theta}{\partial\sigma}\Big]\Big\}$$

$$- D_1'\Big\{\cos\theta\big[\cos(2\theta+\delta)(Ma_1^2 - 1) - Ma_1^2\cos^2\theta\cos\delta\big]\frac{\partial\theta}{\partial\sigma}$$

$$- \cos\theta\Big[\cos(2\theta+\delta)\Big(\frac{\partial\delta}{\partial\sigma} + 2\frac{\partial\theta}{\partial\sigma}\Big) + \sin\delta\sin^2\theta\frac{\partial Ma_1^2}{\partial\sigma} + Ma_1^2\cos\delta\sin^2\theta\frac{\partial\delta}{\partial\sigma}$$

$$+ 2Ma_1^2\cos\theta\sin\theta\sin\delta\frac{\partial\theta}{\partial\sigma}\Big]\Big\} + \frac{\partial\Gamma_1}{\partial\sigma}\Big\{\cos\delta\sin^2\theta[Ma_1^2(\gamma-1)+2]\frac{\partial\delta}{\partial\sigma}$$

$$+ \sin\delta\sin^2\theta(\gamma-1)\frac{\partial Ma_1^2}{\partial\sigma} + \sin(2\theta)\sin\delta[Ma_1^2(\gamma-1)+2]\frac{\partial\theta}{\partial\sigma}\Big\}$$

$$+ [P_2' + P_2^2(2 - Ma_2^2)]\Big[3\cos\theta\sin\theta\sin(\theta-\delta)\frac{\partial Ma_2^2}{\partial\sigma} + \cos\theta\sin\theta\cos(\theta$$

$$- \delta)(3Ma_2^2 - 4)\frac{\partial(\theta-\delta)}{\partial\sigma} - \frac{\cos\theta\sin\theta\cos(\theta-\delta)}{\sin^2(\theta-\delta)}\frac{\partial(\theta-\delta)}{\partial\sigma}$$

$$+ \cos(2\theta)\sin(\theta-\delta)(3Ma_2^2-4)\frac{\partial\theta}{\partial\sigma} + \frac{\cos(2\theta)}{\sin(\theta-\delta)}\frac{\partial\theta}{\partial\sigma}\Big]$$

$$+ \Big(\Big\{P_2\frac{\partial\Gamma_2}{\partial s} + [P_2' + P_2^2(2-Ma_2^2)]\Gamma_2\Big\}[(\gamma-1)Ma_2^2+2]$$

$$+ (\gamma-1)P_2\Gamma_2\frac{\partial Ma_2^2}{\partial s}\Big)\sin(\theta-\delta)\times\Big[\cos\theta\sin\theta\sin(\theta-\delta)(3Ma_2^2-4)$$

$$+ \frac{\cos\theta\sin\theta}{\sin(\theta-\delta)}\Big] - D_2'\Big[\frac{\cos(2\theta)(Ma_2^2-1)}{\cos(\theta-\delta)}\frac{\partial\theta}{\partial\sigma} - (Ma_2^2-4)\cos(2\theta)\cos(\theta$$

$$- \delta)\frac{\partial\theta}{\partial\sigma} + (Ma_2^2-4)\cos\theta\sin\theta\sin(\theta-\delta)\frac{\partial(\theta-\delta)}{\partial\sigma}$$

$$+ \frac{\cos\theta\sin\theta\sin(\theta-\delta)(Ma_2^2-1)}{\cos^2(\theta-\delta)}\frac{\partial(\theta-\delta)}{\partial\sigma}$$

$$+ \frac{\cos\theta\sin\theta\sin^2(\theta-\delta)}{\cos(\theta-\delta)}\frac{\partial Ma_2^2}{\partial\sigma}\Big] - \sin(\theta-\delta)\Big\{\sin(2\theta)\cos(\theta-\delta)$$

$$+ \frac{\cos\theta\sin\theta[(Ma_2^2-2)\sin^2(\theta-\delta)+1]}{\cos(\theta-\delta)}\Big\}\times\Big\{\frac{2S_b^3\sin^3\delta_2}{\cos^3\theta_1}$$

$$- 2 \left[P_2' + P_2^2 (2 - Ma_2^2) \right] \frac{\partial Ma_2^2}{\partial s} - P_2 \frac{\partial^2 Ma_2^2}{\partial s^2} + \frac{S_b D_2' \cos \delta_2}{\cos \theta_1} - \frac{D_2^2 S_b \sin \delta_2}{\cos \theta_1}$$

$$+ \frac{3 D_2 S_b^2 \cos \delta_2 \sin \delta_2}{\cos^2 \theta_1} \Bigg\} + \Big(\big[\cos(3\theta + \delta)(Ma_1^2 - 1) - Ma_1^2 \cos \delta \cos^3 \theta$$

$$- (Ma_1^2 - 1) Ma_1^2 \sin \delta \sin^3 \theta \big] \cos \theta + (Ma_1^2 - 1) \big\{ Ma_1^2 \sin \theta [\cos(2\theta + \delta)$$

$$- \cos \theta \cos(\theta - \delta)] - \sin(3\theta + \delta) \big\} \sin \theta \Big) \times \big\{ 3(2 - Ma_1^2) P_1 P_1'$$

$$+ P_1^3 [2 (Ma_1^2 - 2)^2 - Ma_1^3 (Ma_1^2 - \gamma Ma_1^2 - 2)] \big\} \Big\}$$

$$+ \Bigg\{ \Big[\cos \theta \sin \theta \sin(\theta - \delta)(5 Ma_2^2 - 6) + \frac{\cos \theta \sin \theta}{\sin(\theta - \delta)} \Big] \cos(\theta - \delta)$$

$$+ \cos \theta \sin \theta \tan(\theta - \delta) \big[(Ma_2^2 - 2) \sin^2(\theta - \delta) + 1 \big] (Ma_2^2 - 1) \Bigg\}$$

$$\times \big\{ 3(2 - Ma_2^2) P_2 P_2' + P_2^3 [2 (Ma_2^2 - 2)^2 - Ma_2^3 (Ma_2^2 - \gamma Ma_2^2 - 2)] \big\} \Big]$$

参 考 文 献

[1] Stewart J. Calculus[M]. 4th ed. Pacific Grove：Brooks/Cole, 1999.

[2] Finney R L, Thomas G B. Calculus[M]. 2nd ed. Pacific Grove：Addison-Wesley, 1999.

[3] Moran M J, Shapiro H N. Fundamentals of Engineering Thermodynamics[M]. New York：John Wiley & Sons, 1999.

[4] Reynolds W C, Perkins H C. Engineering Thermodynamics[M]. 2nd ed. New York：McGraw-Hill, 1977.

[5] Dittman R H, Zemansky M W. Heat and Thermodynamics[M]. 7th ed. New York：McGraw-Hill, 1996.

[6] Mooney D A. Mechanical Engineering Thermodynamics[M]. Englewood Cliffs：Prentice Hall, 1953.

[7] 朱克勤,许春晓.粘性流体力学[M].北京：高等教育出版社,2009.

[8] 章梓雄,董曾南.粘性流体力学[M].北京：清华大学出版社,2001.

[9] 王洪伟.我所理解的流体力学[M].2 版.北京：国防工业出版社,2019.

[10] 董曾南,章梓雄.非粘性流体力学[M].北京：清华大学出版社,2003.

[11] 丁祖荣.流体力学[M].2 版.北京：高等教育出版社,2013.

[12] 陈懋章.粘性流体力学基础[M].北京：高等教育出版社,2002.

[13] 潘锦珊.气体动力学基础[M].北京：国防工业大学出版社,1989.

[14] 王新月.气体动力学基础[M].西安：西北工业大学出版社,2006.

[15] Zucker R D, Biblarz O. Fundamentals of Gas Dynamics[M]. 2nd ed. Hoboken：John Wiley & Sons, 2002.

[16] 罗惕乾.流体力学[M].4 版.北京：机械工业出版社,2017.

[17] 童秉纲,孔祥言,邓国华.气体动力学[M].北京：高等教育出版社,1989.

[18] Emanuel G. Shock Wave Dynamics：Derivatives and Related Topics[M]. Boca Raton：CRC Press, 2012.

[19] Mölder S, Timofeev E, Emanuel G. Flow behind a Concave Hyperbolic Shock[M]. Berlin：Springer-Verlag, 2012.

[20] Liepmann H W, Roshko A. Elements of Gasdynamics[M]. New York：John Wiley & Sons, 1957.

[21] Emanuel G. Theory of Shock Waves[M]. San Diego：Academic Press, 2001.

[22] Mölder S. Strength of Characteristics at a Curved Shock Wave[M]. Berlin：Springer-Verlag, 1995.

[23] Thompson P A. Compressible-Fluid Dynamics[M]. New York：McGraw-Hill, 1972.